環境・都市システム系 教科書シリーズ 19

# 建設システム計画

博士(工学) 大橋　健一
工学博士　荻野　　弘
工学博士　西澤　辰男
博士(工学) 栁澤　吉保　共著
工学博士　鈴木　正人
博士(都市・地域計画) 伊藤　雅
博士(工学) 野田　宏治
博士(工学) 石内　鉄平

コロナ社

**環境・都市システム系 教科書シリーズ編集委員会**

| | | |
|---|---|---|
| **編集委員長** | 澤　　孝平 | （元明石工業高等専門学校・工学博士） |
| **幹　　事** | 角田　　忍 | （明石工業高等専門学校・工学博士） |
| **編集委員** | 荻野　　弘 | （豊田工業高等専門学校・工学博士） |
| （五十音順） | 奥村　充司 | （福井工業高等専門学校） |
| | 川合　　茂 | （舞鶴工業高等専門学校・博士（工学）） |
| | 嵯峨　　晃 | （元神戸市立工業高等専門学校） |
| | 西澤　辰男 | （石川工業高等専門学校・工学博士） |

（2008年4月現在）

## 刊行のことば

　工業高等専門学校（高専）や大学の土木工学科が名称を変更しはじめたのは1980年代半ばです。高専では1990年ごろ，当時の福井高専校長　丹羽義次先生を中心とした「高専の土木・建築工学教育方法改善プロジェクト」が，名称変更を含めた高専土木工学教育のあり方を精力的に検討されました。その中で「環境都市工学科」という名称が第一候補となり，多くの高専土木工学科がこの名称に変更しました。その他の学科名として，都市工学科，建設工学科，都市システム工学科，建設システム工学科などを採用した高専もあります。

　名称変更に伴い，カリキュラムも大幅に改変されました。環境工学分野の充実，CADを中心としたコンピュータ教育の拡充，防災や景観あるいは計画分野の改編・導入が実施された反面，設計製図や実習の一部が削除されました。

　また，ほぼ時期を同じくして専攻科が設置されてきました。高専～専攻科という7年連続教育のなかで，日本技術者教育認定制度（JABEE）への対応も含めて，専門教育のあり方が模索されています。

　土木工学教育のこのような変動に対応して教育方法や教育内容も確実に変化してきており，これらの変化に適応した新しい教科書シリーズを統一した思想のもとに編集するため，このたびの「環境・都市システム系教科書シリーズ」が誕生しました。このシリーズでは，以下の編集方針のもと，新しい土木系工学教育に適合した教科書をつくることに主眼を置いています。

（1）　図表や例題を多く使い基礎的事項を中心に解説するとともに，それらの応用分野も含めてわかりやすく記述する。すなわち，ごく初歩的事項から始め，高度な専門技術を体系的に理解させる。

（2）　シリーズを通じて内容の重複を避け，効率的な編集を行う。

（3）　高専の第一線の教育現場で活躍されている中堅の教官を執筆者とす

る。

　本シリーズは，高専学生はもとより多様な学生が在籍する大学・短大・専門学校にも有用と確信しており，土木系の専門教育を志す方々に広く活用していただければ幸いです。

　最後に執筆を快く引き受けていただきました執筆者各位と本シリーズの企画・編集・出版に献身的なお世話をいただいた編集委員各位ならびにコロナ社に衷心よりお礼申し上げます。

2001年1月

編集委員長　澤　　孝　平

# まえがき

　科学技術を駆使して都市化社会を構築した人類は，豊かで安定した暮らしを手に入れてきた．しかし，環境問題や防災対策など，今後の社会が取り組まなければならない大きな課題が残されている．自然災害・環境問題・少子高齢化社会・財政難など，建設システムが取り得る手段における制約の厳しさが増す中で，複雑化した社会の要求を満たすためにはシステム的な思考が必要となる．

　建設システムは，自然と人間社会の共生を図りながら，持続発展可能な社会を目指すものである．自然や人間社会からなるシステムを究明したうえで，システムの最適化を図らなければならない．しかし，地球や自然の歴史に対し，人類や科学技術の歴史は新しく，未知の領域も数多く残されている．また，阪神淡路大震災や東日本大震災などの未曾有の大災害を経験した今日，建設システムにおいても未知なる領域の不確実性を十分考慮しなければならない．

　本書は，都市地域空間に関連した社会問題が山積する中で，人間の勘や経験に依存した従来の計画手法から脱却し，確立した計画理論の下に，調査分析や予測を通して望ましい政策手段を立案選択するための工学的な方法をわかりやすく解説したものである．社会資本整備に関する社会経済的な内容から，分析・予測などの数理統計手法，最適化のための OR 手法，さらには，GIS やリモートセンシングなどの最新技術を用いた計画情報の評価法などについて解説する．

　本書の構成は，建設システム計画の総論にあたる *1* 章の建設システム計画，建設システムの対象を記述した *2* 章の問題点の整理と解決手法，*3* 章以下の計画システムの分析・立案・予測・評価の方法や考え方の解説からなる．担当は，*1* 章（大橋），*2* 章（荻野），*3* 章（西澤 3.1〜3.3，鈴木 3.4，3.5），*4*

章（大橋 4.1～4.3, 伊藤 4.4），**5**章（荻野 5.1, 5.2, 栁澤 5.3, 5.4），**6**章（荻野 6.1, 6.4, 大橋 6.2.1～6.2.4, 石内 6.2.5, 野田 6.3）である。

　筆者らは，いずれも大学や高専の環境都市工学系に所属しており，土木計画学・都市計画・交通計画などの分野で幅広く活動している。筆者らの長年の経験を基に，大学や高専の学生が計画システムを理解しやすいように本書をまとめたものである。計画システムの諸現象に対しては多くの事例を用いて解説しており，また，計画数理については例題を用いて解説するとともに，多くの演習問題とその解答例を示している。

　なお，本書では，入門的な書物として基礎的な項目を重点的に取り上げているが，紙面の都合で応用的な分野の多くは省略している。これら応用的な分野については他の書物を参考にしていただきたい。

　最後に，本書の執筆においては数多くの資料や文献を参考にしており，本文中に引用・参考文献や URL を示しているが，これら著者の方々に対して深甚なる謝意を表する次第である。また，本書が出版されるまでの長い間編集に尽力されたコロナ社をはじめ関係者の皆様方にも厚くお礼を申し上げる次第である。

　2013 年 1 月

著　者

# 目　　次

## *1.* 建設システム計画とは

*1.1* 建設システム……………………………………………………………*1*
*1.2* 建設システムの構成要素…………………………………………………*3*
*1.3* 都市空間と社会資本………………………………………………………*4*
*1.4* 社会資本の特質……………………………………………………………*5*
*1.5* 建設システム計画と社会資本整備………………………………………*6*
*1.6* 計画の五要素………………………………………………………………*7*
演　習　問　題…………………………………………………………………*8*

## *2.* 計画における問題点の整理と解決手法

*2.1* 問題の明確化………………………………………………………………*9*
　*2.1.1* 問題解決に向けた動機付け…………………………………………*9*
　*2.1.2* 問題発見と調査・分析の重要性……………………………………*11*
　*2.1.3* システムズ アナリシスの建設計画への適用………………………*12*
　*2.1.4* 防災から減災への新たな視点………………………………………*14*
*2.2* ヒューリスティックな問題解決法………………………………………*14*
　*2.2.1* Ｋ Ｊ　　　法…………………………………………………………*14*
　*2.2.2* KJ法の適用例…………………………………………………………*16*
*2.3* ISM モ　デ　ル……………………………………………………………*17*
　*2.3.1* 構造化のプロセス……………………………………………………*17*
　*2.3.2* ISM モデルの適用例…………………………………………………*21*
演　習　問　題…………………………………………………………………*21*

## 3. 計画のための予測手法

- 3.1 なぜ予測か………………………………………………………23
- 3.2 データの収集と処理……………………………………………24
  - 3.2.1 データの種類…………………………………………………24
  - 3.2.2 データの収集…………………………………………………26
  - 3.2.3 データの処理…………………………………………………27
- 3.3 確率・統計によるモデル化……………………………………31
  - 3.3.1 集合の基礎……………………………………………………31
  - 3.3.2 確率の基礎……………………………………………………34
  - 3.3.3 確率分布………………………………………………………36
  - 3.3.4 基本統計分析…………………………………………………43
  - 3.3.5 システムの信頼度……………………………………………45
- 3.4 データの信頼性評価……………………………………………47
  - 3.4.1 母集団と標本抽出……………………………………………47
  - 3.4.2 統計的仮説検定………………………………………………48
  - 3.4.3 統計的推定……………………………………………………56
- 3.5 品質管理と管理図法……………………………………………63
  - 3.5.1 管理図法の概念………………………………………………63
  - 3.5.2 中心線 CL および管理限界線 UCL と LCL の求め方……64
  - 3.5.3 管理図の見方…………………………………………………65
- 演習問題………………………………………………………………66

## 4. 計画のための多変量データ解析

- 4.1 多変量データからのアプローチ………………………………68
- 4.2 変数間の相関……………………………………………………70
  - 4.2.1 相関係数………………………………………………………70
  - 4.2.2 相関比…………………………………………………………72
  - 4.2.3 属性相関………………………………………………………75
- 4.3 分散分析…………………………………………………………78
  - 4.3.1 一元配置法……………………………………………………78

- 4.3.2 多元配置法·····················································81
- 4.3.3 実験計画と直交表··············································81
- 4.4 多変量解析·······················································86
  - 4.4.1 多変量解析手法···············································86
  - 4.4.2 回帰分析·····················································87
  - 4.4.3 判別分析·····················································95
  - 4.4.4 主成分分析···················································97
  - 4.4.5 数量化理論··················································101
- 演習問題····························································106

# 5. 計画のための数学モデル

- 5.1 数学モデルの必要性··············································110
- 5.2 待ち行列·······················································112
  - 5.2.1 待ち行列の定義···············································112
  - 5.2.2 到着分布····················································113
  - 5.2.3 待ち行列システムの基本方程式································115
  - 5.2.4 待ち行列システム（M/M/1($\infty$)）··························116
- 5.3 数理計画法·····················································118
  - 5.3.1 線形計画法··················································118
  - 5.3.2 非線形計画法················································128
- 5.4 PERT, CPM······················································137
  - 5.4.1 PERT························································137
  - 5.4.2 CPM·························································144
- 演習問題····························································148

# 6. 計画案の作成と評価

- 6.1 計画代替案の作成················································151
  - 6.1.1 代替案評価のための評価基準··································151
  - 6.1.2 目標の設定··················································154
  - 6.1.3 代替案の探索················································154
  - 6.1.4 多面的な評価················································157

## 6.2 計画案の効果と評価 ……………………………………………… 159
### 6.2.1 計画案の効果 ………………………………………… 159
### 6.2.2 産業連関分析による計画案評価 ………………………… 160
### 6.2.3 費用便益分析による計画案評価 ………………………… 164
### 6.2.4 便益の計測 ……………………………………………… 169
### 6.2.5 合意形成による計画案評価 ……………………………… 172
## 6.3 環境アセスメント ……………………………………………… 185
### 6.3.1 環境アセスメントの歴史 ………………………………… 185
### 6.3.2 環境影響評価法 ………………………………………… 186
### 6.3.3 地方公共団体の環境アセスメント制度 …………………… 192
### 6.3.4 戦略的環境アセスメント ………………………………… 192
## 6.4 その他の計画手法 ……………………………………………… 195
### 6.4.1 社会資本整備における新たな手法 ……………………… 195
### 6.4.2 PFI事業の適用例 ……………………………………… 199
### 6.4.3 PFI事業の留意点 ……………………………………… 200

演 習 問 題 ……………………………………………………………… 201

# 付　　　録 …………………………………………………………… 203
　　正規分布，$t$分布，$\chi^2$分布，$F$分布

# 引用・参考文献 ……………………………………………………… 207

# 演習問題解答 ………………………………………………………… 211

# 索　　　引 …………………………………………………………… 225

# 1

# 建設システム計画とは

　今日の科学技術の進歩発展には目覚ましいものがあり，また，その恩恵により，人類は豊かさや便利さを手に入れてきた。科学技術の進歩に伴って建設システムの領域も周辺領域を取り込みながら拡大深化を続けており，また，人類の要求水準もつねに高度化してきている。現代は，行動手段選択の制約条件がよりいっそう厳しくなる中で，複雑な階層構造を有する地域社会の目的や要求に対して，システム的な思考が強く求められる社会となっている。

　本章では，建設の対象となる事柄のシステム性や構成要素，さらには，システムの制御や最適化などについて概観する。

## 1.1　建設システム

　技術革新により，自然の一部を構成していた人間社会が自然と対峙するようになってきた。技術の進歩発展は人類の幸福を目指すものであるが，その反面，環境破壊なども発生しており，地球環境と調和した社会が求められている。

　建設システムは，都市地域空間において，自然や人間社会に働きかける政策的な手段を実行する際の影響範囲と捉えることができる。政策的な手段としては，公共事業などを通して形成される社会資本などのハード的な施策や，法的規制などのソフト的な施策がある。これらの手段を通して，人類は豊かで安全安心な社会形成を目指して弛みない努力をしてきた[1]†。

---

　†　肩付き数字は，巻末の引用・参考文献の番号を表す。

## 1. 建設システム計画とは

建設システムを支える学問領域に，環境都市工学や都市システム工学などがある。建設システムの領域を概念的に**図 1.1**に示す[2]。

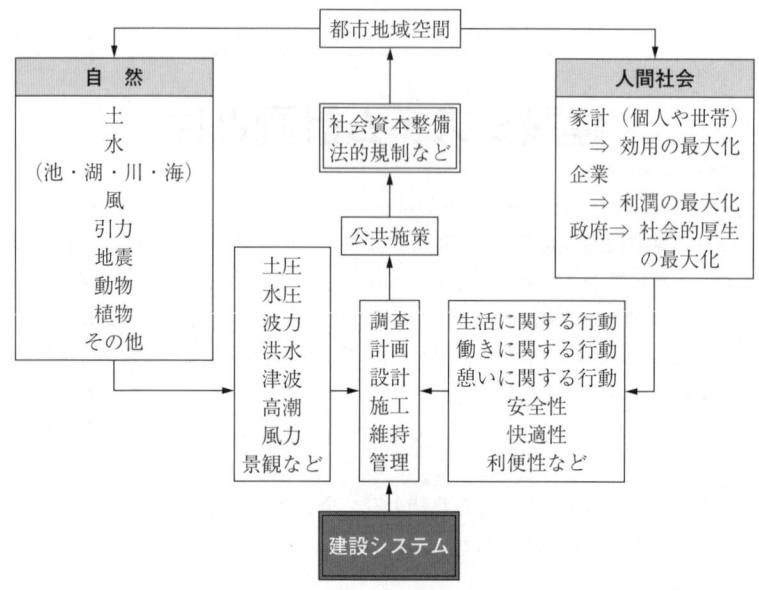

**図 1.1** 建設システムの概念図

既存学問の基で建設システムにより公共事業などの政策が実施され，社会資本整備や法的な規制が行われる。これらの政策は，自然と人間社会から構成される都市地域空間に作用する。自然は土・水・風・引力などであり，土圧・水圧・波力・景観などとして公共政策に作用する。自然が作用する力を十分に考慮していない構造物は危険であり，また，自然の法則に反した開発は自然環境を破壊することになる。

人間社会においても同様である。人間社会では，家計や企業の行動とそれらを補う政府の行動によって社会的な秩序が保たれている。人間社会の行動は，日常の生活に関する行動，働きに関する行動，憩いに関する行動の三つに集約され，これらの行動が安全・快適・利便に行われる必要がある。このような人間社会の行動を通して，豊かで安全な社会の形成を目指している。人間社会の

法則性に反した社会資本や法的規制は役に立たなかったり，居住環境を破壊したりすることになる。

システムは構成要素の単なる集合体ではなく，ある目的を持った要素の集合体と解釈される。建設システムでは，自然と人間社会の共生を図りながら，持続発展可能な社会を目指すものである。自然や人間社会からなる複雑なシステムを十分究明したうえで，システム最適化を図らなければならない。しかし，地球や自然の歴史に対し，人類や科学技術の歴史は新しく，未知の領域も数多く残されている。阪神淡路大震災や東日本大震災などの未曾有の大災害を経験した今日，建設システムにおいても未知なる領域の不確実性を十分考慮しておく必要性がある。

## 1.2 建設システムの構成要素

建設システムの中では，さまざまな空間と時間において，複数の行動主体が各種の行動を行っている。

空間の概念は，地球空間のどこまでを対象とするか，あるいは，どの部分にまで影響を及ぼすかであり，着目する事象によって考慮する空間の大きさが異なってくる。空間の広がりとしては，地点レベル・地区レベル・都市レベル・地域レベル・国レベル・地球レベル・宇宙レベルがある。

自動車騒音問題に対しては，地点レベルや地区レベルでの検討となるが，地球温暖化問題に対しては，地球レベルでの検討が必要となる。また，新幹線とか高速道路などにおいては，地点間をどのように結ぶかという計画段階では，地域レベルや都市レベルの問題となる。しかし，景観などの計画段階では，地区レベルや地点レベルの検討が重要となる。近年では，海底から宇宙まで，考慮する空間が広がってきている[3]。

時間の概念は，過去・現在・将来へと続くものである。土地利用などのように連続性が重要視される事象もあれば，流行とか価値観のように変化が重要視されるものもある。社会資本の耐用年数の長さを考え，時間の概念を見誤らな

いようにして，後世に**負の遺産**を残さないようにしなければならない。

　都市地域空間の行動主体には三つある。家計・企業・政府であり，これらの行動はばらばらに行われているが，**市場メカニズム**の下で行動の秩序が保たれ，資源が最適に配分されている。家計は効用の最大化，企業は利潤の最大化，政府などの公的機関は社会的厚生の最大化を目指して行動している。また，行動は，生産・生活・レジャーレクレーションに大別される。あるサラリーマンの行動を，「会社で働き，仕事の帰りに同僚と居酒屋に寄り，それから自宅に帰った」と仮定すると，このような行動は「働きの生産行動，居酒屋でのレジャーレクレーション行動，自宅での生活行動」となる。人間（家計）は，これらの行動をバランスよく配置して豊かな生活を送っている。

　わが国では市場メカニズムの統制下で社会が動いているが，**市場メカニズムが機能するための条件**には，① 需要や供給の独占がないこと，② 市場への参入退出が自由であること，③ 売り手買い手の価格と量に関する市場の情報を全員知っていること，の三つがある。これら三つの条件が成立するとき，財は最適に配分されることになる。一方，これらの条件の一つでも成立しなければ，財は最適に配分されない。

　建設システムの構成要素には，水・空気・土・動植物などからなる自然と，都市・町・村・人間・企業・政府などからなる人間社会がある。また，建設システム計画で政策立案される社会資本や法的規制は選択可能な手段であるが，これらも建設システムを構成する要素となる。都市空間を取り扱う建設システムの技術者は，これらの構成要素の特性を十分に理解しておく必要がある。わが国は世界に例をみないような国土利用の高密空間を形成しており，厳しい制約条件の下で望ましい選択をしなければならない状況にある。

## *1.3* 都市空間と社会資本

　人類は技術革新とともに集積の利益を求めて都市集中を繰り返してきた。その結果，人口や産業が集積した巨大な都市圏が形成された。高密空間では，複

数の行動主体にサービスする共通の社会基盤が必要となり，技術革新や経済成長につれて，その重要性が増している。

現代は社会資本に大きく依存した社会を形成している。**社会資本**は，不特定多数の人が何時，何処でも利用できるように，人々の生活や産業活動を支える基盤的な施設である。日常の生活でわれわれが個人的に消費する一般消費財と対比して**公共財**ともいわれている。

社会資本が集中的に整備されている都心，そして十分な整備が行われていない郊外というように，社会資本の整備状況には空間的なばらつきがある。社会資本の整備水準が，住民の要求水準を上回れば，住民は満足な意識状態となるが，下回れば不満足な意識状態となる。しかし，人間には学習効果があり，現状において満足な水準で整備水準に変化がない場合であっても，時間の経過とともに満足な水準に慣れれば普通の水準へと低下する。さらには，要求水準の上昇があれば不満足な状態にもなる。一般に社会資本の耐用年数は長く，このため社会的な要求を把握するために住民意識調査などの継続的なモニタリングが必要となる。

社会資本は構造物や施設からなるが，構造物が単体で機能するのに対し，施設は構造物などの複合体で機能する。構造物が集まって施設が形成され，施設が集まって都市が形成される。構造物では建設の目的よりも安定性などが重視され，施設では目的が重視される。

## 1.4 社会資本の特質

自然や人間社会からなる都市地域空間に作用して，人類と共生できるように社会資本が整備されている。以下に，社会資本の特質を列挙する。

**1）　外部経済性**　　社会資本は行動主体の基盤的なサービスを提供するもので，無料が原則であり，有料であっても必要最小限の料金徴収となる。行動主体は便益を享受するが，それに見合う対価の支払いはなく，外部経済性を有する経済行為となる。社会資本整備ではこの外部経済性を求めて行政への圧力

が強まる。

 2) **公 共 性**　不特定多数の人々が，誰でも何時でも利用できることを原則にして，サービスの提供は排他的でなく公平に供与されるものである。

 3) **移入不可能性**　社会資本は土地に固定されており，そのサービスをほかの地域から移入することはできない。

 4) **大規模不可分性**　社会資本は大規模で多額の建設費を必要とし，また，関連施設を一体的に整備しないと，整備効果が発揮されないことが多い。

 5) **独 占 性**　公共性や大規模不可分性を伴う社会資本整備では，規模の経済が作用し，独占化して大規模にしたほうが効率的となることが多い。

 6) **建設期間と耐用年数の長さ**　社会資本整備の便益は都市全体に薄く広く作用する。しかし，不便益は特定の地点に集中する傾向があり，環境問題などをクリヤーして供用開始に至るまでに長期間を要している。このため，初期投資の増大に伴って事業としての採算が取れなくなる傾向がある。また，耐用年数が長いために，物理的には使えるが社会的に利用されなくなることもある。

 7) **効果計測の困難性**　一般財の効果が便益で評価されるのに対し，社会資本整備は，その多様性から計量的な評価が難しい。

## 1.5　建設システム計画と社会資本整備

　個人の行動においては，何かをしようとしたとき，その行動が上手くいくかどうか不安がつきまとい，経験とか勘に頼りながら失敗しないように行動するであろう。行動の結果，上手くいけばよいが，失敗すれば後悔することになる。実行までの間の不安や実行後の後悔を避けるために行うのが計画である。すなわち，目的を達成するためにはどのような手段があり，それらの手段はどのような結果になるかを事前に予測し，複数の手段の中から望ましい手段を選ばなければならない[4]。

　社会資本整備では，以下のことがらに注意する必要がある。

**1）効率性の追求**　どのような事業にも予算的な制約があり，また，予算制約は年々強くなってきている。少ない予算でより多くの効果が期待できる事業が優先される。

**2）シビルミニマム**　日本国憲法第25条では最低限度の生活を保障しており，この基準を都市生活に適用したものがシビルミニマムである。このシビルミニマムが要求する水準を満たさなければならない。シビルミニマムが要求する事柄は，効率性の追求と対立するものである。

**3）地域の特徴**　長期的戦略的な投資を行って，地域の特徴を出すことも重要である。豊かさを求めていた時代には東京にあこがれ，「銀座」という名の地名が数多く付けられた。しかし，今日では，地域の独自性を出すことが重要になってきている。

**4）事業実施の困難性**　沿線住民などの効用低下なしに都市住民の効用を上げることは難しい。高密空間を形成する都市では，**外部不経済**の発生をゼロにすることは不可能である。地域住民の同意と補償が必要となり，効用の低下分を金銭で補償して効用水準を維持するなどの施策が必要となる。

**5）トレードオフの問題**　社会資本は生活環境全般に影響を及ぼすものであり，影響項目相互の関係を見きわめ，悪化する項目を見落とさないようにしなければならない。改善される都合のよい項目に眼が奪われる傾向がある。交通手段の開発では，速度と安全にはトレードオフの関係があり，速度を上げれば必然的に安全性は低下し，速度を下げれば安全性は上昇する。これらの両方を同時に改善することは技術的に難しい。都市環境においても同様のことがいえる。都心部は利便であるが安全性が低く，郊外は不便であるが安全性は高い。

## 1.6　計画の五要素

建設システムは複雑な構成をしているが，建設システムの計画という視点から見るならば，つぎの五つの要素に集約される。どのような計画においても，

これらの五つの要素は共通しており，この五要素を見誤らないようにしなければならない。計画においては選択する手段に注目が集まるが，計画では手段よりも目的が重要であり，何のための計画かを十分に吟味しておく必要がある。

　1）主　　体　「誰が行う計画か」であり，建設システム計画の場合のほとんどの主体は公共主体となる。

　2）対　　象　「誰のために行う計画か」であり，建設システムを構成する人間社会や自然が計画の対象となる。具体例として，地区・都市・地域などの空間的広がりがあり，また，短期や長期などの時間の概念も考慮の対象となる。

　3）目　　的　「何のために行う計画か」であり，自然と人間社会の共生，人類の幸福，社会的な厚生の最大化などが計画の目的となる。

　4）手　　段　目的を達成するために選択されるのが手段であり，最初から決まっているものではない。目的達成に有用なものすべてが含まれ，結果として，「何もしない現状のまま」も立派な計画案の一つになり得る。

　5）構　　成　実行可能で効果の期待できるスケジュールとして計画をとりまとめることであり，予算化や日程計画，さらには，関係機関への諸手続きや協力依頼などが含まれる。

## 演 習 問 題

【1】図1.1の建設システムにおいて，「自然への働きかけ」や「自然からの働きかけ」の具体例，および「人間社会への働きかけ」や「人間社会からの働きかけ」の具体例を示せ。

【2】市場メカニズムが機能するための三つの条件があるが，都市活動において，これらの条件を満たさない事象を示せ。

【3】社会資本整備が公的機関によって行われるのはなぜか，市場メカニズムを引用してその理由を示せ。

【4】学生生活の身近な事例や，社会資本整備の事例を取り上げて，計画の五要素が何になるか検討せよ。

# 2

# 計画における問題点の
# 整理と解決手法

　市民生活に欠かせない道路や鉄道といった社会資本の整備を都市空間で実現するためにはいろいろな困難を伴う．本章では，社会資本整備における問題点の整理と解決手法を学ぶ．特に，環境問題や少子高齢化などの社会生活の変化により市民の価値観が多様化し，公共事業の整備が難しくなってきているなか，住民相互の合意形成に必要な問題点の整理のためのヒューリスティック（先験的）な方法と優先順位を付ける数学的手法を取り上げる．

## 2.1 問題の明確化

### 2.1.1 問題解決に向けた動機付け

　新入生のオリエンテーションの夕食のときである．食器を洗う場所で長蛇の列ができていた．見ると残飯用のバケツ，汚れのついた食器を洗うバケツ，すすぎのバケツがそれぞれ二つずつ設置されていた．アメリカの潜水艦の中での解決方法が頭に浮かんだ．以前は洗いに二つ，すすぎに二つ用意されていた食堂で，待ち行列ができている状況を見た著名な **OR**（オペレーションズ リサーチ）の専門家が，洗いに三つ，すすぎに一つに配置を変えるよう進言し，行列がなくなったことを思い出した．ことのしだいは，食事を済ませた食器は汚れているために洗いに時間がかかって行列ができてしまっていた．時間がかかる洗いに三つのバケツを置き，時間があまりかからないすすぎのバケツを一つにした結果，行列がなくなった．重要なことは，それぞれのバケツで洗った食器の仕上りが，以前と変わらないことが大切で，もしすすぎ後の汚れがひどい場合は洗い用のバケツを一つ増やし，全体としてバランスをとることも重要であ

る。

「薦の火」という題の落語で有名な食野次郎左衛門は大阪の豪商として実在し，近くの川から水を引き込んで，庭の中を流れるようにして，上流から使用人が使った食器を全部放り込ませる。途中で使用人が食器を洗うことで徐々にきれいになり，最後は引き揚げた食器をきれいに拭くことで大量の食器を洗うことができたという。いまでいう食器洗浄機のシステムである。

先の潜水艦の中での食器の洗浄といい，食野次郎左衛門の例といい，現象をつぶさに観察し，何が問題なのかを明らかにし，どのようにすれば解決することができるかを考える必要がある。

大量の食器を使用した者が洗うか，従業員が洗うかで問題の本質が変わるわけではなく，汚れた食器をきれいに洗うことが重要で，使用者が洗う場合は洗いに要する時間が長いことから**待ち行列**ができ，その行列の長さと時間が問題となる。行列や時間が長くなれば利用者の個人の時間は浪費され，また，無駄に拘束されたとするストレスからシステムとしての効用が下がり，やがてはシステム（先の例では組織）の信頼を損ねることになる。つねに身近なところから問題解決の動機付けを心掛けることが重要である。

9.11（2001年にアメリカのニューヨークで起こった同時テロ事件）とか3.11（2011年の東日本大震災）のように想像をはるかに超えた悲劇がわれわれを襲ったとき，当事者はよく**想定外**という言葉を使う。しかし時間の経過とともにいろいろな問題点が明らかになり，意思決定者が事象の重大性を低く評価した結果，甚大な被害を市民に与えている場合が多いことがわかってきている。

道路・鉄道，電気・ガス・水道などわれわれの生活を支えるライフラインを**社会基盤**と呼び，多くの技術者が市民のために豊かで安全・安心な生活が送れるように社会基盤の整備を行った結果，われわれが安心して暮らせるようになっている。

東日本大震災に対して，869年の貞観地震に酷似していたとの指摘[1]があり，過去の歴史的記録が福島原子力発電所の計画・建設に生かされていなかっ

たこともわかってきた。過去の記録を無視して津波防潮堤の高さを推定した甘さが指摘され，福島原子力発電所の破壊とその後に続く放射能汚染を引き起こした。まさに人災ともいえる原子力発電所事故である。

阪神淡路大震災を教訓に土木構造物の耐震基準の見直しを行ったことで，今回の東日本大震災では直轄国道や高速道路について地震による致命的な被害が認められなかったし，その後の支援活動に道路などのインフラが有効であったことが「櫛の歯作戦」と呼ばれる復旧活動に大きな効果をもたらしたことでもわかる。

現在のハード対策で被害をどこまで防ぐことができるのか，できない部分をソフト対策に頼らざるを得ないのが現実で，東日本大震災では未曾有の災害といわれるほどの災害に見舞われ，これまでの社会資本の整備についての考え方を「防災」から「減災」に転換させるほどであった。また，津波被害では，自然災害に対して「防ぐための施設」から，「被害を最小限に抑える施設」へ整備方針を変えるほどの衝撃を科学者や技術者に与えた。東日本が災害を受けたことにより，自然の猛威は技術者の予測能力をはるかに超えていることをわれわれに示したが，過去の歴史的資料から，被害の程度が十分予想できたこともわかった。

福島原子力発電所の津波の被害などは，計画時に過去の災害などの歴史資料の精査や技術的・科学的な課題についての問題の明確化が十分になされていなかったことが原因と考えられ，社会資本における問題の明確化と問題解決手法の確立が重要であったことを示したきわめて貴重な例である。

### *2.1.2* 問題発見と調査・分析の重要性

本州四国連絡道路の構想では1889年（明治22年）5月23日香川県議会議員大久保諶之丞が本四架橋の必要性をとなえた。1955年（昭和30年）5月11日国鉄宇高連絡船「紫雲丸」の海難事故（紫雲丸事故）が発生し，修学旅行の小学生など死者168名を出した。これが架橋計画の動機付けとなり，天候に左右されない輸送ルートとして本四架橋の構想が具体化し，1969年（昭和44年）

## 2. 計画における問題点の整理と解決手法

新全国総合開発計画に3ルートの建設が明記された。1999年（平成11年）5月1日には来島海峡大橋，多々羅大橋，新尾道大橋が開通し，本州と四国を結ぶ3ルートが全面開通した。

青函トンネルにおいても[2]，青函連絡船「洞爺丸」（3800トン）の台風による座礁・転覆事故で，死亡および行方不明1155名（乗客乗員他1314人中，生存者わずかに159名）の大惨事が動機付けになり1988年3月13日に完成した。

### 2.1.3 システムズ アナリシスの建設計画への適用

1972年に長尾義三は土木計画序論[3]で公共土木事業について，①目的に到達するための手段，方法，配列，手順の一連を**プラン**（plan）とし，いま一つは②結果を得るまでのプロセスを指し，目的とは何か，目的に到達するためにどんな手段方法を選べばよいかなど，決定に至る思考過程を意味する**プランニング**（planning）の二つを計画の概念とした。

そこには「結果」に対して「思考過程」と「形成過程」が三次元的に示され，思考過程には①動機付け，②問題の発見，③計画の分析，④計画の決定，の四つが，形成過程には①構想，②基本計画，③整備計画，④実施計画，⑤管理計画，の五つがそれぞれ対応している。

わが国の巨大プロジェクトであった本州四国連絡道路や青函トンネルを例にとれば，時間軸として「構想」，「基本計画」，「整備計画」，「実施計画」，「管理計画」があり，各段階で「動機付け」，「問題の発見」，「計画の分析」，「計画の決定」が対応する。

以上のように，多大な生命財産を失うような大災害の動機付けで社会基盤の整備計画を立案するのではなく，深い洞察力に裏打ちされた「問題発見」であり，「計画の分析」，「計画の決定」を行うことができる計画者としての素養・資質を備えることが求められている。

われわれの生活を豊かにする社会基盤をトータルシステムととらえ，一連の整備のプロセスとしてシステムズ アナリシスの循環的手順に従い，吉川和広

は図 **2.1** の循環システム[4] を示した。「評価（決定）システム」，「現象記述システム」がサブシステムとなり，この二つでトータルシステムを構成する。

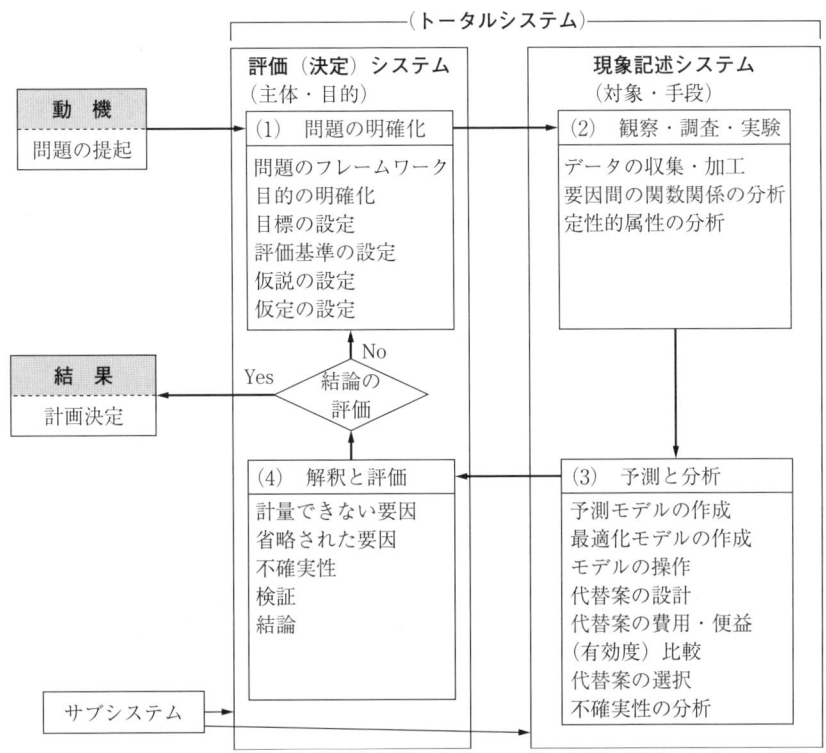

**図 2.1** 土木計画のシステムズアナリシスの循環システム

　問題が明確にされた計画プロセスにおいて，どのような評価項目でプロジェクトの採否を決めるかが最も重要な点である。社会経済的要素を多分に含んでいる社会基盤整備では，時として経済効果のみで評価できない場合がある。例えば，災害のための防災構造物の計画，少子高齢化が進んだ地域における生活確保のための移動手段などは **6.2.3** 項の「費用便益分析による計画案評価」などで扱う経済的視点だけでは意思決定することができない。このような場合には，市民参加の**ワークショップ**などによる合意形成で計画案の意思決定を行う場合もある。

### 2.1.4 防災から減災への新たな視点

巨大プロジェクト遂行のためにはシステムズ アナリシスの循環システムによる必要があり，解釈と評価が適正に行われたか否かという点で東日本大震災後の津波による原子力発電所の事故が回避できたかどうかが問われている。

われわれに必要な土木構造物は，自然環境と社会環境を十分考慮して計画，設計，施工（建設），維持管理（運用）されなければならない。

過去の災害の歴史に学び，謙虚にその被害を評価することで，社会システムとしての構造物がわれわれに安心と安全をもたらしてくれる。

「防災」という評価軸で絶対に安全な構造物を整備することを優先するのではなく，われわれの技術を過信せずに計画の不確実性を理解し，被害を最小限にすべく「減災」を評価軸に加えるなど，安全・安心をもたらす社会基盤の整備こそが，新たな建設システムに求められる視点であろう。

## 2.2 ヒューリスティックな問題解決法

人間の選好特性を反映する社会性のある問題解決では，人間の意思決定過程を反映する必要からヒューリスティック（先験的）な方法によることが多い。特に，都市問題や環境問題のように価値観の違う人たちで構成される社会の中で発生する問題解決の手法には，数理計画的な方法のほかに直感的な予測手法が開発されている。直感的な問題解決の方法には**ブレーンストーミング法**やデルファイ法がある。特に，**デルファイ法**（Delphi method）は米国のランドコーポレーション社が開発し，NASAによる宇宙開発の方向性を探る方法として適用され，アポロ計画の実現に大きく貢献した。

### 2.2.1 K J 法

川喜田二郎が開発した**KJ法**[5]は，直感的な予測手法の一つであり，最近では住友スリーエムが開発した「ポストイット」を使うことから**ポストイット法**ともいわれている。

## 2.2 ヒューリスティックな問題解決法

KJ法は，**図2.2**に示す四つのステップから成り立っている。

**1）第一段階（ステップ1）：カードづくり**　ある主題について集めたデータや会議で得られた意見をカード（紙切れ）に書き付ける。すなわち，考えなければならないテーマについて思いついた事柄をカードに書き出し（<u>一つずつのデータや意見を1枚のカードに書く</u>），台紙に貼り付ける。

**2）第二段階（ステップ2）：グループ編成**　第1ステップで書き出したカードを台紙に貼り，関係のあるものを集めて貼り直す。

この作業では先入観（理性的判断）を持たず，むしろ感覚で同じグループに入れたくなったカードごとに<u>グループを形成させる</u>。<u>グループが形成されたらそのグループにふさわしい一文（表札）のカードをつくり</u>，そのグループの中

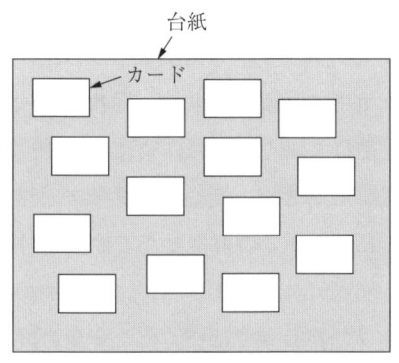

ステップ1

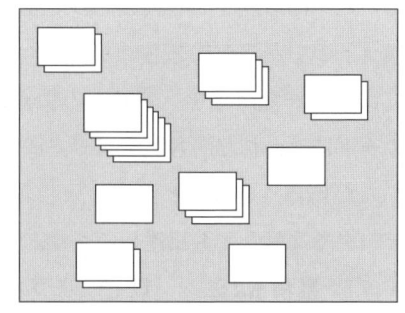

ステップ2

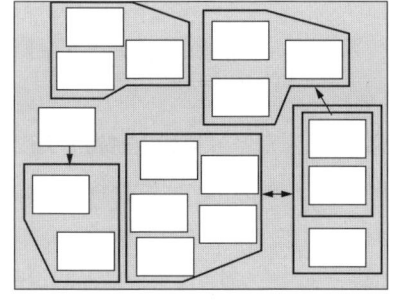

ステップ3

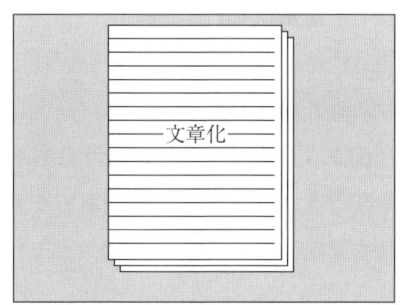

ステップ4

**図2.2**　KJ法の四つのステップ

心に貼る。

なお，カードのグループの束を**ユニット**と名付け，ユニットの数が多くなる場合は，ユニットを結合し，階層を増やしていく。

*3*）**第三段階（ステップ3）：空間配置（図解）づくり**　第二段階までに台紙上に作成した各ユニット（グループ化された束）を，位置を変えて空間的に再配置し，各ユニットの相互関係がわかりやすいように配置する。このとき，内容的に近いと感じられる内容のカードやユニットを近くに配置する。特に，ユニット相互の関係が近い場合は，図のように枠でくくったり，矢印や線で結んだりして空間的にわかりやすいように工夫する。

また，議論がぶれないように主題を中央に書き出しておく。

*4*）**第四段階（ステップ4）：文章化（シナリオ化）**　文章化に際しては，その順序はあらかじめ決めておく必要はないが，ステップ3で出来上がったユニットの中から1枚を選び，このユニットの1枚を出発点として，順次，カードに書かれた内容を一筆書きのように書き連ねていく。この作業によって，カードに書かれた内容がすべて文章化される。このとき，新たなアイデアが浮かんだ場合，そのつど記述し，さらにカードづくりでの根拠となった裏付けデータや文献なども記述しておく。

*5*）**累積KJ法**　以上の四つのステップで終わりではなく，文章化の段階で新たに得られたヒントをカードに書き，適当な段階にもどって作業を進める方法を**累積KJ法**という。

### 2.2.2　KJ法の適用例

図*2.3*は市町村合併に向けた基本テーマとして，「ひと・地域の連携・交流を促進する快適都市基盤のあるまち」で行ったワークショップにおいて，KJ法を適用した例である。

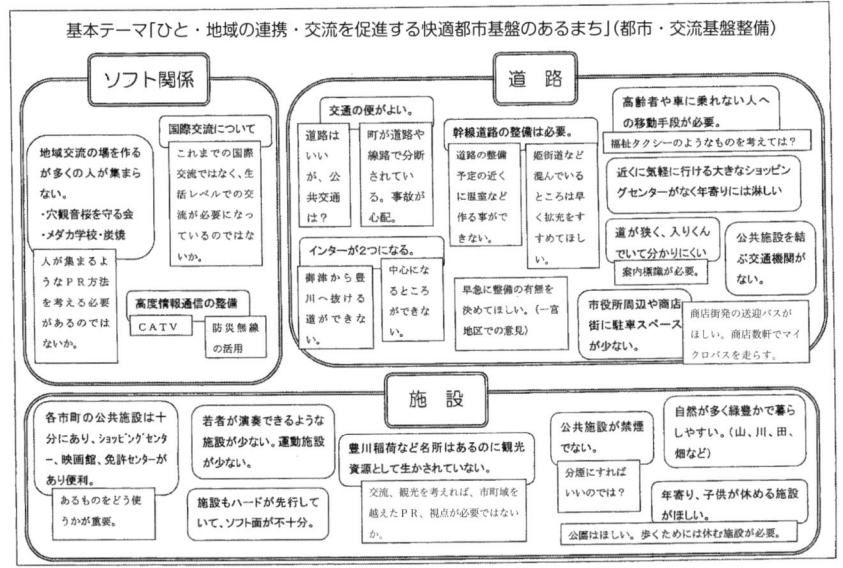

図2.3 住民によるワークショップでのKJ法の適用例

## 2.3 ISM モデル

**ISM**（interpretive structural modeling）モデルは，アメリカのバッテル研究所のJ. N. Warfieldによって新しく提案されたシステムズアナリシスの手法の一つで[6]，システムを構成する要素間の相互関係を明確にし，系統的にシステムの階層構造モデルを構築するものである。

このモデルの特徴は，対象とするシステム（公民館や避難所などのハード的なものからボランティア活動のあり方のようなソフト的なものまで幅広く捉えたもの）の構成要素が明らかにされた場合，各要素の相互関係が方向性を持った階層構造で表すことができる点である。

### 2.3.1 構造化のプロセス[7]

ISMモデルの特徴は，意思決定過程で複雑なパスを持つ問題に対して，漠然

2. 計画における問題点の整理と解決手法

とした段階から出発して，しだいに問題を明らかにしていく過程であり，以下の手順をとる．

**1） 問題項目の抽出**　課題・問題に関連すると思われる要素（$s_1, s_2, \cdots, s_i, \cdots, s_n$）の抽出を行う．

**2） 項目間の関係付け**　「要素 $s_i$ は要素 $s_j$ に影響を与えるか？」（「要素 $s_i$ の解消は要素 $s_j$ の解消につながるか？」）という関係文を使って，要素の一対比較†をすべての組合せについて行い，影響を与える（関係がある）場合には「1」，与えない（関係がない）場合には「0」として，**図 2.4** に示すような**関係行列 $D$** を作成する．ただし，対角要素は $i=j$ となり，要素自身の関係を検討することを意味することから，相互の関連性はなく「0」とする．

| 〈関係行列 $D$〉 | : | ① | ② | ③ | ④ | ⑤ | ⑥ | ⑦ | ⑧ | ⑨ | ⑩ | ⑪ | ⑫ | ⑬ |
|---|---|---|---|---|---|---|---|---|---|---|---|---|---|---|
| ①施設の設置 | : | 0 | 1 | 0 | 0 | 1 | 1 | 0 | 0 | 0 | 0 | 0 | 0 | 0 |
| ②施設の改善 | : | 0 | 0 | 0 | 0 | 1 | 1 | 0 | 0 | 0 | 0 | 0 | 0 | 0 |
| ③道路の改善 | : | 0 | 0 | 0 | 0 | 0 | 0 | 1 | 0 | 0 | 0 | 0 | 0 | 0 |
| ④交通機関の改善 | : | 0 | 0 | 0 | 0 | 0 | 0 | 1 | 0 | 1 | 0 | 0 | 0 | 0 |
| ⑤施設の利用 | : | 0 | 0 | 0 | 0 | 0 | 1 | 0 | 0 | 0 | 0 | 0 | 1 | 1 |
| ⑥精神的安心 | : | 0 | 0 | 0 | 0 | 0 | 0 | 0 | 0 | 0 | 0 | 0 | 0 | 0 |
| ⑦移動の自由 | : | 0 | 0 | 0 | 0 | 0 | 0 | 0 | 0 | 0 | 0 | 0 | 0 | 0 |
| ⑧交通機関の設置 | : | 0 | 0 | 0 | 1 | 0 | 0 | 0 | 0 | 1 | 0 | 0 | 0 | 0 |
| ⑨交通機関の利用 | : | 0 | 0 | 0 | 0 | 0 | 0 | 1 | 0 | 0 | 0 | 0 | 0 | 1 |
| ⑩介護・在宅サービス | : | 0 | 0 | 0 | 0 | 1 | 1 | 1 | 0 | 1 | 0 | 0 | 0 | 0 |
| ⑪情報提供 | : | 0 | 0 | 0 | 0 | 0 | 0 | 0 | 0 | 0 | 0 | 0 | 1 | 1 |
| ⑫交流・社会参加 | : | 0 | 0 | 0 | 0 | 0 | 1 | 0 | 0 | 0 | 0 | 0 | 0 | 0 |
| ⑬経済的安心 | : | 0 | 0 | 0 | 0 | 0 | 1 | 0 | 0 | 0 | 0 | 0 | 0 | 0 |

**図 2.4** 障害者の外出支援における要素間の関係行列

**3） 行列計算**　単位行列 $I$ を導入し

$$A = I \oplus D \tag{2.1}$$

---

† **一対比較**とは，要素 $s_i$ と要素 $s_j$ について，前者（$s_i$）が後者（$s_j$）にどの程度影響しているかを比較するもので，例えば「絶対的に影響する」から「影響しない」までを数段階に分けて重み付けをする方法である．

と定義する．ここに，$A$ は要素間の結合状況を示す**隣接行列**（adjacent matrix）を表し，演算$\oplus$はブール演算[8]のブール和を示す．

つぎに，**可達行列**（reachability matrix）あるいは**推移包**（transitive closure）と呼ばれる行列 $T$ を隣接行列 $A$ のブール積として $p$ 回のブール積の行列と $p-1$ 回のブール積の行列が等しくなるまで，行列のブール積を求める．

$$T = A^p = A^{p-1} \qquad (2.2)$$

と定義し，図2.5のように可達行列 $T$ を求める．

| 〈可達行列 $T$〉 | | ① | ② | ③ | ④ | ⑤ | ⑥ | ⑦ | ⑧ | ⑨ | ⑩ | ⑪ | ⑫ | ⑬ |
|---|---|---|---|---|---|---|---|---|---|---|---|---|---|---|
| ①施設の設置 | : | 1 | 1 | 0 | 0 | 1 | 1 | 0 | 0 | 0 | 0 | 0 | 1 | 1 |
| ②施設の改善 | : | 0 | 1 | 0 | 0 | 1 | 1 | 0 | 0 | 0 | 0 | 0 | 1 | 1 |
| ③道路の改善 | : | 0 | 0 | 1 | 0 | 0 | 0 | 1 | 0 | 0 | 0 | 0 | 0 | 0 |
| ④交通機関の改善 | : | 0 | 0 | 0 | 1 | 0 | 1 | 1 | 0 | 1 | 0 | 0 | 0 | 1 |
| ⑤施設の利用 | : | 0 | 0 | 0 | 0 | 1 | 1 | 0 | 0 | 0 | 0 | 0 | 1 | 1 |
| ⑥精神的安心 | : | 0 | 0 | 0 | 0 | 0 | 1 | 0 | 0 | 0 | 0 | 0 | 0 | 0 |
| ⑦移動の自由 | : | 0 | 0 | 0 | 0 | 0 | 0 | 1 | 0 | 0 | 0 | 0 | 0 | 0 |
| ⑧交通機関の設置 | : | 0 | 0 | 0 | 1 | 0 | 1 | 1 | 1 | 1 | 0 | 0 | 0 | 1 |
| ⑨交通機関の利用 | : | 0 | 0 | 0 | 0 | 0 | 1 | 1 | 0 | 1 | 0 | 0 | 0 | 1 |
| ⑩介護・在宅サービス | : | 0 | 0 | 0 | 0 | 1 | 1 | 1 | 0 | 1 | 1 | 0 | 1 | 1 |
| ⑪情報提供 | : | 0 | 0 | 0 | 0 | 0 | 1 | 0 | 0 | 0 | 0 | 1 | 1 | 1 |
| ⑫交流・社会参加 | : | 0 | 0 | 0 | 0 | 0 | 1 | 0 | 0 | 0 | 0 | 0 | 1 | 0 |
| ⑬経済的安心 | : | 0 | 0 | 0 | 0 | 0 | 1 | 0 | 0 | 0 | 0 | 0 | 0 | 1 |

図2.5　障害者の外出支援における可達行列

**4）行列の並び替え**　可達行列 $T$ に基づいて階層的グラフを構成するために，行列を並び替える．まず，項目 $S$ の集合で各要素 $s_i$ に対して**可達集合**（reachability set）$R(s_i)$，および**先行集合**（autecedent set）$A(s_i)$ をそれぞれ

$$\left. \begin{array}{l} R(s_i) = \{s_j \in S \mid T_{ij} = 1\} \\ A(s_i) = \{s_j \in S \mid T_{ji} = 1\} \end{array} \right\} \qquad (2.3)$$

と定義し $R(s_i)$，$A(s_i)$ を求める．$R(s_i)$ は $s_i$ 自身および $s_i$ から到達できるすべての集合を表し，また，$A(s_i)$ は $s_i$ 自身および $s_i$ に到達可能なすべての集合を

表している。具体的には，可達集合 $R(s_i)$ を求める場合には，行を見て「1」となっている列を集める。先行行列 $A(s_i)$ については，列を見て「1」となっている行を集める。

**5) 要素レベルの決定**　　いま，$R(s_i)$ かつ $A(s_i)$ を $R(s_i)$ と $A(s_i)$ の共通集合とし

$$S = \{s_i \in S | R(s_i) \text{ かつ } A(s_i) = R(s_i)\} \tag{2.4}$$

とする。$S_1$ に属する要素を第1レベルの要素と定義する。$S_1$ はただ一つの要素からなる場合も複数個の要素からなる場合もある。**図2.4**の例では二つの要素を示している。

つぎに，**図2.4**のマトリックスから $S_1$ に属する要素を取り除き，同様の手順で第2レベルを定める。

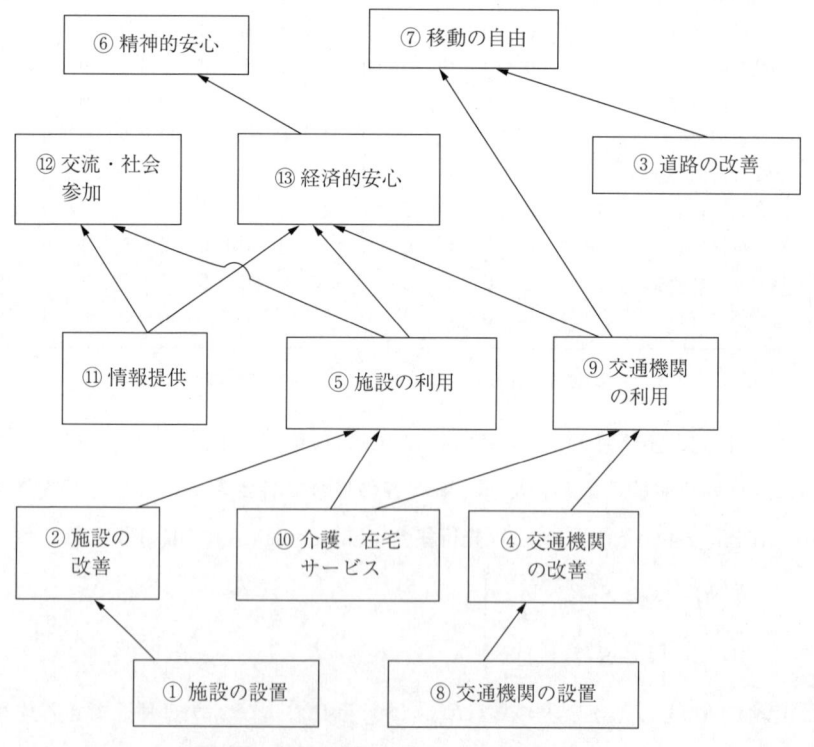

**図2.6**　障害者の外出支援における構造モデル

6) **構造モデルの作成**　レベルごとに配置し，可達行列より隣接するレベル間の要素を結線して，図 2.6 に示すような構造モデルを作成する。

### 2.3.2　ISM モデルの適用例

障害者の外出支援に関するアンケートの自由記述を分析した結果，表 2.1 に示す 13 項目の要素が抽出された。これらの要素を利用して，障害者の外出支援の問題点を ISM モデルで構造化を行う（図 2.6）。

**表 2.1**　障害者の外出支援における要素項目

| 項　目 | 内　容 |
|---|---|
| ① 施設の設置 | 近くに社会福祉施設がないので設置して欲しい |
| ② 施設の改善 | 現在の施設では受け入れに条件があり，誰でも入れるようにして欲しい |
| ③ 道路の改善 | 道路の段差をなくし，車道と歩道を分離して欲しい |
| ④ 交通機関の改善 | 公共交通機関の整備やハード面の不便さを解消して欲しい |
| ⑤ 施設の利用 | 利用できる施設の充実や利用しやすくして欲しい |
| ⑥ 精神的安心 | 現在の状況や将来・老後について漠然とした不安がある |
| ⑦ 移動の自由 | 移動の制約について解消の希望がある |
| ⑧ 交通機関の設置 | 近くに交通機関がないので設置して欲しい（バス停など） |
| ⑨ 交通機関の利用 | より利用できる交通機関の希望がある |
| ⑩ 介護・在宅サービス | 障害者の高齢化や重度化によるヘルパーやボランティアの要望がある |
| ⑪ 情報提供 | 施設への入所手続きや交通費軽減などの情報が欲しい |
| ⑫ 交流・社会参加 | 交流・仲間作りや社会参加の促進に対する要望がある |
| ⑬ 経済的安心 | 年金や手当の増額，減税，施設利用費など経済的支援を求めるもの |

# 演 習 問 題

【1】地震，津波，集中豪雨などの災害を例に，社会基盤として事前に整備すべき課題，災害に見舞われた直後に取り組むべき課題，復興計画の立案における課題など取り上げ，こうした問題をテーマとしてより良い取組みの提案を，以下の手順で KJ 法により行い，シナリオを書いて提出せよ。

　① 4, 5 人のグループの班をつくる。
　② グループごとに議論して取り組むべきテーマを決定する。
　③ 第一段階として，ポストイットを使ってカード（紙切れ）をつくる（この場合 A4 判の用紙にポストイットを数枚貼り付けて考えつく項目を記入するとよい）。

④ 第二段階として，カードを持ち寄って，グループ編成を行う。
⑤ 第三段階として，グループ編成したものを空間配置（図解）する。
⑥ 第四段階として，空間配置されたものを利用してシナリオを書く。
⑦ 第五段階として，グループの代表がプレゼンテーションを行う（各班5分程度）。

【2】 つぎの課題をKJ法で整理し，重要度の高い項目を5項目程度に絞り，建設技術者の立場から関係行列を作成し，構造を明らかにせよ。

1) 地震，津波，集中豪雨などの災害を例に，社会基盤として事前に整備すべき課題を整理し構造を明らかにせよ。
2) 安全・安心な社会を求め，今後さらに進む少子高齢化に対応する社会基盤の整備に関する課題を整理し構造を明らかにせよ。

# 3

# 計画のための予測手法

　建設事業を効率的に計画し，実施していくためには，さまざまな現象を予測する必要がある．現象の予測には必ず不確かさを伴うため，その不確かさ見積ったうえで計画することにより，信頼性の高い事業を遂行することができる．不確かさを見積もる合理的なやり方は統計的手法である．本章では，統計で扱うデータの種類，確率論，統計的手法，ならびにそれらを用いた品質管理の手法について説明する．

## 3.1 なぜ予測か[1]

　建設システムに関わるいろいろな作業を計画し，実施していくためには，いろいろな現象を予測する必要がある．**予測**とは，何らかの科学的根拠に基づいて，将来にわたる物事の状況の変化を数値的に表現する行為である．

　道路を計画する場合，その道路が供用されたのち，どの程度の交通量があるのかを予測する．予測された交通量を通行させるために必要な車線数，車道幅，中央帯などの道路構造を決定する．交通量の予測には，交通需要調査や同様の条件の道路の交通量などのデータを分析することによって行う．このような予測には必ず不確かさを伴う．

　橋梁(りょう)などの構造物の設計においては，交通荷重や地震などの外的作用に対して橋梁の各部材がどのように応答するかを予測する．各部材が予測された応答に対抗できるかどうかを確認する．部材の応答の予測は，構造力学などの理論を用いて行うことができる．しかしながら，作用する荷重や地震には不確かさがあり，部材の性質もばらつくため，必ずしも理論的に予測した応答にはな

らない。

環境問題である地球温暖化に対する対策を行うためには，地球の温度の将来的な予測が必要となる。実際問題として，その予測は非常に難しい。まず，温暖化のメカニズムが明らかではない。また，温暖化にかかわる自然現象自体が非常に不確かな要素を多く含んでいる。したがって，**図 3.1** に示すようにどの程度気温が上昇するのかについての予測には大きな幅がある。

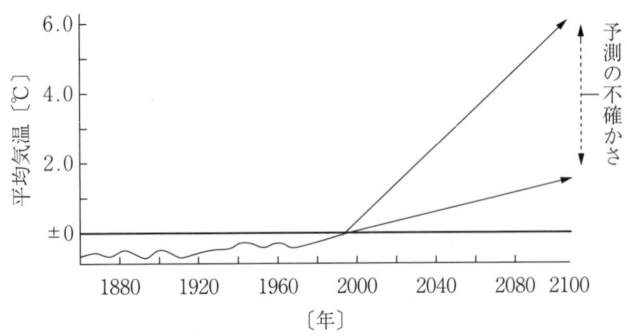

**図 3.1** 地球の平均気温の差の推移と予測（http://rikanet2.jst.go.jp/contents/cp0220a/contents/ に基づき作成）

このように予測をするということは，対象とする現象のメカニズムがどのようなものであるのかという問題と，そこに含まれる不確かさの程度をどのように見積もるかという問題を含んでいる。前者については，データを収集しそれを適切に分析する必要がある。後者については確率・統計の助けを借りることになる。本章ではこれらの知識を学ぶ。

## 3.2 データの収集と処理[2)]

### 3.2.1 データの種類

〔**1**〕 **質的データと量的データ**　**質的データ**は**定性データ**（qualitative data）とも呼ばれ，言葉や記号で表される。例えば，性別，人の好みや性格，物の審美的特性などである。**量的データ**は**定量データ**（quantitative data）と

も呼ばれ，数量によって表される。例えば，人口，交通量，強度，距離などである。質的データは，人々の考え方や感じ方をアンケートによって調査するときなどに用いられるが，数値的な処理は量的データを用いて行うため，質的データを数値に置き換えて分析することが行われる。

〔**2**〕 **離散データと連続データ** 量的データには，図 3.2 に示すように**離散データ**（discrete data）と**連続データ**（continuous data）がある。離散データは**計数値**とも呼ばれ，1，2，3のように整数値で表され，人口や交通事故件数などがある。連続データは**計量値**とも呼ばれ，小数点以下の数値で表され，距離や重さなどがある。

(*a*) 離散データ：交通事故件数　　(*b*) 連続データ：秤で計った物の重さ

図 3.2　離散データと連続データ

〔**3**〕 **時系列データ**　図 3.3 に示すように，特定の対象や現象を数値で表し，その時間的な変化を観測したデータを**時系列データ**（time series data）という。例えば，毎日の温度の変化，人口の推移，店の売り上げの変化などで

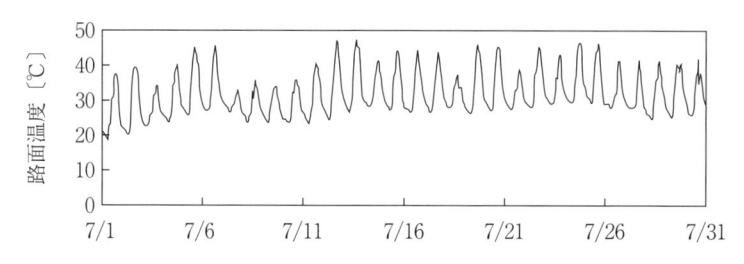

図 3.3　時系列データの例：1か月にわたるコンクリート舗装の路面温度

ある。時系列データを分析することによって，時間的な変動からその原因を見いだし，将来にわたる現象の予測を行うことができる。

### 3.2.2 データの収集

データを収集する方法には，既存のデータを利用する方法と新たにデータを取る方法がある。既存のデータは，いろいろな行政機関，研究機関，企業，研究者によって公開されているデータであり，報告書，研究論文，データベースなどの形になっている。このようなデータ利用にあたっては特別な許可が必要になる場合がある。新しいデータは特殊な目的のために自分自身が計測や調査を行って得るものであり，時間と労力を必要とする。

〔1〕 **既存データ**　国勢調査や道路交通センサスなどの基本的な数値統計データは，政府の関係機関から取得することができる。これらのデータは，政府機関や都道府県，市町村などの地方自治体が定期的に調査し，定期刊行物として公表されている。また，各機関のWebサイトから入手することが可能である。法人の業務にかかわるデータは**業務統計**と呼ばれ，同様に公開されている。このように公表されたデータは基本的に自由に使用できるが，データの出所を明らかにしておかなければならない。

地形図や土地利用図などの地図や，衛星写真や航空写真のような**視覚情報データ**も公開されている。これらは**地理情報システム（GIS）**において必須のデータであり，国土地理院が基本的な国土地理情報をディジタル化しており，Webサイトから入手可能である。

**気象データ**については気象庁が気象観測データを公開している。そのシステムは**アメダス**（Automated Meteorological Data Acquisition System，略して**AMeDAS**）と呼ばれ，降水量，風向・風速，気温，日照時間の観測を自動的に行っている。アメダスは1974年11月1日から運用を開始し，現在，降水量を観測する観測所は全国に約1300か所ある。データは気象庁のWebサイトから入手できる。

〔2〕 **新規データの収集**　既存のデータでは必要な情報が得られない場

合，新規にデータを収集する必要がある．騒音，大気汚染などの物理的なデータであれば，観測機器を用いてデータ収集を行う．交通量データについては交通量調査，住民の意識などはアンケート調査などを実施する．

新規データの収集には相当の費用，時間，労力を要するため，そのデータから何を分析しようとするのかを事前によく検討し，不必要に詳細なデータを取らず，またデータ漏れのないようにする．特に，データ解析の方法によって収集すべきデータの内容が異なるため，解析法についての検討は十分に行う．

インタビューやアンケートによる社会調査は，関係する人々の意識や評価などを知るための有力な方法としてよく行われる．この調査では，調査目的に応じた科学的な標本抽出と，簡潔でわかりやすい調査票の作成が重要である．調査員が直接被験者に接触する調査方法を取る場合には，調査員のマナーやコミュニケーション能力を高めておくことが必要である．

### 3.2.3 データの処理

多くの数値データを取り扱う場合，まずそのデータ全体の傾向を知る必要がある．データ全体の傾向は，その集団の中心を表す代表値と広がりを表すばらつきによって表現できる．代表値には平均値，中央値，最頻値がある．ばらつきには，レンジ，分散，標準偏差，変動係数などがある．これらは**統計量**と呼ばれ，この統計量によって集団の性質を表すことを**記述統計**（descriptive statistics）という．

大きな集団になると，そのすべてについてのデータを取ることは難しい．そこで一部の標本を取り出し，その標本集団の性質から集団全体の性質を判断することが行われる．すなわち，標本集団の統計量からもとの集団（母集団）の統計量を推定する．このような方法を**統計的推定**（statistical estimation）という．

集団の中心や全体的な広がりを調べるときには，**度数分布**（histogram）を描くとよい．度数分布は，データを細かい範囲（級）に分け，それぞれの範囲に入るデータの個数（**度数**）を数え上げて，図表にしたものである．度数分布

によってその集団の統計的な性質が判断できる。

**【例題 3.1】** 表 3.1 のデータは，コンクリートの圧縮試験結果である。この表からコンクリートの圧縮強度の度数分布を描け。

表 3.1 コンクリートの圧縮強度〔N/mm$^2$〕

| 番 号 | 1 | 2 | 3 | 4 | 5 | 6 | 7 | 8 | 9 | 10 |
|---|---|---|---|---|---|---|---|---|---|---|
| 圧縮強度 | 41.3 | 40.5 | 39.0 | 33.5 | 48.2 | 40.9 | 41.5 | 38.6 | 40.3 | 41.0 |
| 番 号 | 11 | 12 | 13 | 14 | 15 | 16 | 17 | 18 | 19 | |
| 圧縮強度 | 43.2 | 30.5 | 42.5 | 44.2 | 40.7 | 56.0 | 36.1 | 46.5 | 42.7 | |

**【解答】** 以下の手順で作業を進める。
1) 圧縮強度の最大値と最小値を見つける。それぞれ 56.0, 30.5 である。
2) 級の範囲を決める。級の数を 6 とすれば，(56.0 − 30.5)/6 = 4.25 であるから，切り上げて 5.0 とする。
3) 級の範囲を**表 3.2**のように決めて，その範囲に入るコンクリートの圧縮強度の数を数える。例えば，27.5 以上 32.5 未満の範囲にある強度は 12 番目の 30.5 の 1 個だけなので，その範囲の度数は 1 である。つぎの 32.5 以上 37.5 未満の範囲にある強度は 4 番目の 33.5 と 17 番目の 36.1 なので，その範囲の度数は 2 となる。

表 3.2 度数の数上げ

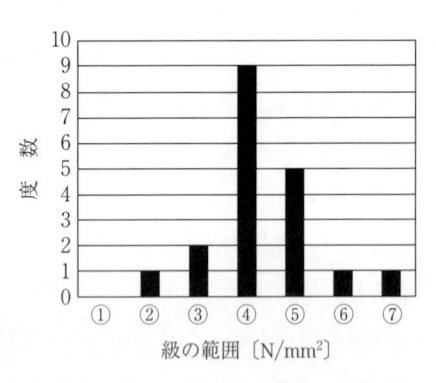

| 級の範囲〔N/mm$^2$〕 | 中央値 | 度数 |
|---|---|---|
| ① 22.5 ～ 27.5 | 25 | 0 |
| ② 27.5 ～ 32.5 | 30 | 1 |
| ③ 32.5 ～ 37.5 | 35 | 2 |
| ④ 37.5 ～ 42.5 | 40 | 9 |
| ⑤ 42.5 ～ 47.5 | 45 | 5 |
| ⑥ 47.5 ～ 52.5 | 50 | 1 |
| ⑦ 52.5 ～ 57.5 | 55 | 1 |

図 3.4 コンクリートの圧縮強度の度数分布

4) **表 3.2** を棒グラフに表すと，**図 3.4** のような度数分布ができあがる。中央の度数が多く，左右にほぼ均等に広がっている。自然現象の典型的なばらつきのようすを示している。

ある集団のデータの相互の関係や，集団の特徴を表すパラメータを取り出したりする分析方法を**多変量解析**という。例えば，ある都市に住む人の年齢，性別，職業，所得のデータがあったとして，それらの関係を調べ，その都市の特徴を表す指標を年齢や所得などから導くというような分析方法である。二つの量の関係を見るためには，それぞれを縦軸と横軸にとった散布図を描いてみるとよい。

---

【例題 3.2】 ある地盤に構造物を建設するために，地盤のいろいろな深さから土を採取してそのせん断強度を測定した。その結果が表 3.3 である。深さとせん断強度にはどのような関係があるか考察せよ。

表 3.3 深さごとのせん断強度

| 番号 | 深さ [m] | せん断強度 [N/cm$^2$] | 番号 | 深さ [m] | せん断強度 [N/cm$^2$] |
|---|---|---|---|---|---|
| 1 | 1.5 | 0.1 | 9 | 5.7 | 6.2 |
| 2 | 4.2 | 5.1 | 10 | 7.7 | 7.4 |
| 3 | 9.0 | 7.4 | 11 | 5.8 | 4.8 |
| 4 | 6.7 | 6.7 | 12 | 9.8 | 10.6 |
| 5 | 4.9 | 4.9 | 13 | 9.6 | 11.0 |
| 6 | 8.1 | 7.5 | 14 | 8.3 | 8.5 |
| 7 | 2.3 | 2.1 | 15 | 1.7 | 1.9 |
| 8 | 4.1 | 5.7 | | | |

---

【解答】 表 3.3 に基づいて散布図を描くと図 3.5 のようになる。この図より，プロットした点は深さが深くなるとせん断強度が高くなる傾向がみられる。

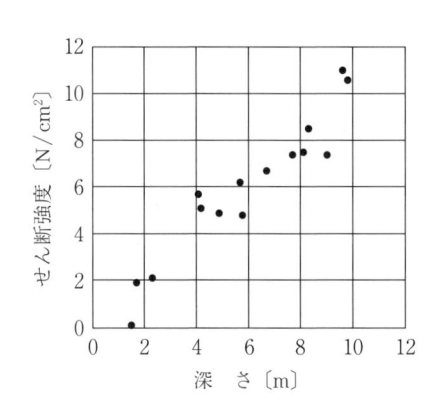

図 3.5 深さとせん断強度の関係を示す散布図

## 3. 計画のための予測手法

時系列データでは，ある数値が時間によってどのように変化していくのかについて分析を行う。時間による数値の変動の特徴を捉え，その特徴を時間の関数として表す。このような分析方法を**時系列分析**と呼び，同じような傾向を持った変動を予測することも可能である。時系列データを処理するためには，縦軸に数値，横軸に時間を取った散布図を描くことが一般的である。

【例題3.3】 アスファルト舗装において，タイヤによってわだちの部分が凹む現象をわだち掘れといい，その深さをわだち掘れ深さという。表3.4はある道路の一様区間で四つの計測点で毎年観測されたわだち掘れ深さの推移である。わだち掘れ深さが時系列的にどのように変化していくか考察せよ。

表3.4 わだち掘れ深さ〔mm〕の時系列データ

| 供用年 | 計測点1 | 計測点2 | 計測点3 | 計測点4 |
|---|---|---|---|---|
| 1 | 4 | 2 | 3 | 3 |
| 2 | 4 | 5 | 5 | 5 |
| 3 | 7 | 8 | 6 | 6 |
| 4 | 5 | 5 | 6 | 6 |
| 5 | 6 | 6 | 5 | 6 |
| 7 | 7 | 7 | 8 | 8 |
| 9 | 8 | 8 | 8 | 8 |
| 10 | 10 | 10 | 8 | 9 |

【解答】 供用年を横軸に，わだち掘れ深さ〔mm〕を縦軸にとって散布図を描くと図3.6のようになる。一様区間で交通量も同じにもかかわらず，わだち掘れ量は計

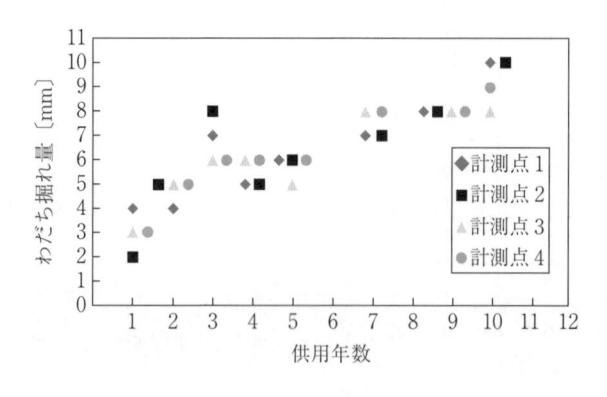

図3.6 わだち掘れ深さの経年変化

測点ごとに異なる。これは，わだち掘れ深さにばらつきがあることを示している。わだち掘れ深さは初期に大きくなり，その後は供用年とともに一定の割合で増加していくことがわかる。

## 3.3 確率・統計によるモデル化[3),4)]

データにはさまざまな理由によりばらつきがある。このようなばらつきを考慮して以上の分析を行うためには確率・統計の知識が必要になる。

### 3.3.1 集合の基礎

〔1〕**集合とは** 集合 (set) はものの集まりである。集合の範囲は明確に決められていることが必要である。集合はローマ字の大文字 ($A, B, C, \cdots, Z$) で表す。$A$ を集合とすると，$a$ が $A$ の中に入っていれば，$a$ は $A$ の**元** (menber) であるという。あるいは $a$ は $A$ に含まれるといい，$a \in A$ と表す。$a$ が $A$ の元でなければ，$a \notin A$ と表す。

元が有限個の集合を**有限集合** (finite set)，そうでない集合を**無限集合** (infinite set) という。元が一つもない集合を**空集合** (empty set) といい $\phi$ で表す。

【例題 3.4】 さいころの目のうち，偶数 $A$ と奇数 $B$ の集合を求めよ。

【解答】 集合の元を具体的に列挙するときには波括弧 { } を使う。すなわち，この例題の解は次式となる。
$$A = \{2, 4, 6\}, \quad B = \{1, 3, 5\}$$

二つの集合 $A$，$B$ があり，$A$ のすべての元が $B$ の元にもなっているとき，$A$ は $B$ に含まれるといい，$A \subseteq B$ と表す。このとき，$A$ は $B$ の**部分集合**という。

**【例題 3.5】** さいころの目のすべてを集合 $C$ とすると，**例題 3.4** の集合 $A$ と $B$ との関係を表せ．

**【解答】** $C=\{1,2,3,4,5,6\}$ であるから，$A \subseteq C$ および $B \subseteq C$ となる．$A$ と $B$ はたがいに共通となる元を持たないので，$A \neq B$ である（**図 3.7**）．

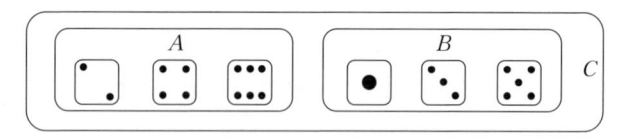

**図 3.7** さいころの目の集合

**〔2〕 集合の演算** 二つの集合 $A$ と $B$ があるとき，$A$ の元と $B$ の元からなる集合を $A$ と $B$ の**合併集合**（union）あるいは**和集合**といい，$A \cup B$ のように表す（**図 3.8**（$a$））．$A$ と $B$ の元を足し合わせたものと考えれば，集合の足し算といえる．このような集合どうしの操作を**集合の演算**（operation）という．集合の演算は，集合を円で表して，その重なりで集合の演算を表した**ベン図**（Venn diagram）で考えるとわかりやすい．

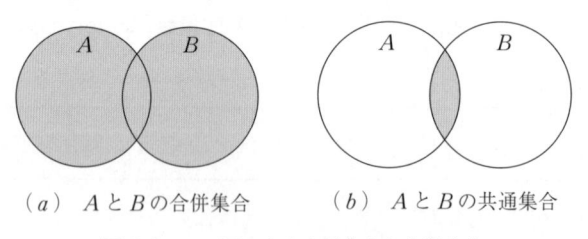

（$a$） $A$ と $B$ の合併集合　　（$b$） $A$ と $B$ の共通集合

**図 3.8** ベン図による合併集合と共通集合

また，$A$ の元と $B$ の元の共通部分からなる集合を**共通集合**（intersection）あるいは**積集合**といい，$A \cap B$ のように表す（**図 3.8**（$b$））．共通部分がない場合，共通集合は空集合になる．すなわち，$A \cap B = \phi$ と表され，$A$ と $B$ はたがいに**素**（$A \neq B$）であるという．

いま，$M$ をあらゆる元からなる集合とする．このような集合を**全体集合**という．$A \subseteq M$ としたとき，$M$ の元で $A$ に属さない元のことを，$A$ の**補集合**と

いい，$CA$ で表す†のが慣例であるが，本書では $\overline{A}$ と表す（図 3.9）。したがって，$M = A \cup \overline{A}$ である。あるいは，$\overline{A} = M - A$ とも表すことができる。

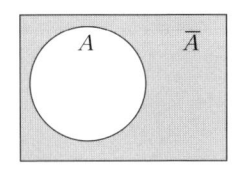

**図 3.9** ベン図による補集合

【例題 3.6】 $M$ をさいころの目，$A$ を偶数のさいころの目，$B$ を 3 の倍数のさいころの目としたとき，以下の集合の元を求めよ。

1) $M$, 　 2) $B$, 　 3) $C = A \cup B$, 　 4) $D = A \cap B$, 　 5) $E = \overline{A}$

【解答】 1) $M = \{1, 2, 3, 4, 5, 6\}$, 　 2) $B = \{3, 6\}$, 　 3) $C = A \cup B = \{2, 3, 4, 6\}$,
4) $D = A \cap B = \{6\}$, 　 5) $E = \overline{A} = \{1, 3, 5\}$

〔3〕 **結合法則と分配法則**　集合の演算に関して次式の関係が成り立つ。

$$\left. \begin{array}{l} A \cup (B \cup C) = (A \cup B) \cup C \\ A \cap (B \cap C) = (A \cap B) \cap C \end{array} \right\} \quad (3.1)$$

この関係を**結合法則**（associate rule）という。この関係は合併集合や共通集合どうしの演算では括弧がいらないことを示している。四つ以上の集合の演算も同様である。

また，次式の関係が成り立つ。

$$\left. \begin{array}{l} A \cup (B \cap C) = (A \cup B) \cap (A \cup C) \\ A \cap (B \cup C) = (A \cap B) \cup (A \cap C) \end{array} \right\} \quad (3.2)$$

この関係を**分配法則**（distribute rule）という。

【例題 3.7】 $A, B, C$ がそれぞれ以下のような集合であるとする。式 (3.2) の第 1 式を確かめよ。

$A = \{1, 3, 4, 7\}$, 　 $B = \{2, 4, 6, 8\}$, 　 $C = \{1, 2, 5, 8, 10\}$

---

† 補（complement）は，補数と同系の用語であり，C はそれの頭文字である。

**【解答】** 左辺は,$B \cap C = \{2, 8\}$ であるから

$A \cup (B \cap C) = \{1, 2, 3, 4, 7, 8\}$

右辺は,$A \cup B = \{1, 2, 3, 4, 6, 7, 8\}$,$A \cup C = \{1, 2, 3, 4, 5, 7, 8, 10\}$ であるから

$(A \cup B) \cap (A \cup C) = \{1, 2, 3, 4, 7, 8\}$

したがって,左辺=右辺である。

### 3.3.2 確率の基礎

**確率**(probability)は,偶然的な現象において,ある**事象**(event,出来事)が起こることの確からしさを表す**測度**(数値で表した尺度)である。その定義は,「一定条件のもとで試行を $n$ 回繰り返し,その結果のうちで事象 $A$ が現れた回数を $n_A$ とする。$n_A/n$ を事象 $A$ の相対度数という。試行回数を限りなく大きくしていったとき,相対度数の極限値が存在するならば,その極限値を事象 $A$ の**確率** $P(A)$ という」である。

起こり得るすべての事象の集合を $M$ とし,その中の個々の事象を $E_1, E_2, \cdots,$ $E_i, \cdots, E_n$ とする。すなわち $E_i \subseteq M$,$M = E_1 \cup E_2 \cdots \cup E_n$ とする。この場合,以下のことがいえる。

○ 事象 $E_i$ の確率は 0 と 1 の間の値をとる。　　$0 \leq P(E_i) \leq 1$ 　　(3.3)

○ $M$ のいずれかの事象が必ず起こる。　　$P(M) = 1$ 　　(3.4)

○ 事象がなければ何も起こらない。　　$P(\phi) = 0$ 　　(3.5)

○ 事象 $E_1$ と $E_2$ のうちいずれかが生ずる確率は,$E_1$ と $E_2$ の確率の和から,$E_1$ と $E_2$ が同時に起こる確率を引いたものに等しい。すなわち

$$P(E_1 \cup E_2) = P(E_1) + P(E_2) - P(E_1 \cap E_2) \qquad (3.6)$$

二つの事象 $E_1$ と $E_2$ を考えたとき,一方の事象 $E_1$ が起こっているという条件のもとで,事象 $E_2$ が起こる確率を,事象 $E_2$ の**条件付き確率**(conditional probability)といい,$P(E_2|E_1)$ で表す。これに対して $E_2$ のみを考えた場合の確率 $P(E_2)$ を**絶対確率**(absolute probability)という。

二つの事象がともに起こる確率は一つの事象の絶対確率に,他の条件付き確率を乗じた積に等しい。すなわち

$$P(E_1 \cap E_2) = P(E_1)P(E_1|E_2) = P(E_2)P(E_2|E_1) \tag{3.7}$$

二つの事象 $E_1$ と $E_2$ において $E_2 \cap E_2 = \phi$ のとき,すなわち $E_1$ と $E_2$ が同時には起こらないとき,事象 $E_1$ と $E_2$ はたがいに**排反**(exclusive)であるという。この場合には

$$P(E_1 \cup E_2) = P(E_1) + P(E_2) \tag{3.8}$$

となる。$M$ における $E_1$ の補集合を $\overline{E}_1$ とすると,$E_1$ と $\overline{E}_1$ はたがいに排反で

$$\left. \begin{array}{l} P(M) = P(E_1) + P(\overline{E}_1) = 1 \\ P(E_1) = 1 - P(\overline{E}_1) \end{array} \right\} \tag{3.9}$$

となる。また事象 $E_1$ と $E_2$ において

$$P(E_1 \cap E_2) = P(E_1)P(E_2) \tag{3.10}$$

となる関係が成り立つとき,$E_1$ と $E_2$ はたがいに**独立**(independent)であるという。

---

【例題 3.8】 さいころの目を $M$ とし,その中で奇数の集合を $E_1$,3 の倍数の集合を $E_2$,素数の集合を $E_3$ とする。すなわち

$M = \{1, 2, 3, 4, 5, 6\}$, $E_1 = \{1, 3, 5\}$, $E_2 = \{3, 6\}$, $E_3 = \{2, 3, 5\}$

さいころの目について,以下の確率を求めよ。
1) $P(E_1)$, 2) $P(E_2)$, 3) $P(\overline{E}_2)$, 4) $P(E_1 \cap E_3)$,
5) $P(E_1 \cup E_3)$, 6) $P(E_1|E_3)$

---

【解答】 さいころの目の出る確率は,それぞれの事象の集合の元の数を $M$ の元の数で割ったものになる。したがって
1) $P(E_1) = 3/6 = 0.5$
2) $P(E_2) = 2/6 = 0.333$
3) $\overline{E}_2$ は $E_2$ の補集合であるから,$P(\overline{E}_2) = 1 - P(E_2) = 1 - 0.333 = 0.667$
4) $E_1 \cap E_3 = \{3, 5\}$ であるから,$P(E_1 \cap E_3) = 2/6 = 0.333$
5) $P(E_1 \cup E_3) = P(E_1) + P(E_3) - P(E_1 \cap E_3) = 0.5 + 0.5 - 0.333 = 0.667$
  一方,$E_1 \cup E_3 = \{1, 2, 3, 5\}$ であるから $P(E_1 \cup E_3) = 4/6 = 0.667$ となり,正しいことがわかる。$E_3 = \{2, 3, 5\}$ の中で $E_1$ に属する元は $\{3, 5\}$ であるから,$E_3$ が出た中で $E_1$ となる確率は $P(E_1|E_3) = 2/3 = 0.667$ である。

6) $P(E_1 \cap E_3) = P(E_3)P(E_1|E_3) = 0.5 \times 0.667 = 0.333$ となり，先に計算した 4) の結果と一致する。

### 3.3.3 確 率 分 布

〔1〕 **確率変数と確率分布** さいころの出る目を変数 $X$ とすると，$X$ の値は 1 から 6 まで変化する。そのいずれの値の確率も 1/6 となる。このようにある確率をもって変数の値が実現されるような変数を**確率変数**（random variable）という。家から職場までの通勤時間，コンクリートの強度，年間降水量など，条件が同じでもその値を一つに定めることはできず，それらの値はある確率で変化する確率変数と考えることができる。確率変数には**離散的確率変数**と**連続的確率変数**がある。

確率変数 $X$ の値が実現する確率を，その値ごとに定めたものを**確率分布**（probability distribution）という。すなわち，$X$ の値が $x$ 以下となる確率を

$$F(x) = P(X \leq x) \tag{3.11}$$

と表す。このとき $F(x)$ を**分布関数**（distribution function）という。分布関数は次式のように表される。

離散的確率変数の場合：$F(x) = P(X \leq x) = \sum_{i=-\infty}^{n} f(x_i)$ (3.12)

連続的確率変数の場合：$F(x) = P(X \leq x) = \int_{-\infty}^{x} f(x)dx$ (3.13)

このとき $f(x)$ を**確率密度関数**（probability density function）という。

〔2〕 **離散的確率変数の確率分布** 離散的確率変数の確率密度関数は次式のように定義される。

$$f(x_i) = P(X = x_i) \quad (i = 1, 2, \cdots) \tag{3.14}$$

**1）超幾何分布** コインの裏表，製品の良不良，試験の合格不合格など，人や物がある属性を持っているかいないかなど，実現値が二つのみに分類される集団を **2 項集団**という。この集団から 1 個の要素を取り出し，その属性を確かめる。このような試行を数回繰り返したとき，どちらかの属性が出た回数は確率変数になる。

ここで，ある一様な属性を持つ大きさ $N$ の有限な集団 $A$ の中に，別の属性を持つ大きさ $M$ の部分集団 $B$ が紛れ込んでいるとしよう。この集団から任意に $n$ 個の元を取り出したとき，その中にある $B$ の元の個数 $x$ を確率変数とする。このときの確率密度関数は次式のようになる。

$$f(x) = P(X=x) = \frac{{}_M C_x \cdot {}_{N-M}C_{n-x}}{{}_N C_n} \quad (x=1, 2, \cdots, n) \quad (3.15)$$

このような分布を**超幾何分布**（hypergeometric distribution）という（**図3.10**）。

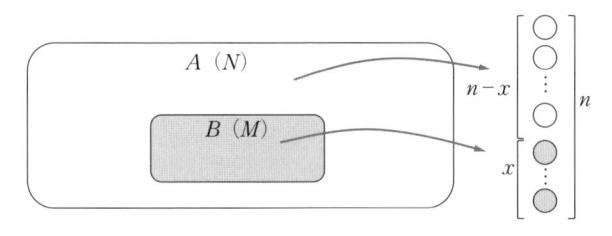

**図3.10** 超幾何分布

【**例題3.9**】 100個の製品の中に，不良品が5個混じっている。この製品の検査のために，10個の製品を抜き出して検査した。このとき，10個の検査製品の中に1個の不良品が出てくる確率を求めよ。

【**解答**】 式 $(3.15)$ に $N=100$，$M=5$，$n=10$，$x=1$ を代入すると

$$P(X=1) = \frac{{}_5 C_1 \cdot {}_{95} C_9}{{}_{100} C_{10}} = 0.339$$

となる。ちなみに同じ検査で不良品が1個も出ない確率は，$P(X=0) = 0.584$ であり，1個以上不良品が出る確率は，$P(X>0) = 1 - P(X=0) = 0.416$ となる。

**2) 2項分布** 超幾何分布において，集団の大きさを無限大にし，別の属性の全体に占める割合 $M/N$ を $p$（発生率）と置くと，次式のような確率密度関数を得る。

$$f(x) = P(X=x) = {}_n C_x p^x (1-p)^{n-x} \quad (x=1, 2, \cdots, n) \quad (3.16)$$

このような分布を**2項分布**（binominal distribution）という。

**【例題 3.10】** さいころの目について考える。さいころを振る行為はいくらでも繰り返すことができるので，その目は無限集合といえる。そこで，さいころを 10 回振って出る目が素数となるのが 2 回以下になる確率を求めよ。

**【解答】** さいころの目で素数になる確率（発生率）$p=P(E_3)$ は**例題 3.5** より 0.333 である。素数の目が 2 回以下の確率 $P(X≦2)$ は，$x$ が 0，1，2 の確率の和である。式 (3.16) より

$$P(X=0) = {}_{10}C_0(0.333)^0(1-0.333)^{10} = 0.0174$$
$$P(X=1) = {}_{10}C_1(0.333)^1(1-0.333)^9 = 0.0870$$
$$P(X=2) = {}_{10}C_2(0.333)^2(1-0.333)^8 = 0.1955$$

であるから，$P(X≦2) = 0.0174 + 0.0870 + 0.1955 = 0.2999$ となる。

**3) ポアソン分布** 長い期間の中で，発生率 $p$ を持つ事象がある期間 $t$ に起こる確率を**ポアソン分布**（Poisson distribution）といい，その確率密度関数は次式のようになる。

$$f(x) = \frac{(pt)^x}{x!}\exp(-pt) \qquad (x=1, 2, \cdots) \tag{3.17}$$

単位時間に道路のある地点を通過する自動車の数や，ある期間内に発生する火災や地震などの災害の発生数はポアソン分布に従うとされている。

**【例題 3.11】** これまでの経験から，ある川ではおおよそ 8 年に 1 回の割合で大洪水が発生する。大洪水の発生がポアソン分布に従うと仮定して，この川で 10 年間に 1 回洪水が発生する確率を求めよ。

**【解答】** 大洪水の発生が 8 年に 1 回の割合であるから，発生率は $p=1/8$ である。式 (3.17) において $t=10$，$x=1$ を代入して

$$\frac{\left(\frac{1}{8}\times 10\right)^1}{1!}\exp\left(-\frac{1}{8}\times 10\right) = 0.358$$

**〔3〕 連続的確率変数の確率分布** 確率変数の値が連続的な場合，確率分布には以下のようなものがある。

**1) 一様分布** 確率変数 $X$ が区間 $[a, b]$ 全体にわたって等しい確率

で実現するとき，この確率分布を**一様分布**（uniform distribution）という。その確率密度関数は次式となる。

$$f(x) = \frac{1}{b-a} \quad (a \leq x \leq b) \tag{3.18}$$

**2）正規分布**　　自然現象を連続確率変数で表すと，その一般的な確率分布は**正規分布**（normal distribution）になる。正規分布の確率密度関数は次式となる。

$$f(x) = \frac{1}{\sqrt{2\pi}\sigma} \exp\left\{-\frac{(x-\mu)^2}{2\sigma^2}\right\} \quad (-\infty < x < \infty) \tag{3.19}$$

ここで，$\mu$ は平均値，$\sigma^2$ は分散であり，正規分布を特徴づけるパラメータである。そこで，この二つのパラメータを持つ正規分布を $N(\mu, \sigma^2)$ と表す。正規分布は，**ガウス分布**（Gaussian distribution）とも呼ばれている。正規分布の確率密度関数は**図 3.11**のような形をしている。$\sigma^2$ が大きいほど分布が広がる。

特に，$N(0,1)$ なる正規分布

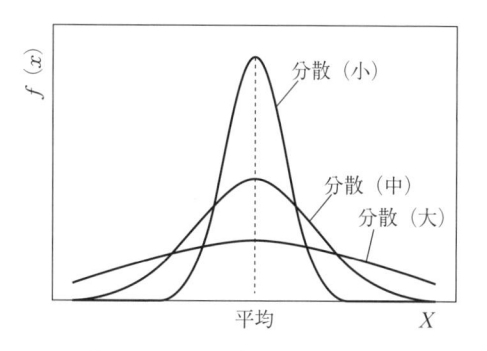

**図 3.11**　正規分布の確率密度関数

を**標準正規分布**という。その確率密度関数は次式となる。

$$f(z) = \frac{1}{\sqrt{2\pi}} \exp\left\{-\frac{z^2}{2}\right\} \tag{3.20}$$

$N(\mu, \sigma^2)$ の確率変数 $x$ を

$$z = \frac{x-\mu}{\sigma} \tag{3.21}$$

と変換することによって $N(0,1)$ に変換できる。正規分布の確率計算は，この標準正規分布 $N(0,1)$ から求めた正規分布表（巻末の p.203 に示す**付表 1**）を用いて行う。

$P(X \leq x)$ なる確率は，次式のような分布関数によって計算できる（**図**

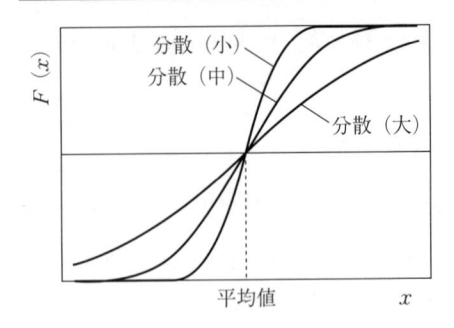

**図3.12** 正規分布の分布関数

$3.12$)。

$$P(X \leq x) = F(x) = \int_{-\infty}^{x} f(x)dx = \int_{-\infty}^{x} \frac{1}{\sqrt{2\pi}\,\sigma} \exp\left\{-\frac{(x-\mu)^2}{2\sigma^2}\right\} dx \tag{3.22}$$

ここで式 ($3.21$) の変換を行ったときの分布関数 $\Phi(z)$ は

$$P(X \leq x) = P(Z \leq z) = \Phi(z) = \int_{-\infty}^{z} \frac{1}{\sqrt{2\pi}} \exp\left\{-\frac{z^2}{2}\right\} dz \tag{3.23}$$

となる。$z$ が与えられたとき，$z$ の超過確率 $P(z<Z<+\infty)$ を巻末の**付表1**（正規分布表）に示す。$z$ を下回る確率 $\Phi(z)$ は，1 から $P(z<Z<+\infty)$ を引いた値である。

確率変数が $a \leq X \leq b$ の範囲にある確率は次式のように計算できる。

$$P(a \leq X \leq b) = \int_{a}^{b} f(x)dx = \int_{-\infty}^{b} f(x)dx - \int_{-\infty}^{a} f(x)dx = F(a) - F(b)$$
$$= \Phi(a') - \Phi(b') \tag{3.24}$$

ただし，$a'=(a-\mu)/\sigma$ および $b'=(b-\mu)/\sigma$ である。

---

【**例題3.12**】 ある河川の水位を確率変数 $X$ と考える。観測結果から，水位は平均 325 mm で分散は $(97\ \text{mm})^2$ であることがわかった。この河川の水位 $X$ が以下の状態となる確率を求めよ。

1) $X \leq 200$,　2) $200 \leq X \leq 400$,　3) $X > 500$

## 【解答】

1) 200 を変数変換すると，$(200-325)/97 = -1.289$ であるから
   $\Phi(-1.289) = 0.0987$
2) 400 を変数変換すると，$(400-325)/97 = 0.773$ であるから
   $\Phi(0.773) - \Phi(-1.289) = 0.7802 - 0.0987 = 0.6815$
3) $P(X>500) = 1 - P(X \leq 500)$ である。500 を変数変換すると，$(500-325)/97 = 1.804$ であるから
   $1 - \Phi(1.804) = 1 - 0.9644 = 0.0356$

**3）対数正規分布** 確率変数 $X$ の対数 $\ln(X)$ が正規分布となる分布を**対数正規分布**という。対数正規分布の確率密度関数は次式となる（**図 3.13**）。

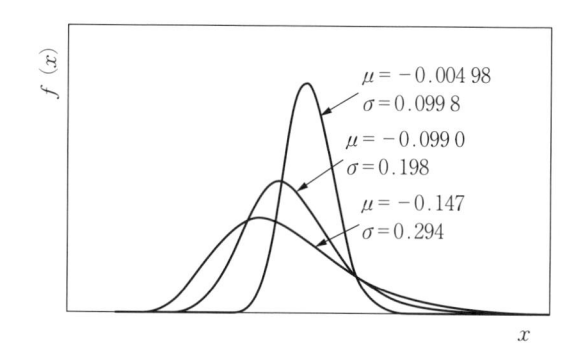

**図 3.13** 対数正規分布の確率密度関数

$$P(X=x) = \frac{1}{\sqrt{2\pi}\,\sigma x} \exp\left\{-\frac{(\ln x - \mu)^2}{2\sigma^2}\right\} \tag{3.25}$$

ここに，$\mu = E(\ln X)$，$\sigma = V(\ln X)$ である。また

$$E(X) = \exp\left(\mu + \frac{\sigma^2}{2}\right) \tag{3.26}$$

$$V(X) = \exp(2\mu + \sigma^2)\left\{\exp(\sigma^2) - 1\right\} \tag{3.27}$$

$$\sigma^2 = \ln\left\{1 + \frac{V(X)}{E(X)^2}\right\} \tag{3.28}$$

$$\mu = \ln(E(X)) - \frac{\sigma^2}{2} \tag{3.29}$$

となる関係がある。

**【例題 3.13】** 全国 100 箇所のコンクリート舗装の寿命を調査したところ，平均は 32.5 年で標準偏差は 5.8 年であった。コンクリート舗装の設計供用年数は 20 年である。コンクリート舗装の構造的寿命は対数正規分布に従うと仮定して，コンクリート舗装の寿命が 20 年を下回る確率を求めよ。

**【解答】** 対数正規分布のパラメータを求める。

$$\sigma^2 = \ln\left\{1+\left(\frac{5.8}{32.5}\right)^2\right\} = 0.03135, \qquad \mu = \ln(32.5) - \frac{0.03135}{2} = 3.466$$

$\ln(X)$ が正規分布なので，式 (3.21) によって $\ln(X)$ を変換すれば，標準正規分布になる。そこで，$Z = (\ln(20) - 3.466)/\sqrt{0.03135} = -2.656$ より

$$P(X<20) = \Phi(-2.656) = 0.004$$

となる。すなわち，この場合，0.4％程度のコンクリート舗装は設計供用年数に至る前に寿命になる。

### 4）指 数 分 布

ポアソン分布に従う事象において，その事象が発生する間隔を確率変数としたとき，その分布は指数分布になる。その確率密度関数は次式のようになる。

$$f(x) = \lambda \exp(-\lambda x) \qquad (x \geq 0) \tag{3.30}$$

したがって，指数分布関数は次式になる。

$$F(x) = \int_0^x \lambda \exp(-\lambda x) dx = 1 - \exp(-\lambda x) \tag{3.31}$$

また，次式の関係がある。

$$E(X) = \frac{1}{\lambda} \qquad V(X) = \frac{1}{\lambda^2} \tag{3.32}$$

道路上の自動車の車頭間隔，銀行などの窓口に来る客の時間間隔などがこの分布に従うとされている。

**【例題 3.14】** 道路の車頭間隔を測定したところ，その平均は 750 m であった。車頭間隔が指数分布に従うとしたとき，1 000 m 以下である確率を求めよ。

**【解答】** 式 (3.32) より $\lambda = 1/750$ であるから，式 (3.31) より

$$P(X<1\,000) = F(1\,000) = 1 - \exp(-1\,000/750) = 0.736$$

### 3.3.4 基本統計分析

〔1〕**期待値と分散**　確率分布は，確率密度関数によって記述される。確率密度関数は，分布ごとによって記述に必要な特性値が異なる。そこで，すべての分布において共通な特性値を定義しておくと便利である。特性値としては，確率分布のモーメントが用いられる。

確率分布の一次モーメントを**期待値**（expectation）あるいは**平均値**（mean value, average）という。期待値は $E(X)$ と表され，次式のように定義される。

離散的確率分布の場合：$$E(X) = \sum_{x=-\infty}^{\infty} x_i f(x_i) \tag{3.33}$$

連続的確率分布の場合：$$E(X) = \int_{-\infty}^{\infty} x f(x)\,dx \tag{3.34}$$

期待値は確率分布の中心位置を示す特性値である。ある集団の平均値は次式のような算術平均で計算できる。

$$E(X) = \frac{x_1 + x_2 + \cdots + x_n}{n} = \frac{1}{n}\sum_{i=1}^{n} x_i \tag{3.35}$$

確率変数 $X$ の期待値まわりの二次モーメントを**分散**（variance）という。分散は $V(X)$ と表される。

離散的確率分布の場合：$$V(X) = \sum_{x=-\infty}^{\infty} (x_i - \mu)^2 f(x_i) \tag{3.36}$$

連続的確率分布の場合：$$V(X) = \int_{-\infty}^{\infty} (x - \mu)^2 f(x)\,dx \tag{3.37}$$

ある集団の分散は，次式のような平均値からの偏差の2乗の算術平均で計算できる。

$$V(X) = \frac{(x_1-\mu)^2 + (x_2-\mu)^2 + \cdots + (x_n-\mu)^2}{n} = \frac{1}{n}\sum_{i=1}^{n}(x_i-\mu)^2 \tag{3.38}$$

また，$E(X)$ と $V(X)$ には次式の関係がある。

$$V(X) = E((X-\mu)^2) = E(X^2) - \mu^2 \tag{3.39}$$

分散の平方根を**標準偏差**（standard deviation）という。確率変数が単位を持つ場合，平均と標準偏差は同じ単位となる。そこで，確率変数のばらつきの程度を，標準偏差と平均値の比で表したものを**変動係数**（coefficient of variance）

*44*　3. 計画のための予測手法

という。

**【例題 3.15】** 例題 3.1 のコンクリートの圧縮強度の平均値，分散，変動係数を求めよ。

**【解答】** 平均値は式 (3.35) より 41.4 MPa である。分散は式 (3.38) より 27.64 MPa$^2$ であり，標準偏差は分散の平方根をとり，5.26 MPa となる。標準偏差を平均で割った変動係数は 0.19 となる。

〔2〕**代　表　値**　有限な確率変数の集団を考えたとき，その分布の中心的な値を表す特性値を**代表値**と呼ぶ。代表値としては平均値がある。それ以外にも以下のような代表値がある。

1) **中　央　値**（median）　データを大きさの順に並べたとき，その並びの中央にある値をいう。偶数の場合には中央の二つの平均をとる。

2) **中　点　値**（midrange）　データの最大値と最小値の平均値である。

3) **最　頻　値**（mode）　度数分布で最大の度数になる横座標の値である。

〔3〕**変　　　動**　有限な確率変数の集団を考えたとき，その分布のばらつきを表す最も一般的な特性値は分散，標準偏差，変動係数である。それ以外にも以下のような特性値がある。

1) **偏差平方和**　個々のデータと平均値の差（偏差）の 2 乗の総和である。

2) **範　　　囲**　データの最大値と最小値の差である。

**【例題 3.16】** 例題 3.1 のコンクリートの圧縮強度において，以下の特性値を求めよ。

1) 中央値，　2) 中間値，　3) モード，　4) 偏差平方和，　5) 範囲

**【解答】** 先に説明した定義により，それぞれ以下のようになる。
1) 41.0,　2) (56.0+30.5)/2=43.25,　3) 表 3.2 より，37.7〜42.5 の範囲の中央の値をとって，40.0,　4) 定義より，525.2,　5) 56.0−30.5=25.5

### 3.3.5 システムの信頼度

〔1〕 **信頼度と破壊確率**　建設システムの設計，建設，運用にあたっては，そのシステムが所定の機能を果たすかどうかが問題となる。システムが所定の期間にわたってその機能を果たす確率を**信頼度**（reliability）といい，その余事象は機能を果たさない確率であり，これを**破壊確率**（failure probability）という。いま，システム全体の性能が確率変数 $X$ で表され，所定の機能を果たすためには $X>a$ でなければならないとする。このときシステムの信頼度を $R$，破壊確率を $p_f$ とすれば，次式のようになる。

$$P(X>a) = R = 1 - p_f \tag{3.40}$$

〔2〕 **直列システムと並列システム**　建設システムは，いくつかのサブシステムから構成される巨大なシステムであることが多い。システム全体の信頼度は，サブシステムの信頼度に依存するが，それはサブシステム間の関係によって決まる。ここでは典型的な二つのシステムについて説明する。

**1）直列システム**　直列システムは，**図 3.14**（$a$）に示すようにサブシステムが直列につながっている。このシステムでは，サブシステムすべてが正常に機能して初めてシステム全体が正常に機能する。それぞれのサブシステム

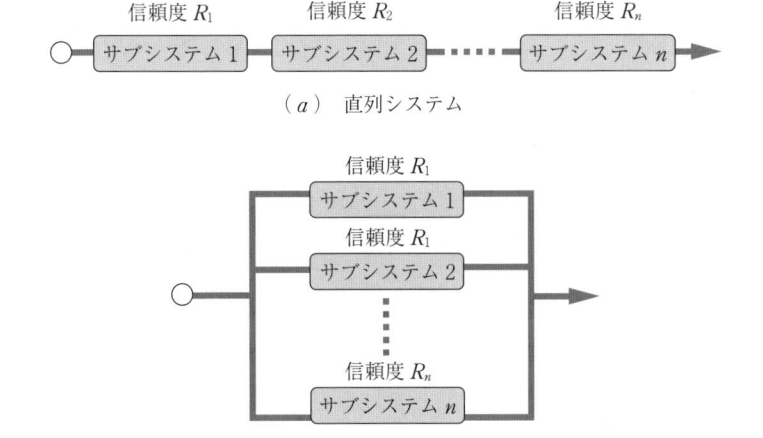

信頼度 $R_1$　　信頼度 $R_2$　　信頼度 $R_n$
サブシステム 1 — サブシステム 2 — …… — サブシステム $n$

（$a$）直列システム

信頼度 $R_1$
サブシステム 1
信頼度 $R_1$
サブシステム 2
⋮
信頼度 $R_n$
サブシステム $n$

（$b$）並列システム

**図 3.14**　直列システムと並列システム

の信頼度を $R_i$ とすれば，システム全体の信頼度は次式のようになる．

$$R = R_1 \cdot R_2 \cdot \cdots \cdot R_n = \prod_{i=1}^{n} R_i \tag{3.41}$$

**2）並列システム**　並列システムは，図 $3.14$ ( $b$ ) に示すようにサブシステムが並列になっているシステムである．このシステムでは，各システムのいずれかが正常に機能していればよい．このようなシステムは**冗長システム**（redundant system）と呼ばれる．それぞれのサブシステムの破壊確率 $p_{fi}$ をとすれば，システム全体の信頼度は次式のようになる．

$$R = 1 - p_{f1} \cdot p_{f2} \cdot \cdots \cdot p_{fn} = 1 - \prod_{i=1}^{n}(1 - R_i) \tag{3.42}$$

---

【**例題** $3.17$】　図 $3.15$ に示す A 市と B 市をつなぐ交通手段を考える．交通手段としては，A 市と B 市を直接つなぐ C 道路を行くか，D 道路で駅に行き E 鉄道に乗り換えて行く二つの方法がある．ある日，この地方に大雨注意報が発令された．大雨になったとき，それぞれの交通機関が通行止めになる確率（破壊確率）は，C 道路で 0.4，D 道路で 0.2，E 鉄道で 0.05 である．このとき，以下の問に答えよ．

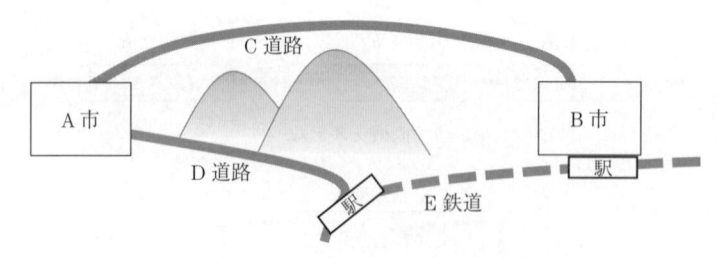

図 $3.15$　A 市と B 市を結ぶ交通手段

1) D 道路と E 鉄道を乗り継いで行く方法は直列システムと考えることができる．このときの信頼度はいくらか．

2) C 道路を行く方法と，D 道路と E 鉄道を乗り継いで行く方法の二つを並列システムと考えたとき，その信頼度はいくらか．

**【解答】**
1) D 道路と E 鉄道の信頼性は式 (3.40) より，それぞれ (1−0.2) および (1−0.05) である。したがって，式 (3.41) より，$R = (1−0.2) \times (1−0.05) = 0.76$ となり，それぞれのサブシステムの信頼性より低くなる。

2) 式 (3.41) より D 道路と E 鉄道の直列システムの破壊確率は (1−0.76) である。したがって，式 (3.42) より，$R = 1 − 0.4 \times (1 − 0.76) = 0.904$ となり，それぞれのサブシステムの信頼度より高くなる。

## 3.4 データの信頼性評価

環境都市工学分野で取り扱う事業に関わる現象は，自然現象や人間活動など不確定なものがほとんどである。例えば，河川計画を行う際には当該地域でどれくらいの量の雨が降るかを知る必要があるが，自然現象ゆえ正確な値を知ることはできない。交通計画を行う際には交通量を知る必要があるが，人間の交通手段の選択にはさまざまな要因が関わっており，正確な値を知ることができない。したがって，雨量データを収集したり交通量を測定したりして，データを集めて，確率統計の知識を用いてデータを処理することにより，雨量や交通量を推定している。ここでは，不確かな現象についてその性質をどのように推定するかについて学ぶ。

### 3.4.1 母集団と標本抽出

雨量や交通量などの調査対象全体を**母集団**という。母集団には数が限られている有限なものと，数が限られていない無限なものとに分けられる。母集団が有限か無限かによってその扱いは異なる。母集団が有限であり，そのすべてを調査（全数調査）することが可能であれば，母集団の性質は正確に把握することができ推定の入る余地はない。

しかし，例えば"日本人の身長"は有限であるが，そのすべてを調べることは困難である。工場から納入された鉄筋の強度を知りたい場合に強度試験を行うが，強度試験を行った鉄筋は破断し使用できなくなってしまう。調査のため

にすべての鉄筋を破壊してしまっては何のための調査かわからない。対象とする鉄筋の数は有限であるが，全数調査は不可能である（意味をなさない）。このように母集団の数が有限であっても，全数調査が不可能なものについては何らかの形で母集団の性質を推定する必要があり，無限母集団と同じ扱いをする。雨量や交通量など現象が繰り返し起きる場合も未来の雨量や交通量は知ることができないので無限と考える。ここでは，母集団が無限なもの，そして母集団が有限であっても全数調査が不可能なものについて取り扱う。

　一般に，母集団の性質について真の値を知ることはできない。われわれが入手できるのは母集団から抽出されたいくつかの出現値，すなわち標本（データ）である。われわれは，母集団から標本を抽出し統計処理して母集団の性質を推定する。母集団の性質を表す値を**母数**と呼んでいる。例えば，母集団の平均を**母平均**といい$\mu$で表す。$\mu$の正確な値は一般的には未知である。一方，標本から求めた平均は**標本平均**といい$\bar{x}$で表す。母平均の推定値として標本平均が用いられることが多いが，これを式で表すと

$$\hat{\mu} = \bar{x} \tag{3.43}$$

となる。すなわち，母平均$\mu$の推定値は標本平均$\bar{x}$である。なお，文字上の＾の記号は推定値であることを意味している。

### 3.4.2　統計的仮説検定

〔1〕 **統計的仮説検定の考え方**　　仮説検定の考え方について，例題を用いて説明する。

「あるサイコロを10回振ったところ，1の目が5回出た。このサイコロは正しいサイコロといってよいか？」。

サイコロを10回振った場合，1の目が5回も出るのは回数が多いように思える。1の目が他の目に比べて出やすくなっているかもしれない。しかし，10回中10回ならばまだしも5回ならばそれほど珍しいことではないようにも思える。そこで，サイコロが正しいと仮定して，1の目が10回中5回出現する確率を求めることでこの問題を考えよう。1の目が出る確率を$p$とする。この

## 3.4 データの信頼性評価

サイコロが正しいと仮定すると $p=1/6$ となる．統計的仮説検定ではこのように仮定することを「仮説を立てる」といい，最初に立てる仮説を**帰無仮説** $H_0$ という．いまの場合

$$H_0 : p = 1/6 \tag{3.44}$$

と表現する．帰無仮説 $H_0$ と反対に1の目が出やすいと仮定すると $p>1/6$ となる．統計的検定では帰無仮説 $H_0$ に対して立てる仮説を**対立仮説** $H_1$ という．すなわち

$$H_1 : p > 1/6 \tag{3.45}$$

と表現する．

　つぎに，帰無仮説が成立するとして，サイコロの1の目が出る回数の確率分布を求める．1の目が出る回数の確率分布は $n=10$, $p=1/6$ の2項分布となり，**表3.5**となる．いま，対立仮説として1の目が出やすいとしているので，回数が多いほうのみを問題にすればよい（これを**片側検定**という）．**表3.5**より1の目が5回以上出る確率は 1.55％ となる．1.55％ という値は頻繁に起きるというわけではないが，ほとんど起きないというわけでもなく判断に迷う値である．そこで，事

**表3.5** 1の目が出る回数 $k$ の確率

| 回数 $k$ | 確率 $p(k)$ | $k$ 回以上の確率 |
|---|---|---|
| 0 | 0.161 5 | 1 |
| 1 | 0.323 0 | 0.838 5 |
| 2 | 0.290 7 | 0.515 5 |
| 3 | 0.155 0 | 0.224 8 |
| 4 | 0.054 3 | 0.069 7 |
| 5 | 0.013 0 | 0.015 5 |
| 6 | 0.002 2 | 0.002 4 |
| 7 | 0.000 2 | 0.000 3 |
| 8 | 0.000 0 | 0.000 0 |
| 9 | 0.000 0 | 0.000 0 |
| 10 | 0.000 0 | 0.000 0 |

象の生起が希であるか否かの基準 $\alpha$ を導入する．$\alpha$ を**有意水準**といい，慣例的に1％か5％が用いられる場合が多い．

　さて，例題に戻ろう．$\alpha=5\%$ とすると 1.55％ は $\alpha$ を下回るので，1の目が5回出るのは希な現象と判断される．このように希な現象が起きてしまった原因は帰無仮説 $H_0$ にあると考え，帰無仮説を棄却する．つまり「有意水準5％でこのサイコロの1の目が出る確率は 1/6 とはいえない」と判定される．帰無仮説の棄却は対立解説の採択を意味する．すなわち「有意水準5％でサイコ

ロの1の目が出る確率は1/6より大きい」となる。**表3.5**より$k$が0〜4の場合は帰無仮説は採択されるので，$k=0$〜4を**採択域**という。$k=5$〜10の場合は帰無仮説は棄却されるので**棄却域**という。

つぎに，$\alpha=1$％の場合はどうであろうか。1.55％は1％を上回るので，1の目が5回出るのは希な現象ではないと判断される。疑わしくはあるが希な現象とはいい切れないので帰無仮説を採択する。つまり

「有意水準1％でこのサイコロの1の目が出る確率は1/6といえる」

となる。このように検定の結果は有意水準の値によって異なる場合がある。したがって，検定の結果を述べる際には必ず有意水準の値も同時に述べなければならない。

なお，帰無仮説を採択する場合であるが「疑わしくはあるが希な現象とはいいきれないので」という前置きをしたことからもわかるように，消極的に採択するものであり，帰無仮説が正しいことを絶対的に証明するものではないことに注意する。例えば，先のサイコロの例において，「有意水準1％で$p=1/6$としてよい」という結果になったが，これは$p=1/6$であることを保証するものではない。計算は省略するが

$$H_0 : p=1/5 \tag{3.46}$$

という仮説で有意水準1％で検定を行った場合，帰無仮説は採択され「有意水準1％でこのサイコロの1の目が出る確率は1/5といえる」となり，双方の仮説が共に採択されてしまう。

また，仮説の採否はその現象の生起が希（生起確率が小さい）か，希ではないか（生起確率が小さいとはいいきれないか）を有意水準$\alpha$を基準として判定していた。例えば，$\alpha$を5％とした場合，生起確率が5％以下であれば希な現象として帰無仮説は棄却される。これを別の視点でみると，その現象は5％の確率で生起することを意味しており，帰無仮説が正しいにも関わらず間違って棄却してしまう確率が5％だけ存在することになる。このように統計的仮説検定では検定を誤る，つまり真実とは異なった検定結果となってしまうことを避けられない。

検定を誤るのは二つの場合がある。一つ目は，本来は帰無仮説が真であるにもかかわらず間違って棄却してしまう誤りであり，**第一種の過誤**といい，その確率は有意水準 $\alpha$ に等しい。二つ目は，本来は帰無仮説が偽であるにもかかわらず間違って採択してしまう誤りであり，**第二種の過誤**という。第二種の過誤の確率は対立仮説の立て方によっては求めることができる。

〔2〕 **母分散が既知の場合の平均値の検定** 平均 $\mu$，分散 $\sigma^2$ の正規分布に従う母集団から $n$ 個の標本変量 $X_i (i = 1, 2, \cdots, n)$ を抽出して標本平均

$$\overline{X} = \frac{1}{n}\sum_{i=1}^{n} X_i \tag{3.47}$$

を求める。この場合

$$E(\overline{X}) = E\left[\frac{1}{n}\sum_{i=1}^{n} X_i\right] = \frac{1}{n}\big(E(X_1) + E(X_2) + \cdots + E(X_n)\big) = \frac{1}{n}(n \cdot \mu) = \mu \tag{3.48}$$

$$V(\overline{X}) = V\left[\frac{1}{n}\sum_{i=1}^{n} X_i\right] = \frac{1}{n^2}\big(V(X_1) + V(X_2) + \cdots + V(X_n)\big) = \frac{1}{n^2}(n \cdot \sigma^2) = \frac{\sigma^2}{n} \tag{3.49}$$

となり，標本平均 $\overline{X}$ は平均 $\mu$，分散 $\sigma^2/n$ の正規分布に従う。ここで，帰無仮説 $H_0 : \mu = \mu_0$ が成立するとすれば，$\overline{X}$ を標準化した変量

$$Z = \frac{\overline{X} - \mu_0}{\sigma/\sqrt{n}} \tag{3.50}$$

は標準正規分布に従うので，これを利用し検定を行う[5]。採択域の取り方は対立仮説 $H_1$ の立て方によって異なる。$\mu_0$ に対してその大小関係を問題にしない場合，すなわち，$H_1 : \mu = \mu_1 \neq \mu_0$ とした場合は採択域を左右対称にとる。つまり，有意水準を $\alpha$ として

$$\Pr[-z_{\alpha/2} < Z \leq z_{\alpha/2}] = 1 - \alpha \tag{3.51}$$

となる範囲が採択域であり，$\pm z_{\alpha/2}$ が採択域と棄却域の境界となる（両側検定，**図 3.16**($a$)）。

一方，$\mu_0$ に対してその大小関係を問題にする場合，すなわち例えば $H_1 : \mu = \mu_1 < \mu_0$ とした場合は棄却域を値の小さい側のみに設ける。つまり有意水準を $\alpha$

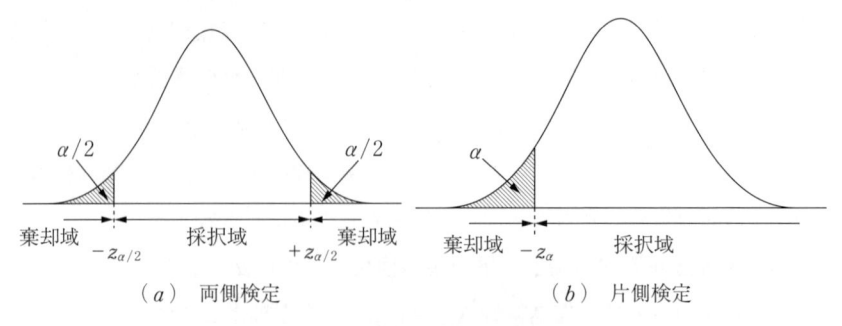

**図 3.16** 検定の採択域と棄却域

として
$$\Pr[-z_\alpha < Z] = 1 - \alpha \tag{3.52}$$
となる範囲が採択域であり，$-z_\alpha$が採択域と棄却域の境界となる（片側検定，図($b$)）。

【例題 3.18】 ある建設現場に納入された鉄筋について10本を抽出し，その引張強度〔N/mm$^2$〕を調べたところ以下のようであった。

577　609　579　597　549　612　576　593　624　574

これまでの実績では，鉄筋の強度の平均は600 N/mm$^2$，分散は400 (N/mm$^2$)$^2$であることがわかっている。鉄筋の強度の平均は変化したといえるかを有意水準5％で検定せよ。なお，鉄筋の強度は正規分布に従い，強度の分散は変化していないとする。

【解答】 母分散が既知で平均値に関する両側検定である。帰無仮説，対立仮説は次式のようになる。

$$H_0 : \mu = \mu_0 = 600, \quad H_1 : \mu = \mu_1 \neq 600$$

$$\bar{x} = \frac{1}{10}(577 + 609 + \cdots + 574) = 589, \quad z = \frac{\bar{x} - \mu_0}{\sigma/\sqrt{n}} = \frac{589 - 600}{\sqrt{400}/\sqrt{10}} = -1.739$$

正規分布表より $z_{\alpha/2} = z_{0.025} = 1.96$

$|z| = 1.739 < 1.96 = z_{0.025}$ より $z$ は採択域に入るので，$H_0$ は採択される。すなわち，「有意水準5％で鉄筋の強度は変化していない」としてよい。

【例題 3.19】 ある建設現場では，A，Bの二つの工場から鉄筋を購入してい

る。A 工場の鉄筋の引張強度の平均は $600\,\mathrm{N/mm^2}$, B 工場の鉄筋の引張強度の平均は $582\,\mathrm{N/mm^2}$ であることがわかっている。両工場とも鉄筋の強度は正規分布に従い，分散は $400\,(\mathrm{N/mm^2})^2$ であることがわかっている。どちらの工場から納入されたかわからなくなってしまった鉄筋について 10 本を抽出し強度試験をしたところ，以下のようであった（**例題 3.18** と同じデータ）。

577　609　579　597　549　612　576　593　624　574

この鉄筋は A, B いずれの工場から納入されたものかを有意水準 5 % で検定せよ。

---

【解答】　**例題 3.18** と同じデータであるが，対立仮説の $\mu_1$ の具体的な値が与えられているので片側検定となる。よって，帰無仮説と対立仮説は

　　$H_0 : \mu = \mu_0 = 600$,　$H_1 : \mu = \mu_1 = 582 < 600 = \mu_0$

となる。$z$ を求めるのは**例題 3.18** とまったく同じで，$z = -1.739$ である。有意水準 5 % の片側検定なので正規分布表より，$z_\alpha = z_{0.05} = 1.65$ である。$|z| = 1.739 > 1.65 = z_{0.05}$ より，$z$ は棄却域に入るので帰無仮説 $H_0$ は棄却される。すなわち，「有意水準 5 % で B 工場の鉄筋としてよい」。

なお，このように $\mu_1$ に具体的な数値を与えて検定を行う場合は，**図 3.17** のように，第二種の過誤の確率が一意に決まり，具体的な数値として求めることができる（演習問題【4】参照）。

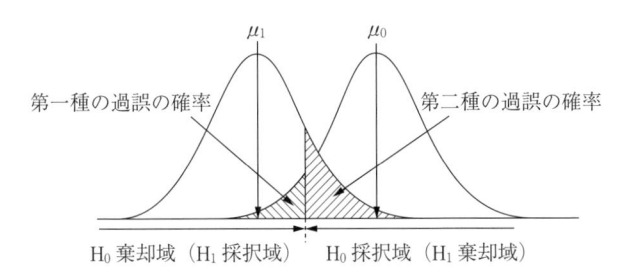

**図 3.17**　平均値の検定における第一種の過誤と第二種の過誤

〔3〕　**母分散が未知の場合の平均値の検定**　　母分散が既知の場合は，標本平均 $\overline{X}$ を標準化した変量

$$Z = \frac{\overline{X} - \mu_0}{\sigma/\sqrt{n}} \qquad (3.53)$$

が標準正規分布に従う性質を利用して検定を行ったが，母分散 $\sigma^2$ が未知なのでこの方法を用いることはできない。そこで，$\sigma$ の代わりにデータより求めた不偏分散 $v^2$ の平方根 $v$ を用いた変量

$$T = \frac{\overline{X} - \mu_0}{v/\sqrt{n}} \qquad (3.54)$$

が自由度 $n-1$ の $t$ 分布に従う性質を利用して検定を行う[5]。巻末の**付表2**に示す $t$ 分布表により，自由度と有意水準を与えたときの $t$ 値が求まる。

$t$ 分布は，標準正規分布と同様に，0 を中心に左右対称の山形の分布で自由度が大きくなるほど標準正規分布に近づく。母分散が未知の場合の平均値の検定は $t$ 分布を用いること以外は母分散が既知の場合と同じである。

---

**【例題 3.20】** 例題 3.18 では母分散が既知として検定を行ったが，母分散が未知として検定を行え。

---

【解答】 帰無仮説，対立仮説は，**例題 3.18** の解答と同様である。

$H_0 : \mu = \mu_0 = 600$, $H_1 : \mu = \mu_1 \neq 600$

例題 3.18 の解答より  $\overline{x} = 589$

標本分散 $s^2 = \dfrac{1}{n}\sum_{i=1}^{n} x_i - \overline{x}^2 = \dfrac{1}{10}(577^2 + 609^2 + \cdots + 574) - 589^2$

$= \dfrac{3\,473\,682}{10} - 589^2 = 447.2$

不偏分散 $v^2 = \dfrac{n}{n-1} s^2 = \dfrac{10}{9} \times 447.2 = 496.89$

これらの値を用いて

$t = \dfrac{\overline{x} - \mu_0}{v/\sqrt{n}} = \dfrac{589 - 600}{\sqrt{496.89/10}} = -1.56$

$t$ 分布表より $t_{\alpha/2}(n-1) = t_{0.025}(9) = 2.262$ となり，$|t| = 1.56 < 2.262 = t(9)_{0.025}$ なので $t$ は採択域に入り，帰無仮説は採択される。よって，「有意水準5％で鉄筋の強度の平均は変化していない」。

〔4〕 **母平均が既知の場合の母分散の検定**　　平均 $\mu$，分散 $\sigma^2$ の正規分布

に従う母集団から $n$ 個の標本変量 $X_i(i=1,2,\cdots,n)$ を抽出し既知である母平均 $\mu$ を用いて分散 $S^2$ を求める。

$$S^2 = \frac{1}{n}\sum_{i=1}^{n}(x_i-\mu)^2 \qquad (3.55)$$

母平均が既知の場合は上式が不偏分散となる。この場合, $nS^2/\sigma^2$ は自由度 $n$ の $\chi^2$ 分布に従うことが知られているので, それを利用して母分散に関する次式の検定[6]を行うことができる。巻末の**付表3**に $\chi^2$ 分布表を示す。$\chi^2$ 分布表により, 自由度と有意水準を与えたときの $\chi^2$ 値が求まる。

$$H_0 : \sigma^2 = \sigma_0^2, \quad H_1 : \sigma^2 \neq \sigma_0^2 \qquad (3.56)$$

$H_0$ が成立すると仮定して, $\chi_0^2 = nS^2/\sigma_0^2$ を計算する。$\chi^2$ 分布は左右対称ではないので, 有意水準 $\alpha$ に対する $\chi_0^2$ 値の採択域は

$$\chi_n^2(1-\alpha/2) \leq \chi_0^2 \leq \chi_n^2(\alpha/2) \qquad (3.57)$$

となる。ここで, 例えば $\chi_n^2(\alpha/2)$ とは, 自由度 $n$ の $\chi^2$ 分布において

$$\Pr[\chi_n^2(\alpha/2) \leq \chi^2] = \alpha/2$$

となる点である。

【**例題3.21**】 例題3.18のデータについて, 母平均 $\mu = 600$ N/mm$^2$ であることを既知とする。このとき, 母分散 $\sigma^2 = 400$ (N/mm$^2$)$^2$ としてよいかを, 有意水準5％で検定せよ。

【**解答**】 $H_0 : \sigma^2 = \sigma_0^2 = 400, \quad H_1 : \sigma^2 \neq \sigma_0^2 = 400$

$$S^2 = \frac{1}{10}\{(577-600)^2 + \cdots + (574-600)^2\} = 568.2$$

$$\chi_0^2 = \frac{nS^2}{\sigma_0^2} = \frac{10 \times 568.2}{400} = 14.205$$

$\chi^2$ 分布表より $\chi_{10}^2(0.975) = 3.25, \chi_{10}^2(0.025) = 20.5$ なので, $\chi_0^2$ は採択域に入り $H_0$ は採択される。すなわち, 「有意水準5％で母分散 $\sigma^2 = 400$ (N/mm$^2$)$^2$ としてよい」。

〔5〕**母平均が未知の場合の母分散の検定** 〔4〕項においては母平均を既知としていたが, 母平均が未知の場合はどうであろうか。母平均が未知な場合は $S^2$ の代わりに不偏分散 $v^2$ を用いる。この場合, $(n-1)v^2/\sigma^2$ が自由度

$(n-1)$ の $\chi^2$ 分布に従うことがわかっているので，これを利用して検定を行う[5]。$\chi_0^2 = (n-1)v^2/\sigma_0^2$ の採択域は

$$\chi_{n-1}^2(1-\alpha/2) \leq \chi_0^2 \leq \chi_{n-1}^2(\alpha/2) \tag{3.58}$$

である。

---

**【例題 3.22】** 例題 3.18 のデータにおいて，母分散 $\sigma^2 = 400 \, (\text{N}/\text{mm}^2)^2$ としてよいかを，有意水準 5 ％で検定せよ。なお，母平均は未知とする。

---

**【解答】** $H_0 : \sigma^2 = \sigma_0^2 = 400$, $H_1 : \sigma^2 \neq \sigma_0^2 = 400$
例題 3.20 の解答より，$v^2 = 496.89$

$$\chi_0^2 = \frac{(n-1)v^2}{\sigma_0^2} = \frac{9 \times 496.89}{400} = 11.18$$

$\chi^2$ 分布表より $\chi_9^2(0.975) = 2.70$, $\chi_9^2(0.025) = 19.02$ なので，$\chi_0^2$ は採択域に入り $H_0$ は採択される。すなわち，「有意水準 5 ％で母分散 $\sigma^2 = 400 \, (\text{N}/\text{mm}^2)^2$ としてよい」。

### 3.4.3 統計的推定

母集団の母数を推定する方法として，例えば母平均 $\hat{\mu} = 20$ というように，一つの値で推定することを**点推定**という。点推定における推定値は母数に近い値となっているが，推定値が母数に一致するようなことはまずありえない。そこで，「母平均 $\mu$ は 10 以上 30 未満の範囲に存在する」のように，母数の存在範囲を幅を持つ区間で推定することを**区間推定**という。区間推定において母数がその区間に存在する確率を**信頼度**というが，推定にあたっては区間と信頼度を併記する必要がある。

以下では，点推定として積率法，最尤法の両手法および区間推定法について具体的に説明する。

〔**1**〕**積 率 法** 標本の実現値 $x_i (i = 1, 2, \cdots, n)$ より求めた平均 $\bar{x}$ と不偏分散 $v^2$ は

$$\bar{x} = \frac{1}{n}\sum_{i=1}^{n} x_i \tag{3.59}$$

$$v^2 = \frac{1}{n-1}\sum_{i=1}^{n}(x_i - \bar{x})^2 \qquad (3.60)$$

それぞれ，母数 $\mu$，$\sigma^2$ の推定量である．すなわち

$$\hat{\mu} = \bar{x} \qquad (3.61)$$
$$\hat{\sigma}^2 = v^2 \qquad (3.62)$$

と表される．母集団が確率分布している場合，確率分布のパラメータ（母数）と母平均 $\mu$ や母分散 $\sigma^2$ との関係がわかっていればそれを利用して確率分布のパラメータを推定できる．この方法を**積率法**という．例えば，母集団が正規分布している場合は，正規分布の母数は $\mu$ と $\sigma^2$ なので，これらの推定値として標本の実現値より求めた平均 $\bar{x}$ と不偏分散 $v^2$ を用いればよい．

2項分布のパラメータ $p$ については，$\mu = np$ という関係がある[6]ので，$\hat{p} = \hat{\mu}/n = \bar{x}/n$ のように推定する．なお，パラメータが一つの場合には平均 $\bar{x}$ を，パラメータが二つの場合には平均 $\bar{x}$ と不偏分散 $v^2$ を用いて推定する．パラメータが三つの場合は平均，分散に加えて三次のモーメントである歪(ひずみ)を用いるが，モーメントは次数が大きくなればなるほどその変動は大きくなるので，高次のモーメントの使用は好ましくない．

〔2〕**最 尤 法**(さいゆうほう)　最尤法とは得られた標本が生起する確率（尤度(ゆうど)といい，$L$ で表す場合が多い）を母数を含む形式で表し，その確率が最も大きくなるように（最も尤(もっと)もらしいように）推定する方法である．具体的な例題で最尤法の考え方を説明しよう．

---

【**例題 3.23**】　箱の中に白と黒の玉が入っている．玉を1個取り出して戻す，という実験を5回行ったところ，玉の色は黒，白，白，黒，黒となった．黒い玉の出現する確率 $p$ を最尤法で推定せよ．

---

【**解答**】　玉の色が黒，白，白，黒，黒となる確率（尤度 $L$）は $p$ を用いて表すと

$$L = p \times (1-p) \times (1-p) \times p \times p = p^3(1-p)^2 = p^3 - 2p^4 + p^5$$

となる．$L$ を最大にするような $p$ を求めるには，$L$ を $p$ で微分して0とした式を $p$ について解けばよい．

$$\frac{dL}{dp} = 3p^2 - 8p^3 + 5p^4 = 0$$

これを解いて $\hat{p} = 0, 1, 3/5$ となる。$\hat{p} = 0, 1$ の場合，$L = 0$ で最小，$\hat{p} = 3/5$ の場合，$L = 108/3125$ で最大になる。ここでは $L$ を最大にする $p$ を求めたいので，$\hat{p} = 3/5$ が $p$ の最尤推定量となる。

つぎに，最尤法の一般的な表記[7]を述べる。得られた標本を $x_i (i = 1, 2, \cdots, n)$，推定対象である母数（パラメータ）$\theta$ を含む関数（確率分布，確率密度関数）を $f(x_i; \theta)$ とする。標本の出現が独立とすると尤度は次式で表される。

$$L = f(x_1; \theta) \times f(x_2; \theta) \times \cdots \times f(x_n; \theta) = \prod_{i=1}^{n} f(x_i; \theta) \quad (3.63)$$

尤度 $L$ を最大にするような母数（パラメータ）$\theta$ を求めるのが最尤法であるが，計算の便宜上，尤度の自然対数をとった次式の対数尤度を最大にする方法がよく用いられる。

$$\ln L = \ln f(x_1; \theta) + \ln f(x_2; \theta) + \cdots + \ln f(x_n; \theta) = \sum_{i=1}^{n} \ln f(x_i; \theta) \quad (3.64)$$

具体的には，対数尤度 $\ln L$ を $\theta$ で微分（$\theta$ が複数ある場合はそれぞれで偏微分）して 0 と置いた式を $\theta$ について解けばよい。例として，母集団がポアソン分布している場合のパラメータ $\lambda$ の最尤推定量の求め方を以下に示す。

$$L = \prod_{i=1}^{n} \frac{\lambda^{x_i} e^{-\lambda}}{x_i!} \quad (3.65)$$

$$\ln L = \sum_{i=1}^{n} \ln\left(\frac{\lambda^{x_i} e^{-\lambda}}{x_i!}\right) = \sum_{i=1}^{n} \left(\ln \lambda^{x_i} + \ln e^{-\lambda} - \ln x_i!\right) = \sum_{i=1}^{n} \left(x_i \ln \lambda - \lambda - \ln x_i!\right)$$

$$= \ln \lambda \sum_{i=1}^{n} x_i - n\lambda - \sum_{i=1}^{n} \ln x_i! \quad (3.66)$$

$$\frac{\delta \ln L}{\delta \lambda} = \frac{1}{\lambda} \sum_{i=1}^{n} x_i - n = 0 \quad (3.67)$$

$$\hat{\lambda} = \frac{1}{n} \sum_{i=1}^{n} x_i = \bar{x} \quad (3.68)$$

〔3〕 **区間推定** 母数†の値の区間推定について述べる。例えば，母平

---

† ここで取り上げるのは，母集団が正規分布の場合の母平均と母分散である。

均 $\mu$ の推定の場合，推定区間を $[\mu_D, \mu_U]$ とすると，$\Pr[\mu_D \leq \mu \leq \mu_U] = 1 - \alpha$ なる関係がある場合

母平均 $\mu$ の信頼区間 $[\mu_D, \mu_U]$ の信頼度は $1-\alpha$ （または危険率 $\alpha$）

$$(3.69)$$

である．自明であるが，信頼度が高いほど区間幅は大きくなる．信頼度が大きくても，区間幅が大き過ぎる推定は役に立たない．例えば，以下の予報のうちどちらが有用か考えてもらいたい．

① 台風は信頼度 90 % で日本のどこかに上陸する．
② 台風は信頼度 70 % で東海地方に上陸する．

それでは，具体的な方法について説明しよう．

***1）母分散が既知の場合の平均値の区間推定*** 　検定の項でも述べたように，平均 $\mu$，分散 $\sigma^2$ の正規分布に従う母集団から $n$ 個の標本変量 $X_i(i=1, 2, \cdots, n)$ を抽出して標本平均

$$\overline{X} = \frac{1}{n}\sum_{i=1}^{n} X_i \tag{3.70}$$

を求めると，標本平均 $\overline{X}$ は，平均 $\mu$，分散 $\sigma^2/n$ の正規分布に従う．ここで，$\overline{X}$ を標準化した変量

$$Z = \frac{\overline{X} - \mu}{\sigma/\sqrt{n}} \tag{3.71}$$

は，標準正規分布に従う．

いま，信頼度を $1-\alpha$ としたときに，標準正規分布に従う変量 $Z$ について，$\Pr[z_D \leq z \leq z_U] = 1 - \alpha$ となるような区間 $[z_D, z_U]$ を求めたい．区間 $[z_D, z_U]$ は一意に決まらないが，区間幅を最小にするためには区間は 0 を中心に左右対称に取ればよい．すなわち，信頼度 $1-\alpha$ に対して区間は $[-z_{\alpha/2}, z_{\alpha/2}]$ とすればよい．つまり，標本平均の実現値を $\overline{x}$ とすると

$$\Pr\left[-z_{\alpha/2} \leq \frac{\overline{x} - \mu}{\sigma/\sqrt{n}} \leq z_{\alpha/2}\right] = 1 - \alpha \tag{3.72}$$

となるので，これを $\mu$ について変形して

$$\Pr[\bar{x} - z_{\alpha/2}\sigma/\sqrt{n} \leq \mu \leq \bar{x} + z_{\alpha/2}\sigma/\sqrt{n}] = 1 - \alpha \tag{3.73}$$

となり，結局，信頼度 $1-\alpha$ における $\mu$ の推定区間は

$$[\bar{x} - z_{\alpha/2}\sigma/\sqrt{n}, \quad \bar{x} + z_{\alpha/2}\sigma/\sqrt{n}] \tag{3.74}$$

となる[5]。区間の簡易的な表記として，$\bar{x} \pm z_{\alpha/2}\sigma/\sqrt{n}$ と表すこともある。なお，慣例的に信頼度として，99 % ($\alpha=1$ %)，95 % ($\alpha=5$ %)，90 % ($\alpha=10$ %) が用いられることが多い。標準正規布表より，信頼度 99 % の場合は $z_{\alpha/2}=2.58$，95 % の場合は $z_{\alpha/2}=1.96$，90 % の場合は $z_{\alpha/2}=1.65$ となる。

【例題 3.24】 例題 3.18 のデータについて，信頼度 95 %，99 % のそれぞれの場合について，平均値の区間推定を行え。なお，分散は 400 $(\mathrm{N/mm^2})^2$ で，既知とする。

【解答】 例題 3.18 の解答より，$\bar{x}=589$，また $\sigma=\sqrt{400}$ で既知，$n=10$ である。$1-\alpha=95$ % の場合は $z_{\alpha/2}=1.96$ なので

$$\bar{x} \pm z_{\alpha/2}\frac{\sigma}{\sqrt{n}} = 589 \pm 1.96 \times \frac{\sqrt{400}}{\sqrt{10}} = 589 \pm 12.40$$

となり，区間は [576.6, 601.4] となる。$1-\alpha=99$ % の場合は $z_{\alpha/2}=2.58$ である。ほかは $1-\alpha=95$ % の場合と同様に

$$589 \pm 2.58 \times \frac{\sqrt{400}}{\sqrt{10}} = 589 \pm 16.32$$

となり，区間は [572.68, 605.32] $\mathrm{N/mm^2}$ となる。

**2） 母分散が未知の場合の平均値の区間推定** 検定と同様に，母分散が未知の場合は正規分布は利用できない。そこで，不偏分散 $v^2$ の平方根 $v$ を用いた変量

$$T = \frac{\bar{X} - \mu_0}{v/\sqrt{n}} \tag{3.75}$$

が自由度 $n-1$ の $t$ 分布に従う性質を利用して区間推定を行う。信頼度を $1-\alpha$ とする。自由度 $n-1$ の $t$ 分布に従う変量 $t$ について

$$\Pr[t_D \leq t \leq t_U] = 1 - \alpha \tag{3.76}$$

となるような区間 $[t_D, t_U]$ を求めたい。区間幅を最小にするためには，区間は

0 を中心に左右対称に取ればよい。すなわち，信頼度 $1-\alpha$ に対して区間は $[-t_{\alpha/2}(n-1), t_{\alpha/2}(n-1)]$ とすればよい。標本平均の実現値を $\bar{x}$ とすると

$$\Pr\left[-t_{\alpha/2}(n-1) \leq \frac{\bar{x}-\mu}{v/\sqrt{n}} \leq t_{\alpha/2}(n-1)\right] = 1-\alpha \tag{3.77}$$

となるので，変形して次式が推定区間になる[5]。

$$[\bar{x} - t_{\alpha/2}(n-1)v/\sqrt{n}, \quad \bar{x} + t_{\alpha/2}(n-1)v/\sqrt{n}] \tag{3.78}$$

---

**【例題 3.25】** 例題 3.18 のデータを用いて，信頼度 95 %，99 % のそれぞれの場合の平均値の区間推定を行え。なお，母分散は未知とする。

---

**【解答】** 例題 3.20 の解答より $\bar{x} = 589$。不偏分散 $v^2 = 496.89$，$n = 10$ である。$1-\alpha = 95\%$ の場合 $t$ 分布表より $t_{0.025}(9) = 2.262$ なので，信頼区間は

$$\bar{x} \pm t_{\alpha/2}(n-1)\frac{v}{\sqrt{n}} = 589 \pm 2.262\frac{\sqrt{496.89}}{\sqrt{10}} = 589 \pm 15.94$$

より，[573.06, 604.94] N/mm$^2$ が推定区間となる。$1-\alpha = 99\%$ の場合，同様の手順によって [566.09, 611.91] N/mm$^2$ が推定区間となる。信頼度が上がると区間幅も広くなっていることに注意されたい。

**3） 母平均が既知の場合の母分散の区間推定**　　母平均が既知の場合の母分散の検定で示したように平均 $\mu$，分散 $\sigma^2$ の正規分布に従う母集団から $n$ 個の標本変量 $X_i (i = 1, 2, \cdots, n)$ を抽出した場合，$\chi^2 = nS^2/\sigma^2$ は自由度 $n$ の $\chi^2$ 分布に従い

$$\Pr[\chi_n^2(1-\alpha/2) \leq \chi^2 \leq \chi_n^2(\alpha/2)] = 1-\alpha \tag{3.79}$$

である。すなわち，信頼度 $1-\alpha$ で

$$\chi_n^2(1-\alpha/2) \leq \frac{nS^2}{\sigma^2} \leq \chi_n^2(\alpha/2) \tag{3.80}$$

となるので，これを $\sigma^2$ について解くことで信頼区間が求まる[6]。結局，$\sigma^2$ の信頼区間は信頼度 $1-\alpha$ で次式となる。

$$\left[\frac{nS^2}{\chi_n^2(\alpha/2)}, \quad \frac{nS^2}{\chi_n^2(1-\alpha/2)}\right] \tag{3.81}$$

**【例題 3.26】** 例題 3.18 のデータを用いて，信頼度 99 % の母分散の区間推定を行え．ただし，母平均 $\mu = 600 \, \text{N}/\text{mm}^2$ とする．

**【解答】** 例題 3.21 の解答より，$S^2 = 568.2$，$n = 10$ である．信頼度 99 % より $\alpha = 0.01$ である．$\chi^2$ 分布表より

$$\chi_{10}^2(0.995) = 2.16, \quad \chi_{10}^2(0.005) = 25.2$$

これらの値を代入すると，推定区間は

$$\left[\frac{10 \times 568.2}{25.2}, \frac{10 \times 568.2}{2.16}\right] = [225.476, \ 2\,630.556] \quad (\text{N}/\text{mm}^2)^2$$

**4) 母平均が未知の場合の母分散の区間推定** 母平均が未知の場合は，検定の場合と同様に不偏分散 $v^2$ を用いて $(n-1)v^2/\sigma^2$ が自由度 $(n-1)$ の $\chi^2$ 分布に従うこと[6]を利用する．信頼度 $1-\alpha$ で

$$\chi_{n-1}^2(1-\alpha/2) \leq \frac{(n-1)v^2}{\sigma^2} \leq \chi_{n-1}^2(\alpha/2) \tag{3.82}$$

となるので，これを $\sigma^2$ について解いて信頼度 $1-\alpha$ における $\sigma^2$ の信頼区間は，次式のようになる．

$$\left[\frac{(n-1)v^2}{\chi_{n-1}^2(\alpha/2)}, \frac{(n-1)v^2}{\chi_{n-1}^2(1-\alpha/2)}\right] \tag{3.83}$$

**【例題 3.27】** 例題 3.18 のデータを用いて，信頼度 95 % の場合の母分散の区間推定を行え．ただし，母平均，母分散ともに未知とする．

**【解答】** 例題 3.20 の解答より $v^2 = 496.89$，$n = 10$，信頼度 95 % より $\alpha = 0.05$，$\chi^2$ 分布表より $\chi_9^2(0.975) = 2.70$，$\chi_9^2(0.025) = 19.02$ である．
　これらの値を代入すると推定区間は

$$\left[\frac{(10-1) \times 496.89}{19.02}, \frac{(10-1) \times 496.89}{2.70}\right] = [235.121, \ 1\,656.300] \quad (\text{N}/\text{mm}^2)^2$$

## 3.5 品質管理と管理図法

### 3.5.1 管理図法の概念

**品質管理**（quality control，略して **QC**）とは，大量に生産される工業製品の質をある一定水準以上に保つために必要不可欠な手法である．逆の言い方をすれば品質管理がなされているから大量の製品の製造が可能になっている．品質管理にはさまざまな手法があり，その考え方はこれまで本章で示してきた確率統計的概念を基本としている．ここでは紙面の関係もあり，管理図を使った代表的な手法であり JIS にも規定されているシューハート管理図 JIS Z 9021（1997年改正版）[8] のうち，いくつかの群ごとに分けた製品特性値の平均 $\overline{X}$ とレンジ $R$ を用いて図を描く $\overline{X}$-$R$ **管理図**について，その要点を述べる．なお，JIS Z 9021 そのものは比較的容易に入手可能（例えば，2012年10月現在，日本工業標準調査会のホームページで閲覧可能）であり，実際の適用にあたっては JIS Z 9021 そのものを確認されたい．

例えば，工場において鉄筋を製造する場合を考えよう．製造過程が適切に管理されていれば，製造される鉄筋の強度はある基準値付近に，大きくばらつくことなく，分布するはずである．そこで，製品の特性値（鉄筋の場合は強度）が基準値から大きく離れていないかを確認するために用いられるのが $\overline{X}$ **管理図**，製品の特性値のばらつきが大きすぎないかを確認するために用いられるのが $R$ **管理図**，そして両者を併記するものを $\overline{X}$-$R$ 管理図と呼んでいる．

製品特性の要求値（または目標値）$X_0$ および製品製造時における偶然による標準偏差 $\sigma_0$ またはレンジ $R_0$（以下，これらを総称し**標準値**と呼ぶ）が与えられているか否かによって，管理図を描く目的が異なる．標準値が与えられている場合は，標準値と製品特性値の統計量との差が偶然によるばらつきよりも大きいか（何らかの人為的ミスを原因としてばらついていないか）を確認することを目的とする．標準値が与えられていない場合は，製品特性値の統計量そのもののばらつきが偶然によるばらつきよりも大きくなっていないかを確認す

ることを目的とする。

「偶然によるばらつき」の基準としては，いわゆる正規分布の$3\sigma$限界が用いられる．正規分布の平均$\mu$から$\pm 3\sigma$以上離れた事象が生起する確率が約$0.3\%$であることより，生起確率が$0.3\%$よりも小さい事象が生起した場合には，それはもはや偶然の範囲を超えているという解釈である．なお，製品特性値$X$の母集団が正規分布していない場合でも，「平均$\mu$，分散$\sigma^2$の非正規母集団から抽出した標本数$n$の標本平均の分布は$n$が大きくなると，平均$\mu$，分散$\sigma^2/n$の正規分布に近づく」という**中心極限定理**により，正規分布の$3\sigma$限界の適用は肯定される．製品特性値の統計量として平均を対象とする場合が$\overline{X}$管理図であり，統計量としてレンジを対象とする場合が$R$管理図である．

管理図を作成するには，例えば1時間ごとというように，規則的な間隔で工程から採取されたデータが必要である．採取された順に並んでいるデータを，その先頭から$n$個ずつの群に分割する．ここで群の総数を$k$で表す．各群において特性値の平均$\overline{X}$，レンジ$R$を求める．各群の$\overline{X}$または$R$を順次プロットし，プロット点が$3\sigma$限界を根拠に中心線（CL）の上下に引かれた上方管理限界線（UCL）または下方管理限界線（LCL）から飛び出した場合は工程が管理状態にないことを意味する（**図3.18**参照）．

（$a$）　管理状態の場合　　　（$b$）　管理状態にない場合

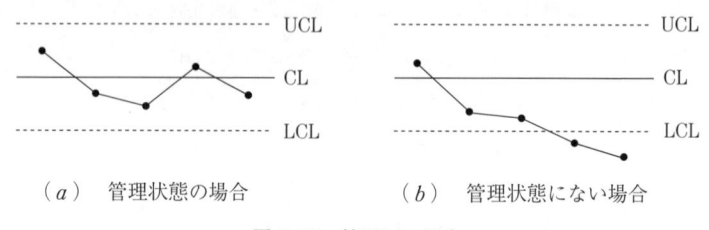

**図3.18**　管理図の概念

### 3.5.2　中心線 CL および管理限界線 UCL と LCL の求め方

標準値が与えられている場合，$\overline{X}$管理図について

$$\text{CL} = X_0, \quad \text{UCL, LCL} = X_0 \pm A\sigma_0$$

とする．ここで，$X_0$：製品特性の要求値，$\sigma_0$：製品製造時の偶然による標準偏

差である．$A$は群の個数$n$によって決まる値であるが，中心極限定理より，各群における特性値の平均$\overline{X}$は標準偏差$\sigma_0/\sqrt{n}$の正規分布に従うので，$3\sigma$限界の考えより，例えば

$$\mathrm{UCL} = X_0 + 3 \times \sigma_0/\sqrt{n}$$

となる．したがって，$A$の値は

$$A = 3/\sqrt{n}$$

によって求めることができる．例えば，$n=5$の場合は$A=1.342$となる．

また，$R$管理図について

$$\mathrm{CL} = R_0 \text{ または } d_2\sigma_0, \quad \mathrm{UCL} = D_2\sigma_0, \quad \mathrm{LCL} = D_1\sigma_0 \qquad (3.84)$$

とする．ここで，$R_0$：製品製造時における偶然によるレンジ，$d_2, D_2, D_1$：群の個数$n$によって決まる値（JIS Z 9021により与えられている）である．

標準値が与えられていない場合は，各群の平均$\overline{X}$の総平均$\overline{\overline{X}}$（$k$個の$\overline{X}$を合計し$k$で割ったもの），および各群のレンジ$R$の総平均$\overline{R}$，または各群の標準偏差$s$の総平均$\overline{s}$を用いて，中心線および管理限界線を求める．

$\overline{X}$管理図について

$$\mathrm{CL} = \overline{\overline{X}}, \quad \mathrm{UCL} \text{ および } \mathrm{LCL} = \overline{\overline{X}} \pm A_2 \overline{R} \quad (\overline{R}\text{を用いる場合})$$
$$\mathrm{UCL} \text{ および } \mathrm{LCL} = \overline{\overline{X}} \pm A_3 \overline{s} \quad (\overline{s}\text{を用いる場合})$$

とする．$A_2, A_3$は群の個数$n$によって決まる値（JIS Z 9021）である．

$R$管理図について

$$\mathrm{CL} = \overline{R}, \quad \mathrm{UCL} = D_4\overline{R}, \quad \mathrm{LCL} = D_3\overline{R}$$

とする．$D_4, D_3$は群の個数$n$によって決まる値（JIS Z 9021）である．

### 3.5.3 管理図の見方

基本的にプロットされた点が上方および下方の管理限界内にあれば工程は管理状態にあるとしてよいが，JIS Z 9021では$\overline{X}$管理図についてプロット点が管理限界内にある場合でも注意を払ったほうがよい基準として以下の八つ（プロット点が管理限界をはみ出る場合を含む）のルールをあげている．ルール中

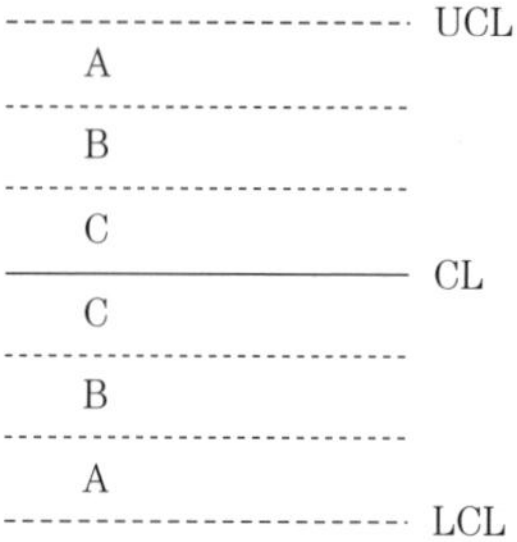

```
------------------ UCL
        A
------------------
        B
------------------
        C
_____ CL
        C
------------------
        B
------------------
        A
------------------ LCL
```

**図 3.19** 管理図の領域

の領域 A, B, C とは**図 3.19** に示すように、中心線 CL と UCL, LCL の間をそれぞれ 3 等分した領域である。

ルール 1 : 一つの点が管理限界を超えている。

ルール 2 : 連続する 9 点が中心線に対して同じ側（上側または下側）にある。

ルール 3 : 連続する 6 点が上昇し続けるまたは下降し続ける。

ルール 4 : 連続する 14 個の点が増減を交互に繰り返している。

ルール 5 : 連続する 3 点中 2 点が領域 A またはそれを超えた領域にある。

ルール 6 : 連続する 5 点中 4 点が領域 B またはそれを超えた領域にある。

ルール 7 : 連続する 15 点が領域 C に存在する。

ルール 8 : 連続する 8 点が領域 C を超えた領域にある。

## 演 習 問 題

【1】 ある建設会社では、安全対策に力を注いでいるにも関わらず、事故の発生は平均して 12 か月に 1 回である。事故の発生がポアソン分布に従うと仮定して以下の問いに答えよ。

　　1) 今後 6 か月間に事故の発生が 1 回以下である確率を求めよ。

　　2) 1 年間無事故で過ごすと建設会社は安全賞を受賞する。建設会社が安全賞を受賞する確率はいくらか。

　　3) この建設会社は今後 5 年間同様のペースで工事を行う予定である。この 5 年間に 1 回以上、安全賞を受賞する確率はいくらか。（ヒント : 2) で求めた確率の 2 項分布を考える。）

【2】 アスファルト舗装の構造的な健全度を評価するために、たわみ〔μm〕を測定したところ、**問表 3.1** のような結果を得た。たわみは正規分布に従うとして、

**問表 3.1**

| 番号 | 1 | 2 | 3 | 4 | 5 | 6 | 7 | 8 | 9 | 10 | 11 | 12 | 13 | 14 | 15 |
|---|---|---|---|---|---|---|---|---|---|---|---|---|---|---|---|
| たわみ〔μm〕 | 102 | 91 | 84 | 96 | 110 | 117 | 114 | 122 | 107 | 98 | 84 | 101 | 95 | 80 | 106 |

演　習　問　題　67

この結果について以下の問に答えよ.
　1)　たわみの度数分布を描け.級の範囲を71以上80以下, 81以上90以下, 91以上100以下, 101以上110以下, 111以上120以下とする.
　2)　このアスファルト舗装のたわみの平均値と,標準偏差を点推定せよ.
　3)　2)で求めた平均値と標準偏差を持つ正規分布として,たわみが120 μm以上になる確率を求めよ.
　4)　同様に,たわみが90 μmから120 μmの間に入る確率を求めよ.

【3】 ある海上構造物は3本の杭A, B, Cによって支えられている.それぞれの杭が破壊する確率は0.9である.ただし,杭の破壊はたがいに独立である.この構造物の信頼度について以下の問に答えよ.
　1)　A, B, Cのうち1本でも破壊したら構造物全体が破壊してしまう設計の場合,構造物の信頼度はいくらか.
　2)　設計を変更して,A, B, Cのうち1本だけ破壊しても構造物全体は破壊しないようにした.その場合,構造物が破壊する事象をすべて挙げよ.
　3)　2)において,それぞれの事象の確率を求めよ.
　4)　2)のような設計の場合,構造物の信頼度はいくらになるか.

【4】 検定の**例題3.19**において,第二種の過誤の確率を求めよ.

【5】 母集団が正規分布している場合,正規分布のパラメータ母数 $\mu$, $\sigma^2$ の最尤推定量を求めよ.ただし,得られた標本を $x_i (i=1, 2, \cdots, n)$ とせよ.

【6】 コンクリート工場で圧縮強度試験を行ったところ,以下の結果が得られた.
　　　　35, 43, 28, 31, 37, 32, 40, 33, 35, 36 [N/mm²]
母分散が 16 (N/mm²)² で既知として,信頼度95%で圧縮強度の母平均を区間推定せよ.

【7】 ある地点を通過する自動車の平均速度を ±1 km/h の精度で推定したい.およそ何台の自動車を調査すればよいか.信頼度が95%と90%の両方の場合について答えよ.ただし,母標準偏差は 3.5 km/h で既知とする.

【8】 問題【6】において,母平均を 37 N/mm² の既知として母分散の区間推定を行え.ただし,信頼度は99%とする.

# 4

# 計画のための多変量データ解析

　建設システムが対象とする空間は，自然や人間社会から構成されており，これらの構成要素が相互に絡み合って複雑な現象が生じている．自然や人間社会には諸々の物体があり，物体は数多くの個体からなり，個体には標識がある．建設システムでは，いろいろな個体のいろいろな標識に関するデータを，調査・観測・実験により収集しており，数多くのデータが存在する．
　多変量のデータを解析する統計的手法として，変数間の関連分析や多変量解析の手法がある．ここでは，変数間の関連度合を調べる相関分析，要因の影響を明らかにする分散分析，変数相互の関係を同時に分析して計画情報を抽出するための多変量解析の手法について解説する．

## 4.1　多変量データからのアプローチ

　建設システムの対象空間には数多くの**個体**があり，それぞれの個体にはいろいろな**標識**がある．自然の無機質な物体から，植物や動物などの有機質の物体もある．「土」という物体に着目すれば，任意の地点の任意の深さから採取した個体の，含水量・密度・強度・組成などの標識がある．「人間」に着目すれば，ある集団に属する個人（個体）について，身長・体重・胸囲などの身体に関する標識，数学・物理・国語・英語・社会などの成績に関する標識，血圧・脈拍・コレステロールなどの健康に関する標識などさまざまな標識がある．個体と標識に時間の要素が加わって時系列データが構成され，これらの物体は，地点レベル，地域レベル，都市レベル，国レベル，さらには，地球レベルへとつながっている．階層的，かつ，時系列的に構成されているデータが数多く存

## 4.1 多変量データからのアプローチ

|  | 1995年 | 標識1 | 標識2 | 標識3 | 標識4 | 標識5 | ... |
|---|---|---|---|---|---|---|---|
|  | 2000年 | 標識1 | 標識2 | 標識3 | 標識4 | 標識5 | ... |
|  | 2005年 | 標識1 | 標識2 | 標識3 | 標識4 | 標識5 | ... |
| 2010年 | | 標識1 | 標識2 | 標識3 | 標識4 | 標識5 | ... |
| 個体(都市) | | 標識1 総人口 〔千人〕 | 標識2 面積 〔$km^2$〕 | 標識3 人口高齢化率 65歳以上〔%〕 | 標識4 自動車保有台数 〔千台〕 | 標識5 主要地方道延長 〔km〕 | ... |
| 神戸 | | 1538.5 | 552.3 | 22.6 | 632.9 | 306.2 | ... |
| 尼崎 | | 461.7 | 50.0 | 22.4 | 165.3 | 20.4 | ... |
| 西宮 | | 482.4 | 100.0 | 18.7 | 171.6 | 35.8 | ... |
| 芦屋 | | 93.6 | 18.5 | 23.0 | 32.1 | 0.7 | ... |
| 明石 | | 292.7 | 49.3 | 20.7 | 131.0 | 3.3 | ... |
| 加古川 | | 269.0 | 138.5 | 20.0 | 152.5 | 53.9 | ... |
| 姫路 | | 536.3 | 534.4 | 21.0 | 339.3 | 97.8 | ... |
| ... | | ... | ... | ... | ... | ... | ... |

**図 4.1** データの構成例

在するが，これらデータの構成例を模式化したのが**図 4.1**である．

特定の標識に着目したとき，期間を固定して個体（都市）を変化させる場合を**クロスセクションデータ**（図の縦の列），個体を固定して期間を変化させる場合を**時系列データ**（図の奥行き方向の横の列），個体と期間を二次元的に変化させる場合を**パネルデータ**という．建設システムのデータ整理では，この膨大な情報を分類整理することから始めなければならない．このような分析の最初のステップとして変数相互の関係が調べられる．変数間の関連指標として，**相関係数**，**相関比**，**属性相関**がある．これらの指標により，計画情報を抽出するとともに，**多変量解析**の基礎データを得ることができる．

諸現象の因果関係には多くの要因が考えられるが，これら要因の影響の有無は**分散分析**により明らかとなる．多要因の影響では，**直交表**を用いることにより実験や調査が簡単化され，多要因の絞り込みが容易となる．また，回帰分析や**数量化理論**などの多変量解析を用いることにより，現象の結果である**外的基準**に対し，多要因の影響を同時に把握することが可能となる．外的基準を持たない集団に対しては，主成分分析やクラスター分析などの多変量解析により，膨大な情報の分類整理が可能となり，情報を要約することができる．

このような多変量データを扱う分析により，建設システムが取り扱う膨大な

情報を分類整理し,コンパクト化された計画情報を通して,現象メカニズムの解明や建設システムの制御が可能となる。

## 4.2 変数間の相関

変数間の関連度合については,従来から指標化が試みられており,工学のみならず,社会科学など広範な分野で日常的に用いられるようになった。扱う2変数の組合せによって,相関係数,相関比,属性相関が適宜用いられる。

### 4.2.1 相 関 係 数[1)]

取り上げた二つの変数がともに定量的な場合,二つの変数間の関連度合を表す統計学的指標が**相関係数**(correlation coefficient)であり,**ピアソンの積率相関係数**とも呼ばれる。**表4.1**に示す二つの定量的変数 $X$ と $Y$ の相関係数は次式で表され,その記号として $r$ がよく用いられる。

表4.1 相関係数に用いるデータ

| データ | 1 | 2 | … | $i$ | … | $n$ |
|---|---|---|---|---|---|---|
| 変数 $X$ | $X_1$ | $X_2$ | … | $X_i$ | … | $X_n$ |
| 変数 $Y$ | $Y_1$ | $Y_2$ | … | $Y_i$ | … | $Y_n$ |

$$r = \frac{\sum_{i=1}^{n}(X_i - \overline{X})(Y_i - \overline{Y})}{\sqrt{\sum_{i=1}^{n}(X_i - \overline{X})^2 \sum_{i=1}^{n}(Y_i - \overline{Y})^2}} \tag{4.1}$$

ただし,$r$:相関係数,$n$:データの個数(個体の数),$X_i$:標識を示す変数 $X$ の $i$ 番目のデータ,$\overline{X}$:変数 $X$ の $n$ 個のデータの平均値,$Y_i$:標識を示す変数 $Y$ の $i$ 番目のデータ,$\overline{Y}$:変数 $Y$ の $n$ 個のデータの平均値

相関係数は,$X$ と $Y$ の変動に対して,$X$ と $Y$ の共変動(意味のある変動)がいくらあるかを示すものであり,相関係数 $r$ の定義域は,次式のようになる。

$$-1 \leq r \leq +1 \tag{4.2}$$

図 4.2 の $X$ と $Y$ の散布図において，図 ($a$) は正の相関 ($r>0$)，図 ($b$) は負の相関 ($r<0$)，図 ($c$) は $r$ がゼロに近い相関なしを示す．$r=+1$ の場合は $X$ と $Y$ にばらつきなしの正の完全相関，$r=-1$ の場合は負の完全相関となる．

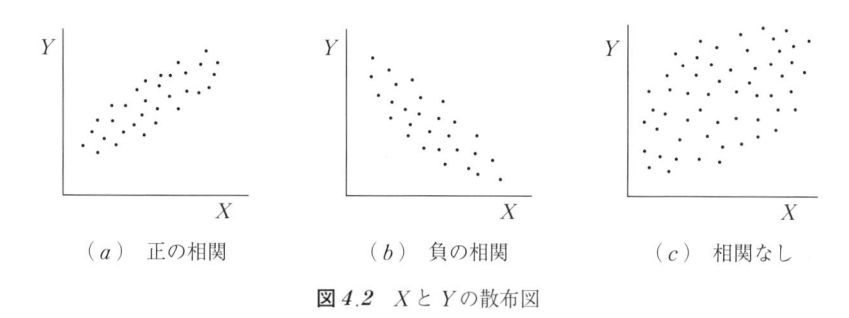

($a$) 正の相関　　　　($b$) 負の相関　　　　($c$) 相関なし

図 4.2　$X$ と $Y$ の散布図

また，相関係数の定義式 (4.1) は次式のように変形することもできる．

$$r = \frac{\sum_{i=1}^{n} X_i Y_i - n\overline{X}\overline{Y}}{\sqrt{\left(\sum_{i=1}^{n} X_i^2 - n\overline{X}^2\right)\left(\sum_{i=1}^{n} Y_i^2 - n\overline{Y}^2\right)}} \tag{4.3}$$

$t$ 分布検定により，相関係数の有意性を検定することができる．

$$t_0 = \frac{\sqrt{n-2}\,r}{\sqrt{1-r^2}} \tag{4.4}$$

変数間に相関がなければ，$t_0$ は，自由度 $\phi = n-2$ の $t$ 分布となるため，有意水準 $\alpha$ に対して

$$t_0 > t(\alpha, \phi = n-2) \tag{4.5}$$

となれば，「仮説：相関なし」が棄却され，$X$ と $Y$ の間に有意な相関があるといえる．一方，式 (4.5) が成立しなければ，仮説が採択され相関なしとなる．

---

【例題 4.1】（相関係数）　ある県において，県内 10 市の人口〔万人〕と交通事故発生件数（事故数）を表 4.2 のように調べた．人口と交通事故発生件数の相関係数を求め，有意性を検定せよ．

表4.2 人口と交通事故発生件数

| データ | 1 | 2 | 3 | 4 | 5 | 6 | 7 | 8 | 9 | 10 |
|---|---|---|---|---|---|---|---|---|---|---|
| 人口 $X$ | 29.3 | 43.6 | 25.1 | 19.4 | 18.2 | 14.0 | 12.0 | 8.6 | 5.1 | 4.7 |
| 事故数 $Y$ | 1 275 | 1 939 | 1 579 | 1 094 | 768 | 827 | 375 | 464 | 146 | 260 |

【解答】 式 (4.3) より,$r=0.953$ となり,相関係数は高い.すなわち,人口と事故数には正の強い相関があるといえる.また,$t_0=8.862$ となり,巻末の付録に示す $t$ 分布表より,$t(\alpha=0.05, \phi=8)=2.306$,$t(\alpha=0.01, \phi=8)=3.355$ となる.

したがって

$$t_0 > t(\alpha=0.01, \phi=8)$$

となり,10市のデータから算出された相関係数 $r=0.953$ は,人口と事故数の間に統計的にみて高度に有意な関係があることを意味している.

### 4.2.2 相 関 比

表4.3 に示す定性的変数と定量的変数の間の関連度合を指標化したものが**相関比**(correlation ratio)であり,その記号として $\eta$ がよく用いられる.定量的変数が数値として連続的な値を取るのに対し,定性的変数は属性などの水準となる.

表4.3 相関比のデータ

| データ | | 1 | 2 | ⋯ | $j$ | ⋯ | $n$ | データ数 | 水準平均 |
|---|---|---|---|---|---|---|---|---|---|
| 水準 | 1 | $X_{11}$ | $X_{12}$ | ⋯ | $X_{1j}$ | ⋯ | $X_{1n_1}$ | $n_1$ | $\overline{X}_1$ |
| | 2 | $X_{21}$ | $X_{22}$ | ⋯ | $X_{2j}$ | ⋯ | $X_{2n_2}$ | $n_2$ | $\overline{X}_2$ |
| | ⋯ | ⋯ | ⋯ | ⋯ | ⋯ | ⋯ | ⋯ | ⋯ | ⋯ |
| | $i$ | $X_{i1}$ | $X_{i2}$ | ⋯ | $X_{ij}$ | ⋯ | $X_{in_i}$ | $n_i$ | $\overline{X}_i$ |
| | ⋯ | ⋯ | ⋯ | ⋯ | ⋯ | ⋯ | ⋯ | ⋯ | ⋯ |
| | $m$ | $X_{m1}$ | $X_{m2}$ | ⋯ | $X_{mj}$ | ⋯ | $X_{mn_m}$ | $n_m$ | $\overline{X}_m$ |

表4.3において,$\overline{X}_i$:標識 $X$ の水準 $i$ の平均,$N$:標識 $X$ の全データ数,$\overline{X}$:標識 $X$ の全平均としたとき,これらは次式のように表される.

$$\overline{X}_i = \frac{\sum_{j=1}^{n_i} X_{ij}}{n_i} \tag{4.6}$$

$$N = \sum_{i=1}^{m} n_i \tag{4.7}$$

$$\overline{\overline{X}} = \frac{\sum_{i=1}^{m} \sum_{j=1}^{n_i} X_{ij}}{N} \tag{4.8}$$

相関比 $\eta$ は，次式で表される。

$$\eta = \sqrt{\frac{S_B}{S_T}} \tag{4.9}$$

$$S_B = \sum_{i=1}^{m} \sum_{j=1}^{n_i} (\overline{X}_i - \overline{\overline{X}})^2 = \sum_{i=1}^{m} n_i (\overline{X}_i - \overline{\overline{X}})^2 \tag{4.10}$$

$$S_E = \sum_{i=1}^{m} \sum_{j=1}^{n_i} (X_{ij} - \overline{X}_i)^2 \tag{4.11}$$

$$S_T = \sum_{i=1}^{m} \sum_{j=1}^{n_i} (X_{ij} - \overline{\overline{X}})^2 \tag{4.12}$$

ここで，$S_B$：水準間変動，$S_E$：水準内変動，$S_T$：全変動であり，全変動 $S_T$ は水準間変動 $S_B$ と水準内変動 $S_E$ に分解される。

$$\begin{aligned} S_T &= \sum_{i=1}^{m} \sum_{j=1}^{n_i} (X_{ij} - \overline{\overline{X}})^2 = \sum_{i=1}^{m} \sum_{j=1}^{n_i} \left\{ (X_{ij} - \overline{X}_i) + (\overline{X}_i - \overline{\overline{X}}) \right\}^2 \\ &= \sum_{i=1}^{m} \sum_{j=1}^{n_i} \left\{ (X_{ij} - \overline{X}_i)^2 + 2(X_{ij} - \overline{X}_i)(\overline{X}_i - \overline{\overline{X}}) + (\overline{X}_i - \overline{\overline{X}})^2 \right\} \\ &= \sum_{i=1}^{m} \sum_{j=1}^{n_i} (X_{ij} - \overline{X}_i)^2 + 2 \sum_{i=1}^{m} \left\{ (\overline{X}_i - \overline{\overline{X}}) \sum_{j=1}^{n_i} (X_{ij} - \overline{X}_i) \right\} + \sum_{i=1}^{m} \sum_{j=1}^{n_i} (\overline{X}_i - \overline{\overline{X}})^2 \\ &\quad (\text{第 2 項の} \sum_{j=1}^{n_i} (X_{ij} - \overline{X}_i) = \sum_{j=1}^{n_i} X_{ij} - n_i \overline{X}_i = 0) \\ &= S_E + S_B \end{aligned} \tag{4.13}$$

相関比 $\eta$ は，取り上げた定量的変数 $X$ の全変動に対し，着目した定性的変数の水準の違いによる変動の割合であり，$\eta$ の定義域は次式のようになる。

$$0 \leq \eta \leq 1 \tag{4.14}$$

相関比 $\eta$ は，定量的変数の全変動 $S_T$ を，着目した要因の水準差から求まる水準間変動 $S_B$ と水準内の誤差に相当する変動 $S_E$ に分解（$S_T = S_B + S_E$）したとき，水準が影響する変動割合を示したものである。水準数を2としたときの

これらの関係を図 4.3 に示す。図 (a) の場合は，相関比 $\eta$ は 1 に近く，水準で示される定性的変数と定量的変数 $X$ の相関は大となる。図 (b) の場合は，相関比 $\eta$ は 0 に近く，相関なしとなる。

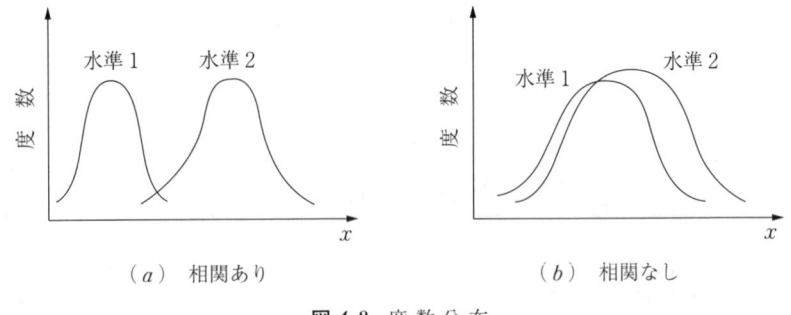

(a) 相関あり　　　　　　　　(b) 相関なし

図 4.3　度数分布

---

【例題 4.2】（相関比）　ある県の 12 の都市において，都市化の状況と世帯当りの自動車保有台数を表 4.4 のように調べた。都市化と自動車保有台数の関連を示す相関比を求めよ。ただし，都市化の状況は，都市と農村の 2 分類とする定性的変数で，水準 1 はほとんどの市域面積が都市地域，水準 2 はほとんどの市域が農村地域である。自動車保有台数は，世帯が保有する自動車台数を世帯数で割った平均台数である。

表 4.4　県内 12 都市の都市化状況と自動車保有台数〔台/世帯〕

| 都　市 | 1 | 2 | 3 | 4 | 5 | 6 | 7 | 8 | 9 | 10 | 11 | 12 |
|---|---|---|---|---|---|---|---|---|---|---|---|---|
| 都市化状況 | 1 | 1 | 1 | 1 | 2 | 2 | 1 | 1 | 2 | 1 | 2 | 1 |
| 保有台数 | 1.6 | 1.8 | 1.7 | 1.6 | 2.0 | 1.8 | 1.9 | 1.5 | 2.1 | 1.7 | 2.1 | 1.8 |

【解答】　水準 1 の都市地域での保有台数の平均 $\overline{X}_1$ は 1.7 台，水準 2 の農村地域の平均 $\overline{X}_2$ は 2.0 台，12 都市全体の平均 $\overline{X}$ は 1.8 台である。水準間変動 $S_B$ は 0.24，水準内変動 $S_E$ は 0.18，全変動 $S_T$ は 0.42 となり，相関比は $\eta = 0.756$ となる。都市化の状況と世帯当りの自動車保有台数には関連があり，保有台数は都市地域で少なく農村地域で多い。

## 4.2.3 属性相関[2]

**表4.5**のような定性的な変数からなる属性データが与えられた場合，これら二つの定性的な変数の間の関連度合を示すものが**属性相関**である．定性的な変数の違いが水準で表されるため，これら変数の値は整数表示となる．

**表4.5** 属性相関のデータ

| データ | 1 | 2 | ⋯ | $i$ | ⋯ | $n$ |
|---|---|---|---|---|---|---|
| 定性的変数 $X$ | $X_1$ | $X_2$ | ⋯ | $X_i$ | ⋯ | $X_n$ |
| 定性的変数 $Y$ | $Y_1$ | $Y_2$ | ⋯ | $Y_i$ | ⋯ | $Y_n$ |

定性的変数の集計の最初のステップは，水準間の度数分布を単純に調べる**単純集計**となる．水準数が $m$ の場合の単純集計の結果を**表4.6**に示す．

**表4.6** 単純集計

| 水準 | 度数 |
|---|---|
| 1 | $n_1$ |
| 2 | $n_2$ |
| ⋯ | ⋯ |
| $i$ | $n_i$ |
| ⋯ | ⋯ |
| $m$ | $n_m$ |

**表4.7** クロス集計（クロス表）

| 水準 | 1 | 2 | ⋯ | $j$ | ⋯ | $k$ | 合計 |
|---|---|---|---|---|---|---|---|
| 1 | $n_{11}$ | $n_{12}$ | ⋯ | $n_{1j}$ | ⋯ | $n_{1k}$ | $n_{1\cdot}$ |
| 2 | $n_{21}$ | $n_{22}$ | ⋯ | $n_{2j}$ | ⋯ | $n_{2k}$ | $n_{2\cdot}$ |
| ⋯ | ⋯ | ⋯ | ⋯ | ⋯ | ⋯ | ⋯ | ⋯ |
| $i$ | $n_{i1}$ | $n_{i2}$ | ⋯ | $n_{ij}$ | ⋯ | $n_{ik}$ | $n_{i\cdot}$ |
| ⋯ | ⋯ | ⋯ | ⋯ | ⋯ | ⋯ | ⋯ | ⋯ |
| $m$ | $n_{m1}$ | $n_{m2}$ | ⋯ | $n_{mj}$ | ⋯ | $n_{mk}$ | $n_{m\cdot}$ |
| 合計 | $n_{\cdot 1}$ | $n_{\cdot 2}$ | ⋯ | $n_{\cdot j}$ | ⋯ | $n_{\cdot k}$ | $N$ |

つぎに，複数の変数に着目して，これらの変数をクロスさせ，その反応度数を集計したものが**クロス集計**である．着目する変数の組合せによって多くのクロス表が考えられる．**表4.7**に，水準数 $m$ と $k$ の変数に着目したクロス表を示す．

単純集計における各水準の合計 $n_i$ は全データ数 $N$ となる．

$$\sum_{i=1}^{m} n_i = N \qquad (4.15)$$

クロス集計においては，各行や各列の合計は水準に反応する度数 $(n_i, n_j)$ となり，単純集計量に一致する．

$$\sum_{j=1}^{k} n_{ij} = n_{i.} = n_i \qquad (4.16)$$

$$\sum_{i=1}^{m} n_{ij} = n_{.j} = n_j \qquad (4.17)$$

$$\sum_{i=1}^{m} \sum_{j=1}^{k} n_{ij} = n_{..} = N \qquad (4.18)$$

ただし，$N(n_{..})$：全データ数，$n_{ij}$：二つの要因のそれぞれの水準が$i$と$j$に属するデータ数（クロス集計量，クロス表），$n_i(n_{i.})$：水準$i$に属するデータ数（単純集計量），$n_j(n_{.j})$：水準$j$に属するデータ数（単純集計量）である。

定性的変数がたがいに独立している無相関の場合の期待度数$f_{ij}$は

$$f_{ij} = N \frac{n_{i.}}{N} \frac{n_{.j}}{N} = \frac{n_{i.} n_{.j}}{N} \qquad (4.19)$$

となり，定性的変数の水準度数に比例する。クロス表の実測度数$n_{ij}$と無相関の場合の度数$f_{ij}$との異なる度合を示す$\chi^2$値は，次式のように表される。

$$\chi^2 = \sum_{i=1}^{m} \sum_{j=1}^{k} \frac{(n_{ij} - f_{ij})^2}{f_{ij}} \qquad (4.20)$$

**表4.5**に示す二つの定性的変数の間に関連がなければ$\chi^2$値は小さく，関連が強ければ$\chi^2$値は大きくなる。すなわち，無相関から掛け離れるほど$\chi^2$値は大きくなる。$\chi^2$値は属性相関の基礎となる指標であるがデータ数の多少によって値が変化するため，$\chi^2$値にさまざまな修正が加えられている。

$\chi^2$値からデータ数の影響を除いたものが$\phi^2$であり

$$\phi^2 = \frac{\chi^2}{N} \qquad (4.21)$$

その平方根を取ったものを$\phi$**係数**という。さらに，これらの指標から，定性的変数の水準を示すカテゴリー数の影響を除いたのが，**クラマーのコンティジェンシィー係数**$Cr$である。

$$Cr = \frac{\phi^2}{m-1} \qquad (4.22)$$

ただし，$k>m$である。クラマー係数は属性相関の指標の欠点を改善したものであるが，他の相関指標のように平方根を取っていないため小さな値を示す

## 4.2 変数間の相関

傾向があり，クラマー係数の平方根を**クラマーのV係数**という。

$$V = \sqrt{\frac{\phi^2}{m-1}} \qquad (4.23)$$

【例題 4.3】（**クロス集計・属性相関**）　橋梁にはいろいろな形式があるが，橋梁の好きな形式を 24 人に聞いた。個人属性と好きな形式を**表 4.8**に示す。性別と好きな形式のクロス集計から $\chi^2$ 値を算定し，属性相関の指標である $\phi$ 係数とクラマー係数 $Cr$ を求めよ。ただし，個人属性の性別では，性別 1 を男性，性別 2 を女性とする。好きな橋梁の形式では，形式 1 をアーチ橋，形式 2 を斜張橋，形式 3 を吊り橋の 3 形式とする。

**表 4.8**　性別と好きな橋の形式

| データ | 1 | 2 | 3 | 4 | 5 | 6 | 7 | 8 | 9 | 10 | 11 | 12 |
|---|---|---|---|---|---|---|---|---|---|---|---|---|
| 性別 | 1 | 1 | 2 | 1 | 2 | 1 | 2 | 2 | 2 | 1 | 2 | 1 |
| 好きな橋 | 2 | 1 | 1 | 2 | 3 | 2 | 1 | 2 | 3 | 1 | 1 | 2 |
| データ | 13 | 14 | 15 | 16 | 17 | 18 | 19 | 20 | 21 | 22 | 23 | 24 |
| 性別 | 1 | 1 | 2 | 1 | 2 | 1 | 2 | 1 | 1 | 2 | 1 | 2 |
| 好きな橋 | 1 | 2 | 1 | 3 | 2 | 2 | 1 | 3 | 2 | 1 | 2 | 3 |

【解答】　単純集計を**表 4.9**に，クロス集計を**表 4.10**に示す。二つの変数間に相関なしの場合のクロス表の期待度数を**表 4.11**に示す。

**表 4.9**　単純集計

(a) 性別

| 性別 | 1 | 2 | 合計 |
|---|---|---|---|
| 度数 | 13 | 11 | 24 |

(b) 好きな橋

| 好きな橋 | 1 | 2 | 3 | 合計 |
|---|---|---|---|---|
| 度数 | 9 | 10 | 5 | 24 |

**表 4.10**　クロス集計

| 水準 | 1 | 2 | 3 | 合計 |
|---|---|---|---|---|
| 1 | 2 | 8 | 3 | 13 |
| 2 | 7 | 2 | 2 | 11 |
| 合計 | 9 | 10 | 5 | 24 |

**表 4.11**　相関なしの場合のクロス表の期待度数

| 水準 | 1 | 2 | 3 | 合計 |
|---|---|---|---|---|
| 1 | 4.9 | 5.4 | 2.7 | 13 |
| 2 | 4.1 | 4.6 | 2.3 | 11 |
| 合計 | 9 | 10 | 5 | 24 |

属性相関の指標は以下のようになる．
$\chi^2$ 値 $=6.56$, $\phi=0.523$, $Cr=0.273$, $V=0.523$

## 4.3 分 散 分 析

各種の要因が定量的変数に及ぼす影響を統計的に明らかにする．**分散分析**は，着目したデータ全体のばらつきを原因ごとのばらつきに分解し，誤差などのばらつきと比較して有意な要因とその効果を探る方法である．

### 4.3.1 一 元 配 置 法

考慮する要因が1個の場合を**一元配置法**といい，このときに与えられるデータの形式を**表4.12**に示す．**4.2**節に示した相関比の場合と同じ形式となる．

**表4.12** 一元配置法のデータ（繰返し数が異なる場合）

| | データ | 1 | 2 | $\cdots$ | $j$ | $\cdots$ | $n$ | データ数 | 水準平均 |
|---|---|---|---|---|---|---|---|---|---|
| 水準 | 1 | $X_{11}$ | $X_{12}$ | $\cdots$ | $X_{1j}$ | $\cdots$ | $X_{1n_1}$ | $n_1$ | $\overline{X}_1$ |
| | 2 | $X_{21}$ | $X_{22}$ | $\cdots$ | $X_{2j}$ | $\cdots$ | $X_{2n_2}$ | $n_2$ | $\overline{X}_2$ |
| | $\cdots$ | $\cdots$ | $\cdots$ | | $\cdots$ | | $\cdots$ | $\cdots$ | $\cdots$ |
| | $i$ | $X_{i1}$ | $X_{i2}$ | $\cdots$ | $X_{ij}$ | $\cdots$ | $X_{in_i}$ | $n_i$ | $\overline{X}_i$ |
| | $\cdots$ | $\cdots$ | $\cdots$ | | $\cdots$ | | $\cdots$ | $\cdots$ | $\cdots$ |
| | $m$ | $X_{m1}$ | $X_{m2}$ | $\cdots$ | $X_{mj}$ | $\cdots$ | $X_{mn_m}$ | $n_m$ | $\overline{X}_m$ |

一元配置法の**構造模型**は

$$X_{ij} = \mu + A_i + \varepsilon_{ij} \tag{4.24}$$

となり，ここで，$X_{ij}$：着目した定量的変数で，水準が$i$に属する$j$番目のデータ，$\mu$：着目した変数$X$の平均値，$A_i$：水準$i$の効果，$\varepsilon_{ij}$：個体$ij$の誤差である．すなわち，着目した定量的変数の大きさ$X_{ij}$は，その変数が持つ平均的な値$\mu$に水準効果$A_i$と誤差項$\varepsilon_{ij}$を加えたもので表される．分散分析では，誤差項に対して取り上げた水準の効果がどれだけあるかで，要因の有意性と効果を計量する．

$m$ を取り上げた要因の水準数, $N$ を全データ数, $n_i$ を水準 $i$ に属するデータ数, $\overline{X_i}$ を水準 $i$ に属するデータの平均, $\overline{\overline{X}}$ を全データの平均, 各水準に属するデータ数 (繰返し数) が異なるものとする. 各水準に属するデータ数の合計は全データ数になり, 各水準の重み平均が全平均となる.

$$N = \sum_{i=1}^{m} n_i \tag{4.25}$$

$$\overline{X_i} = \frac{\sum_{j=1}^{n_i} X_{ij}}{n_i} \tag{4.26}$$

$$\overline{\overline{X}} = \frac{\sum_{i=1}^{m}\sum_{j=1}^{n_i} X_{ij}}{N} = \sum_{i=1}^{m} \frac{n_i \overline{X_i}}{N} \tag{4.27}$$

表 4.13 において, 水準間変動 $S_B$, 水準内変動 (誤差変動) $S_E$, 全変動 $S_T$ は, 以下のように定義される. 相関比の場合と同様に, この表においても, 水準間変動と誤差変動の合計が全変動となる.

表 4.13 一元配置の分散分析表

| 要因 | 変動 | 自由度 | 分散 | 分散比 |
|---|---|---|---|---|
| 要因効果 | $S_B$ | $m-1$ | $V_B = S_B/(m-1)$ | $F_0 = V_B/V_E$ |
| 誤差 | $S_E$ | $N-m$ | $V_E = S_E/(N-m)$ | |
| 全体 | $S_T$ | $N-1$ | … | … |

$$S_B = \sum_{i=1}^{m}\sum_{j=1}^{n_i} (\overline{X_i} - \overline{\overline{X}})^2$$

$$= \sum_{i=1}^{m} n_i (\overline{X_i} - \overline{\overline{X}})^2 \tag{4.28}$$

$$S_E = \sum_{i=1}^{m}\sum_{j=1}^{n_i} (X_{ij} - \overline{X_i})^2 \tag{4.29}$$

$$S_T = \sum_{i=1}^{m}\sum_{j=1}^{n_i} (X_{ij} - \overline{\overline{X}})^2 \tag{4.30}$$

$$S_B + S_E = S_T \tag{4.31}$$

同一母集団から求めた分散比 $F_0$ は, 自由度 $(m-1, N-m)$ の $F$ 分布に従

う。巻末の**付表4**に$F$分布表を示す。$F$分布表により，ある有意水準に対し二つの自由度が与えられた場合の$F$分布の値が求まる。有意水準として一般には0.05と0.01が用いられるため，**付表4**もこれら2ケースを示す。

分散比$F_0$が大きな値を取ることは，取り上げた要因が誤差と異なって意味があり，要因効果が存在することになる。すなわち，$F$分布検定により，分散比$F_0$が有意水準$\alpha$の$F$分布表の値$F_\alpha(m-1, N-m)$より大きければ，要因効果なし（同一母集団）という仮説は棄却される。有意水準$\alpha$として，0.05や0.01などが用いられる。$F_0$が，$F_{0.05}(m-1, N-m)$より小さければ効果なし，$F_{0.05}(m-1, N-m)$より大きければ有意，$F_{0.01}(m-1, N-m)$より大きければ高度に有意となる。また，取り上げた要因が有意な場合の水準効果$A_i$は，全平均$\overline{X}$からの差$(X_i - \overline{X})$で表される。

---

**【例題4.4】** （一元配置法）　例題4.2のデータを参考にして，都市化の状況が自動車保有台数に及ぼす影響の有無を分散分析で明らかにせよ。ただし，都市化度合の水準1は都市地域，水準2は農村地域である。

**【解答】** 表4.4のデータにおいて，保有台数を都市化の水準別にみたのが**表4.14**

表4.14　都市化度合と自動車保有台数（台／世帯）

| データ | | 1 | 2 | 3 | 4 | 5 | 6 | 7 | 8 | データ数 | 水準平均 |
|---|---|---|---|---|---|---|---|---|---|---|---|
| 水準 | 1 | 1.6 | 1.8 | 1.7 | 1.6 | 1.9 | 1.5 | 1.7 | 1.8 | 8 | 1.7 |
| | 2 | 2.0 | 1.8 | 2.1 | 2.1 | — | — | — | — | 4 | 2.0 |

（全データ数$N$は12，全平均$\overline{\overline{X}}$は1.8）

表4.15　一元配置の分散分析表

| 要因 | 変動 | 自由度 | 分散 | 分散比 |
|---|---|---|---|---|
| 要因効果 | $S_B = 0.24$ | $m-1 = 1$ | $V_B = 0.24$ | $F_0 = 13.3^{**}$ |
| 誤差 | $S_E = 0.18$ | $N-m = 10$ | $V_E = 0.018$ | |
| 全体 | $S_T = 0.42$ | $N-1 = 11$ | … | … |

統計的仮説検定では，有意水準5％や1％で有意性が認められる場合には*や**をつけることがあり，分散分析表の右端に示す分散比の欄においても，結果が有意な場合には*を，高度に有意な場合には**の記号をつけて表す。

（一元配置法2水準）であり，このときの分散分析の諸量を**表 4.15** に示す．

一方，影響がない場合の分散比は，$F$ 分布表から

$$F_{0.05}(1, 10) = 4.96, \quad F_{0.01}(1, 10) = 10.04$$

であり，得られた分散比 $F_0$ はこれらの値を上回っており，取り上げた要因は高度に有意となっている．すなわち，都市化の度合は自動車保有に影響を及ぼしている．

### 4.3.2 多元配置法[3]

自然現象や社会現象などの結果には多くの要因が同時に影響していることが考えられる．考慮する要因が2個の場合を**二元配置法**という．考慮する要因がたくさんある場合には**多元配置法**という．二元配置法の構造モデルは

$$X_{ijk} = \mu + A_i + B_j + A \times B_{ij} + \varepsilon_{ijk} \tag{4.32}$$

のように表される．ただし，$X_{ijk}$：要因1の水準が $i$，要因2が $j$ に属する $k$ 番目のデータの値，$\mu$：全平均，$A_i$：要因1の効果，$B_j$：要因2の効果，$A \times B_{ij}$：要因1と2の交互作用効果，$\varepsilon_{ijk}$：誤差項である．**交互作用**とは複数の要因の組合せの影響であり，単独の要因効果に加えて交互作用の効果も調べる必要がある．このため，考慮する要因を増やせば，それに伴って，実験は複雑化し実験回数も飛躍的に増大することになる．

例えば，考慮する要因を2水準の10個とすると，異なる実験状態の組合せは $2^{10}$ 通り存在し，最低でも $2^{10}$（1 024）回の実験が必要となる．また，交互作用の要因を考えるならば，さらに，これらの実験を，それぞれの要因の組合せにおいて繰り返す必要がある．これだけ多くの実験をすることは現実的には困難であり，そこで考えられたのが，次項に示す実験計画法である．

二元配置法についても，一元配置法と同様に解析することは可能であるが，計算が相当複雑になる．ここでは，実験の単純化が容易で，かつ，多要因へと拡張可能な，**直交表**を用いた実験計画について解説する．

### 4.3.3 実験計画と直交表[4]

2個以上の多要因の影響を考慮する場合には，実験や分析が複雑となり，効

率化を考えなければならない。**直交表**を用いることにより考慮する要因を効率的に割り付けることができる。直交表では $L_N(K^m)$ と表し，$L$ を直交，$N$ を実験数，$K$ を水準数，$m$ を要因を割り付ける列数とする。2水準系の直交表とし

**表 4.16** 直交表

(a) $L_4(2^3)$

| 列 | 1 | 2 | 3 |
|---|---|---|---|
| 基本表示 | a | b | ab |
| 1 | 1 | 1 | 1 |
| 2 | 1 | 2 | 2 |
| 3 | 2 | 1 | 2 |
| 4 | 2 | 2 | 1 |

(b) $L_8(2^7)$

| 列 | 1 | 2 | 3 | 4 | 5 | 6 | 7 |
|---|---|---|---|---|---|---|---|
| 基本表示 | a | b | ab | c | ac | bc | abc |
| 1 | 1 | 1 | 1 | 1 | 1 | 1 | 1 |
| 2 | 1 | 1 | 1 | 2 | 2 | 2 | 2 |
| 3 | 1 | 2 | 2 | 1 | 1 | 2 | 2 |
| 4 | 1 | 2 | 2 | 2 | 2 | 1 | 1 |
| 5 | 2 | 1 | 2 | 1 | 2 | 1 | 2 |
| 6 | 2 | 1 | 2 | 2 | 1 | 2 | 1 |
| 7 | 2 | 2 | 1 | 1 | 2 | 2 | 1 |
| 8 | 2 | 2 | 1 | 2 | 1 | 1 | 2 |

(c) $L_{16}(2^{15})$

| 列 | 1 | 2 | 3 | 4 | 5 | 6 | 7 | 8 | 9 | 10 | 11 | 12 | 13 | 14 | 15 |
|---|---|---|---|---|---|---|---|---|---|---|---|---|---|---|---|
| 基本表示 | a | b | ab | c | ac | bc | abc | d | ad | bd | abd | cd | acd | bcd | abcd |
| 1 | 1 | 1 | 1 | 1 | 1 | 1 | 1 | 1 | 1 | 1 | 1 | 1 | 1 | 1 | 1 |
| 2 | 1 | 1 | 1 | 1 | 1 | 1 | 1 | 2 | 2 | 2 | 2 | 2 | 2 | 2 | 2 |
| 3 | 1 | 1 | 1 | 2 | 2 | 2 | 2 | 1 | 1 | 1 | 1 | 2 | 2 | 2 | 2 |
| 4 | 1 | 1 | 1 | 2 | 2 | 2 | 2 | 2 | 2 | 2 | 2 | 1 | 1 | 1 | 1 |
| 5 | 1 | 2 | 2 | 1 | 1 | 2 | 2 | 1 | 1 | 2 | 2 | 1 | 1 | 2 | 2 |
| 6 | 1 | 2 | 2 | 1 | 1 | 2 | 2 | 2 | 2 | 1 | 1 | 2 | 2 | 1 | 1 |
| 7 | 1 | 2 | 2 | 2 | 2 | 1 | 1 | 1 | 1 | 2 | 2 | 2 | 2 | 1 | 1 |
| 8 | 1 | 2 | 2 | 2 | 2 | 1 | 1 | 2 | 2 | 1 | 1 | 1 | 1 | 2 | 2 |
| 9 | 2 | 1 | 2 | 1 | 2 | 1 | 2 | 1 | 2 | 1 | 2 | 1 | 2 | 1 | 2 |
| 10 | 2 | 1 | 2 | 1 | 2 | 1 | 2 | 2 | 1 | 2 | 1 | 2 | 1 | 2 | 1 |
| 11 | 2 | 1 | 2 | 2 | 1 | 2 | 1 | 1 | 2 | 1 | 2 | 2 | 1 | 2 | 1 |
| 12 | 2 | 1 | 2 | 2 | 1 | 2 | 1 | 2 | 1 | 2 | 1 | 1 | 2 | 1 | 2 |
| 13 | 2 | 2 | 1 | 1 | 2 | 2 | 1 | 1 | 2 | 2 | 1 | 1 | 2 | 2 | 1 |
| 14 | 2 | 2 | 1 | 1 | 2 | 2 | 1 | 2 | 1 | 1 | 2 | 2 | 1 | 1 | 2 |
| 15 | 2 | 2 | 1 | 2 | 1 | 1 | 2 | 1 | 2 | 2 | 1 | 2 | 1 | 1 | 2 |
| 16 | 2 | 2 | 1 | 2 | 1 | 1 | 2 | 2 | 1 | 1 | 2 | 1 | 2 | 2 | 1 |

(d) $L_9(3^4)$

| 列 | 1 | 2 | 3 | 4 |
|---|---|---|---|---|
| 基本表示 | a | b | ab | $ab^2$ |
| 1 | 1 | 1 | 1 | 1 |
| 2 | 1 | 2 | 2 | 2 |
| 3 | 1 | 3 | 3 | 3 |
| 4 | 2 | 1 | 2 | 3 |
| 5 | 2 | 2 | 3 | 1 |
| 6 | 2 | 3 | 1 | 2 |
| 7 | 3 | 1 | 3 | 2 |
| 8 | 3 | 2 | 1 | 3 |
| 9 | 3 | 3 | 2 | 1 |

て, 表 4.16 (a) の $L_4(2^3)$, 表 (b) の $L_8(2^7)$, 表 (c) の $L_{16}(2^{15})$ のほか $L_{32}(2^{31})$ などがあり, また3水準系では, 表 (d) の $L_9(3^4)$ のほか $L_{27}(3^{13})$, $L_{81}(3^{40})$ などがある.

　直交表においては, 各列の数字の出現頻度は同一で, また, どの列の組合せにおいても, 各行の数字の出現頻度は同一となる. 直交表の数字は割り付ける水準を示すものであり, 2水準では1と2が, 3水準では1,2,3が用いられている. 各列の平均をゼロとするように変換(2水準では1と2を−1と+1へ, 3水準では1,2,3を−1,0,+1へ変換)するならば, 各列の内積はゼロとなり, 各列の相関係数もゼロとなる. このように, 要因を割り付ける各列が相互に直交しており, 直交表と呼ばれているのである. 直交表の基本表示(あるいは成分)に要因相互の関係が現れ, 基本表示から要因の割付けを行う.

　直交表 $L_N(K^m)$ を用いた実験では, 直交表の $m$ 個の列のいずれかに要因を割り付け, 割り付けられた要因のもとで, 直交表の行数 $N$ に相当するケースの実験を行う. $L_8(2^7)$ の直交表では2水準の要因を取り扱い, 7列のいずれかに要因を割り付け, 8通りの実験を行う. $L_{16}(2^{15})$ では2水準で, 15列のいずれかに割り付けて16通りの実験を, また, $L_9(3^4)$ では3水準で, 4列に割り付けて9通りの実験を行う. 要因の割付けは, 直交表の基本表示に従って行うが, 必ずしも列の左から順番に割り付けるのではない. 基本表示に従って交互作用を考慮する場合には, その列に単独要因を割り付けないで空けておく. 交互作用を考えない場合には, 左から順番に単独要因を割り付けることができる. 分散分析では誤差との分散比で検討するため, すべての列に要因を割り付けることはできない. 割付けが行われなかった列は誤差項となる. 誤差項に割り当てられた列が少なくなると誤差の自由度が小さくなり, 分散分析の信頼度が低下する.

　以上のような多要因の影響を分析する場合の手順をまとめると, つぎのようになる.

① 考慮する要因の水準, 要因数, 交互作用などから使用する直交表を決定する.

② 直交表の基本表示に従って要因を割り付け，直交表の行数 $N$ に相当する回数の実験を行う。
③ 実験結果に対し，全変動，要因変動，誤差変動を求める。
④ 分散分析表で，各要因の誤差に対する分散比を求め，要因の影響の有無を $F$ 分布検定する。

多要因の分析においても一元配置法の場合と同様に，要因と誤差の分散比から統計的検定を行う。実験値の全変動は，直交表の各列に着目して求めた変動の合計に一致する。直交表の各列には要因が割り付けられており，各列に沿って算定した変動は要因の影響を表し，要因が割り付けられていない列の変動は誤差となる。各列の変動は，水準の違いによる変動（**水準間変動**）であり，水準間変動を直交表の列について合計したものが**全変動**である。

【例題 4.5】 （**直交表を用いた要因の割付けとその解析**） 表 4.17 に示すように，コンクリートの 4 週後の圧縮強度 $\sigma_{28}$〔N/mm$^2$〕に影響する要因として，[①細骨材の種類，②養生方法，③養生温度] の 3 要因と，その交互作用 [①×③] の 1 要因を考える。その他の交互作用については，影響がないものと判断して実験を行う。

表 4.17 コンクリートに影響する要因と水準

| 要因 | 水準 1 | 水準 2 |
|---|---|---|
| ① 細骨材の種類 | 川砂 | 海砂 |
| ② 養生方法 | 気乾 | 湿潤 |
| ③ 養生温度 | 高温 | 常温 |

これらの要因に対し，$L_8(2^7)$ の直交表を用い，**表 4.18** のように要因を割り付けた。直交表 $L_8(2^7)$ の 1，2，4 列にそれぞれの要因を割り付け，5 列目を細骨材の種類と養生温度の交互作用に割り付けた。要因を割り付けていない 3，6，7 列は誤差項となる。

表 4.18 直交表 $L_8(2^7)$ を用いた要因の割付け

| 列 | 1 | 2 | 3 | 4 | 5 | 6 | 7 |
|---|---|---|---|---|---|---|---|
| 基本表示 | a | b | ab | c | ac | bc | abd |
| 割り付ける要因 | ① | ② | なし | ③ | ①×③ | なし | なし |

## 4.3 分散分析

**【解答】** 表4.19(a)に示す実験計画のもとでコンクリートの強度試験を行った結果が表(b)である。全変動,要因変動,誤差変動を求め,分散分析を行った結果が表(c)である。コンクリートの強度に及ぼす要因として,要因① 細骨材の種類,

**表4.19** 直交表を用いた要因の割付けとその解析

(a) 実験計画表

| 列 | 1 | 2 | 4 |
|---|---|---|---|
| 割り付けた要因 | ① | ② | ③ |
| 供試体 1 | 川砂 | 気乾 | 高温 |
| 供試体 2 | 川砂 | 気乾 | 常温 |
| 供試体 3 | 川砂 | 湿潤 | 高温 |
| 供試体 4 | 川砂 | 湿潤 | 常温 |
| 供試体 5 | 海砂 | 気乾 | 高温 |
| 供試体 6 | 海砂 | 気乾 | 常温 |
| 供試体 7 | 海砂 | 湿潤 | 高温 |
| 供試体 8 | 海砂 | 湿潤 | 常温 |

(b) 実験結果(コンクリート強度〔N/mm$^2$〕)

| 列 | 1 | 2 | 4 | 5 | 強度 |
|---|---|---|---|---|---|
| 割り付けた要因 | ① | ② | ③ | ①×③ | $\sigma_{28}$ |
| 供試体 1 | 1 | 1 | 1 | 1 | 39.7 |
| 供試体 2 | 1 | 1 | 2 | 2 | 45.6 |
| 供試体 3 | 1 | 2 | 1 | 2 | 45.0 |
| 供試体 4 | 1 | 2 | 2 | 2 | 53.9 |
| 供試体 5 | 2 | 1 | 1 | 2 | 36.6 |
| 供試体 6 | 2 | 1 | 2 | 1 | 23.5 |
| 供試体 7 | 2 | 2 | 1 | 2 | 41.3 |
| 供試体 8 | 2 | 2 | 2 | 1 | 34.4 |

(c) 多元配置の分散分析表

| 要因 | 変動 $S$ | 自由度 | 分散 $V$ | 分散比 $F_0$ |
|---|---|---|---|---|
| 要因 ① | $S_①=292.82$ | 2−1=1 | $V_①=292.82$ | 71.0.7** |
| 要因 ② | $S_②=106.58$ | 2−1=1 | $V_②=106.58$ | 25.87* |
| 要因 ③ | $S_③=3.38$ | 2−1=1 | $V_③=3.38$ | 0.82 |
| 要因 ①×③ | $S_{①×③}=151.38$ | 2−1=1 | $V_{①×③}=151.38$ | 36.74** |
| 誤差 | $S_E=12.36$ | 7−4=3 | $V_E=4.12$ | … |
| 全体 | $S_T=566.52$ | 8−1=7 | … | … |

要因②養生方法，要因①×③の交互作用要因は $F$ 分布表の5％の値 10.13 を上回っており，有意な結果となっている。また，要因①と要因①×③の交互作用については，$F$ 分布表の1％の値 34.12 を上回っており，高度に有意な結果が得られている。一方，要因③の養生温度については有意ではない。

$F_{0.05}(1, 3) = 10.13$，$F_{0.01}(1, 3) = 34.12$

**表 4.18** に示したように，この実験では，$L_8(2^7)$ の直交表の 1, 2, 4, 5 列に要因を割り付けており，残りの3列（3, 6, 7）には要因を割り付けていない。要因を割り付けていない列の変動は，3列目が 0.5，6列目が 10.58，7列目が 1.28 で，これらの合計は 12.36（0.5＋10.58＋1.28）となり，**表 4.19**（$c$）に示すように，全変動 $S_T$ から要因の変動を差し引いた誤差変動 $S_E$ に一致する。

## 4.4 多変量解析

### 4.4.1 多変量解析手法

計画立案のための現象分析や将来予測のためには，実験などの計測データ，アンケート調査のデータ，各種統計データなどのデータを変数として，変数間の因果関係を把握したり，グループ化を行ったりすることが求められる。これらの分析を行う統計的手法として，**多変量解析**（multivariate analysis）がある[5]。

多変量解析は，①目的変数と説明変数との関係を分析するものと，②特定の目的変数がなく，説明変数間の相互関係から変数を分類したり，総合特性値を求める分析をしたりするものの二つに大別される。また，用いられる変数は，定量的データ（比例尺度や間隔尺度）と定性的データ（順序尺度や名義尺度）があり，データの種類によって適用する手法も異なってくる。**表 4.20** は，おもな多変量解析手法の一覧を示したものであり，目的変数の有無，変数が定

**表 4.20** 多変量解析手法の一覧

| 目的変数 | | 説明変数 | |
|---|---|---|---|
| | | 定量的データ | 定性的データ |
| 目的変数あり | 定量的データ | 回帰分析 | 数量化理論第Ⅰ類 |
| | 定性的データ | 判別分析 | 数量化理論第Ⅱ類 |
| 目的変数なし | | 主成分分析 | 数量化理論第Ⅲ類 |

量的データか定性的データかによって適用できる手法が分類される。

### 4.4.2 回帰分析

**〔1〕 回帰分析とは** 回帰分析（regression analysis）とは，ともに定量的データである説明変数と目的変数の間の関係を分析する方法である[6]。

いま，説明変数 $X$ と目的変数 $Y$ についての $n$ 個の観測データ

$$(x_1, y_1), (x_2, y_2), \cdots, (x_i, y_i), \cdots, (x_n, y_n) \tag{4.33}$$

があるとき，二つの変数 $X$ と $Y$ の間に直線関係があると仮定すると

$$y_i = \beta_0 + \beta_1 x_i + \varepsilon_i \tag{4.34}$$

と表すことができる。これを**回帰直線**と呼ぶ（**図 4.4**）。

いま，説明変数 $X$ が一つであるので，この場合を**単回帰分析**という。$\beta_0$，$\beta_1$ は未知母数で，$\beta_0$ は回帰直線の切片，$\beta_1$ は回帰直線の傾き（回帰係数）である。また，$\varepsilon_i$ は**誤差**と呼ばれ，回帰直線と観測値の $y$ 軸方向のずれを表し，たがいに独立で，平均 0 の正規分布に従うものと考える。

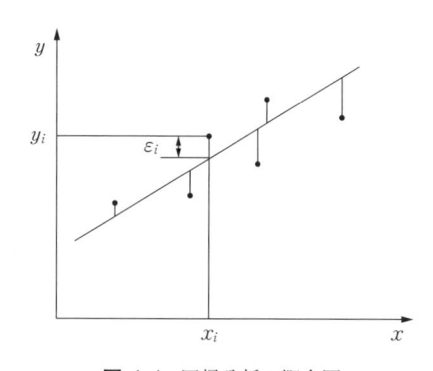

**図 4.4** 回帰分析の概念図

**〔2〕 単回帰式の推定** 観測データから，未知母数 $\beta_0$，$\beta_1$ の推定値 $\widehat{\beta_0}$，$\widehat{\beta_1}$ を求める。このとき回帰直線の推定式（単回帰式）は，目的変数 $Y$ の推定値 $\widehat{y_i}$ を用いて

$$\widehat{y_i} = \widehat{\beta_0} + \widehat{\beta_1} x_i \tag{4.35}$$

と表す。ここで，推定値 $\widehat{y_i}$ と観測値 $y_i$ とのずれ（残差 $e_i$）を考えると式 (4.36) のようになる。

$$e_i = y_i - \widehat{y_i} = y_i - (\widehat{\beta_0} + \widehat{\beta_1} x_i) \tag{4.36}$$

この残差 $e_i$ が小さくなるように直線を定めれば，合理的な直線を当てはめることができ，残差 2 乗和 $S_e$ を最小化する**最小二乗法**を適用する。

$$S_e = \sum_{i=1}^{n} e_i^2 = \sum_{i=1}^{n}(y_i - \hat{y}_i)^2 = \sum_{i=1}^{n}\left\{y_i - (\hat{\beta}_0 + \hat{\beta}_1 x_i)\right\}^2 \qquad (4.37)$$

残差2乗和 $S_e$ を最小とするには，未知変数 $\hat{\beta}_0$, $\hat{\beta}_1$ で偏微分して0とおく。

$$\frac{\partial S_e}{\partial \hat{\beta}_0} = -2\sum_{i=1}^{n}\left\{y_i - (\hat{\beta}_0 + \hat{\beta}_1 x_i)\right\} = 0 \qquad (4.38)$$

$$\frac{\partial S_e}{\partial \hat{\beta}_1} = -2\sum_{i=1}^{n} x_i \left\{y_i - (\hat{\beta}_0 + \hat{\beta}_1 x_i)\right\} = 0 \qquad (4.39)$$

これを整理すると次式のようになる。

$$n\hat{\beta}_0 + \hat{\beta}_1 \sum_{i=1}^{n} x_i = \sum_{i=1}^{n} y_i \qquad (4.40)$$

$$\hat{\beta}_0 \sum_{i=1}^{n} x_i^2 + \hat{\beta}_1 \sum_{i=1}^{n} x_i = \sum_{i=1}^{n} x_i y_i \qquad (4.41)$$

この式から，$\hat{\beta}_0$, $\hat{\beta}_1$ を求めると次式のようになる。

$$\hat{\beta}_1 = \frac{\sum_{i=1}^{n} x_i y_i - \sum_{i=1}^{n} x_i \sum_{i=1}^{n} y_i / n}{\sum_{i=1}^{n} x_i^2 - \left(\sum_{i=1}^{n} x_i\right)^2 / n} = \frac{S_{xy}}{S_x} \qquad (4.42)$$

$$\hat{\beta}_0 = \bar{y} - \hat{\beta}_1 \bar{x} \qquad (4.43)$$

〔3〕 **単回帰式の評価と検定** 求められた回帰式がどの程度あてはまりがよいものなのか，そして統計的に意味のある回帰式となっているかどうかを検討するために，まず目的変数 $Y$ の変動の大きさを，回帰による変動の大きさと残差による変動の大きさの関係から検討する。いま目的変数 $Y$ の偏差平方和（全変動）$S_T$ を考えると

$$S_T = \sum_{i=1}^{n}(y_i - \bar{y})^2 = \sum_{i=1}^{n}(y_i - \hat{y}_i + \hat{y}_i - \bar{y})^2$$

$$= \sum_{i=1}^{n}\left\{e_i + (\hat{y}_i - \bar{y})\right\}^2 = \sum_{i=1}^{n} e_i^2 + \sum_{i=1}^{n}(\hat{y}_i - \bar{y})^2 = S_e + S_R \qquad (4.44)$$

となり，回帰による変動 $S_R$ と残差による変動 $S_e$ に分解することができる。

ここで，回帰式のあてはまりがよいということは，全変動 $S_T$ のうち，回帰によって説明される変動 $S_R$ の占める割合が大きいことを意味する。

$$R^2 = \frac{S_R}{S_T} = 1 - \frac{S_e}{S_T} \tag{4.45}$$

この占める割合 $R^2$ を回帰式の**決定係数**（あるいは**寄与率**）と呼ぶ。この $R^2$ の値が1に近いほど，得られた回帰式のあてはまりがよいことを意味し，逆に0に近いほどあてはまりがよくないことを意味する。

つぎに，この回帰式が統計的に意味があるかどうかを検討するために，決定係数 $R^2$ の有意性の検定を分散分析による $F$ 検定により行う（**表4.21**）。

**表4.21** 分散分析表（単回帰）

| 要因 | 平方和 | 自由度 | 不偏分散 | 分散比 |
|---|---|---|---|---|
| 回帰 | $S_R$ | 1 | $V_R = S_R$ | $F_0 = V_R / V_e$ |
| 残差 | $S_e$ | $n-2$ | $V_e = S_e/(n-2)$ | |
| 全体 | $S_T$ | $n-1$ | | |

有意水準 $\alpha$ のもとで

$$F_0 \geq F_\alpha(1, n-2) \tag{4.46}$$

ならば，回帰式が統計的に有意であることが認められる。

続いて，回帰係数の推定値 $\hat{\beta}_0, \hat{\beta}_1$ が統計的に有意かどうかを検討するために，$t$ 検定を行う。「$\hat{\beta}_1 = 0$」という仮説を検定するための統計量

$$t_0 = \frac{\hat{\beta}_1}{\sqrt{V_e / S_{xx}}} \tag{4.47}$$

は，自由度 $n-2$ の $t$ 分布に従うことが知られているので，有意水準 $\alpha$ のもとで

$$|t_0| \geq t(\alpha, \varphi = n-2) \tag{4.48}$$

ならば，回帰係数 $\hat{\beta}_1$ は有意であることが認められる。

また，「$\hat{\beta}_0 = 0$」という仮説を検定するための統計量は

$$t_0 = \frac{\hat{\beta}_0}{\sqrt{(1/n + \bar{x}^2/S_{xx}) V_e}} \tag{4.49}$$

で，自由度 $n-2$ の $t$ 分布に従うことが知られているので同様に検定すればよい。

【例題4.6】 表4.22に示す近畿2府4県の自動車保有率(世帯当り乗用車保有台数)と道路整備水準(1人当り道路実延長)の関係を分析せよ。

表4.22 自動車保有と道路整備

|  | 保有率 $y$<br>〔台/世帯〕 | 道路水準 $x$<br>〔m/人〕 |
|---|---|---|
| 滋　賀 | 1.47 | 8.59 |
| 京　都 | 0.92 | 5.71 |
| 大　阪 | 0.75 | 2.13 |
| 兵　庫 | 1.02 | 6.35 |
| 奈　良 | 1.24 | 8.74 |
| 和歌山 | 1.30 | 12.63 |

【解答】 保有率の平均値 $\bar{y}=1.12$, 道路水準の平均値 $\bar{x}=7.36$, 偏差平方和および偏差積和の値が $S_x=62.2857$, $S_{xy}=3.9108$ となることから, 回帰係数は, $\beta_1=3.9108/62.2857=0.0628$, $\beta_0=1.12-0.0628\times 7.36=0.6578$ となる。したがって, 求める単回帰式は次式となる。

$$y=0.6578+0.0628x$$

推定された単回帰式に基づいて回帰による変動および残差による変動を算出すると表4.23に示す平方和の値となる。したがって, 回帰式の決定係数は

$$R^2=0.2455/0.3561=0.6895$$

となり, 比較的説明力の高い回帰式であることがわかる。また, 分散分析表により回帰式の検定統計量は $F_0=8.8817$ であり, 有意水準0.05の $F$ 値 $F_{0.05}(1,4)=7.71$ と比較して大きい値となっていることから回帰式は有意であるといえる。

表4.23 回帰式の有意性検定(単回帰)

| 要因 | 平方和 | 自由度 | 不偏分散 | 分散比 |
|---|---|---|---|---|
| 回帰 | 0.2455 | 1 | 0.2455 | 8.8817* |
| 残差 | 0.1106 | 4 | 0.0276 |  |
| 合計 | 0.3561 | 5 |  |  |

回帰係数の検定については, 回帰係数 $\hat{\beta}_0$ の $t$ 値が3.8683, $\hat{\beta}_1$ の $t$ 値が2.9802となり, 有意水準0.05の $t$ 値が $t(\alpha=0.05, \varphi=4)=2.776$ をいずれも上回っていることから有意であるといえる。

〔4〕 **重回帰分析** 説明変数が複数となる場合の回帰分析，すなわち**重回帰分析**（multiple regression analysis）を考える．目的変数 $Y$ を説明変数 $X_1$, $\cdots$, $X_p$ と回帰係数 $\beta_0, \beta_1, \cdots, \beta_p$ による線形式で表されるものと考えると，回帰式は次式となる．

$$y = \beta_0 + \beta_1 x_1 + \beta_2 x_2 + \cdots + \beta_p x_p + \varepsilon \tag{4.50}$$

未知母数 $\beta_0$, $\beta_1$, $\cdots$, $\beta_p$ の推定値を $\widehat{\beta}_0$, $\widehat{\beta}_1$, $\cdots$, $\widehat{\beta}_p$ とすると，目的変数 $Y$ の推定値 $\widehat{y}_i$ は，次式となる．

$$\widehat{y}_i = \widehat{\beta}_0 + \widehat{\beta}_1 x_{1i} + \widehat{\beta}_2 x_{2i} + \cdots + \widehat{\beta}_p x_{pi} \tag{4.51}$$

観測データに基づいて，未知母数 $\widehat{\beta}_0$, $\widehat{\beta}_1$, $\cdots$, $\widehat{\beta}_p$ の推定値を単回帰式と同様に，残差 $S_e$ を最小化する最小二乗法によって求める．

$$\begin{aligned}S_e &= \sum_{i=1}^{n} e_i^2 = \sum_{i=1}^{n} (y_i - \widehat{y}_i)^2 \\ &= \sum_{i=1}^{n} \left\{ y_i - \left( \widehat{\beta}_0 + \widehat{\beta}_1 x_{1i} + \widehat{\beta}_2 x_{2i} + \cdots + \widehat{\beta}_p x_{pi} \right) \right\}^2 \end{aligned} \tag{4.52}$$

この残差 $S_e$ を未知母数 $\widehat{\beta}_0$, $\widehat{\beta}_1$, $\cdots$, $\widehat{\beta}_p$ でそれぞれ偏微分して 0 とおいて，式を整理すると次式となる．

$$\left.\begin{aligned}\widehat{\beta}_1 S_{11} + \widehat{\beta}_2 S_{12} + \cdots + \widehat{\beta}_p S_{1p} &= S_{1y} \\ \widehat{\beta}_1 S_{21} + \widehat{\beta}_2 S_{22} + \cdots + \widehat{\beta}_p S_{2p} &= S_{2y} \\ &\vdots \\ \widehat{\beta}_1 S_{p1} + \widehat{\beta}_2 S_{p2} + \cdots + \widehat{\beta}_p S_{pp} &= S_{py} \end{aligned}\right\} \tag{4.53}$$

ただし，$S_{kj}$ は説明変数 $X_k$, $X_j$ の間の偏差平方和・積和

$$S_{kj} = \sum_{i=1}^{n} (x_{ki} - \overline{x}_k)(x_{ji} - \overline{x}_j) \qquad (k, j = 1, \cdots, p) \tag{4.54}$$

を表し，$S_{ky}$ は説明変数 $X_k$ と目的変数 $Y$ との偏差積和を表す．

$$S_{ky} = \sum_{i=1}^{n} (x_{ki} - \overline{x}_k)(y_i - \overline{y}) \qquad (k = 1, \cdots, p) \tag{4.55}$$

ここで，説明変数間の偏差平方和・積和行列およびその逆行列を

$$S = \begin{bmatrix} S_{11} & S_{12} & \cdots & S_{1p} \\ S_{21} & S_{22} & \cdots & S_{2p} \\ \vdots & \vdots & \ddots & \vdots \\ S_{p1} & S_{p2} & \cdots & S_{pp} \end{bmatrix}, \quad S^{-1} = \begin{bmatrix} S^{11} & S^{12} & \cdots & S^{1p} \\ S^{21} & S^{22} & \cdots & S^{2p} \\ \vdots & \vdots & \ddots & \vdots \\ S^{p1} & S^{p2} & \cdots & S^{pp} \end{bmatrix} \quad (4.56)$$

と定義すると，式 (4.53) は次式のように行列表示できる．

$$S\widehat{\boldsymbol{\beta}} = \begin{bmatrix} S_{11} & S_{12} & \cdots & S_{1p} \\ S_{21} & S_{22} & \cdots & S_{2p} \\ \vdots & \vdots & \ddots & \vdots \\ S_{p1} & S_{p2} & \cdots & S_{pp} \end{bmatrix} \begin{bmatrix} \widehat{\beta}_1 \\ \widehat{\beta}_2 \\ \vdots \\ \widehat{\beta}_p \end{bmatrix} = \begin{bmatrix} S_{1y} \\ S_{2y} \\ \vdots \\ S_{py} \end{bmatrix} = \boldsymbol{S}_y \quad (4.57)$$

これを $\beta$ について解くと，次式のようになる．

$$\widehat{\boldsymbol{\beta}} = \begin{bmatrix} \widehat{\beta}_1 \\ \widehat{\beta}_2 \\ \vdots \\ \widehat{\beta}_p \end{bmatrix} = \begin{bmatrix} S^{11} & S^{12} & \cdots & S^{1p} \\ S^{21} & S^{22} & \cdots & S^{2p} \\ \vdots & \vdots & \ddots & \vdots \\ S^{p1} & S^{p2} & \cdots & S^{pp} \end{bmatrix} \begin{bmatrix} S_{1y} \\ S_{2y} \\ \vdots \\ S_{py} \end{bmatrix} = \boldsymbol{S}^{-1}\boldsymbol{S}_y \quad (4.58)$$

したがって，$k=1,\cdots,p$ の各回帰係数 $\widehat{\beta}_k$ は

$$\widehat{\beta}_k = S^{k1}S_{1y} + S^{k2}S_{2y} + \cdots + S^{kp}S_{py} \quad (4.59)$$

となる．また，切片 $\widehat{\beta}_0$ は次式となる．

$$\widehat{\beta}_0 = \overline{y} - \widehat{\beta}_1\overline{x}_1 - \widehat{\beta}_2\overline{x}_2 - \cdots - \widehat{\beta}_p\overline{x}_p \quad (4.60)$$

〔5〕 **重回帰式の評価と検定**　単回帰式と同様に，まず回帰式のあてはまりの良さを評価するために，目的変数 $Y$ の変動の大きさ $S_T$，回帰による変動の大きさ $S_R$，残差による変動の大きさ $S_e$ を求める．

$$S_T = \sum_{i=1}^{n}(y_i - \overline{y})^2 \quad (4.61)$$

$$S_R = \sum_{k=1}^{p}\widehat{\beta}_k S_{ky} \quad (4.62)$$

$$S_e = S_T - S_R \quad (4.63)$$

これらの平方和の値をもとに，単回帰式と同様に決定係数 $R^2$ であてはまりの度合いを評価する．

$$R^2 = \frac{S_R}{S_T} = 1 - \frac{S_e}{S_T} \tag{4.64}$$

なお，重回帰式の場合は，説明変数の数 $p$ とデータ数 $n$ が多いほど決定係数が高くなってしまう傾向にある。そこで，説明変数の数とデータ数の影響を補正するために，自由度調整済み決定係数 $\widetilde{R}^2$ を用いて回帰式の評価を行う。

$$\widetilde{R}^2 = 1 - \frac{S_e/(n-p-1)}{S_T/(n-1)} \tag{4.65}$$

つぎに，この回帰式が統計的に意味があるかどうかを検討するために，単回帰式と同様に分散分析による $F$ 検定を行う（**表4.24**）。

**表4.24** 分散分析表（重回帰）

| 要因 | 平方和 | 自由度 | 不偏分散 | 分散比 |
|---|---|---|---|---|
| 回帰 | $S_R$ | $p$ | $V_R = S_R/p$ | $F_0 = V_R/V_e$ |
| 残差 | $S_e$ | $n-p-1$ | $V_e = S_e/(n-p-1)$ | |
| 全体 | $S_T$ | $n-1$ | — | — |

有意水準 $\alpha$ のもとで

$$F_0 \geq F_\alpha(p, n-p-1) \tag{4.66}$$

ならば，回帰式が統計的に有意であることが認められる。

続いて，回帰係数が統計的に有意かどうかを検討するために，単回帰式と同様に $t$ 検定を行う。

「$\widehat{\beta}_k = 0 (k=1, \cdots, p)$」という仮説を検定するための統計量

$$t_0 = \frac{\widehat{\beta}_k}{\sqrt{S^{kk} V_e}} \tag{4.67}$$

は，自由度 $n-p-1$ の $t$ 分布に従うので，有意水準 $\alpha$ のもとで

$$|t_0| \geq t(\alpha, \varphi = n-p-1) \tag{4.68}$$

ならば，回帰係数 $\widehat{\beta}_k$ は有意であることが認められ，説明変数 $X_k$ を取り入れることに意味があると解釈される。

また，「$\widehat{\beta}_0 = 0$」という仮説を検定するための統計量は

$$t_0 = \frac{\widehat{\beta}_0}{\sqrt{\left(1/n + \sum_{i=1}^{p}\sum_{j=1}^{p} \bar{x}_i \bar{x}_j S^{ij}\right) V_e}} \qquad (4.69)$$

で,自由度 $n-p-1$ の $t$ 分布に従うので,同様に検定を行う.

**【例題4.7】** 表4.25 に示す近畿2府4県の自動車保有率(世帯当り乗用車保有台数)をよりよく説明するために,道路整備水準(1人当り道路実延長)と所得水準(世帯当り県民所得)を説明変数として分析せよ.

表4.25 自動車保有率と説明変数

|  | 保有率<br>$y$<br>〔台/世帯〕 | 道路水準<br>$x_1$<br>〔m/人〕 | 所得水準<br>$x_2$<br>〔百万円/世帯〕 |
|---|---|---|---|
| 滋 賀 | 1.47 | 8.59 | 9.48 |
| 京 都 | 0.92 | 5.71 | 7.01 |
| 大 阪 | 0.75 | 2.13 | 7.39 |
| 兵 庫 | 1.02 | 6.35 | 7.25 |
| 奈 良 | 1.24 | 8.74 | 7.58 |
| 和歌山 | 1.30 | 12.63 | 7.21 |

**【解答】** 回帰係数の推定方法に基づいて計算を行うと,$\beta_0 = -0.5179$,$\beta_1 = 0.0560$,$\beta_2 = 0.1598$ となることから,求める重回帰式は次式となる.

$$y = -0.5179 + 0.0560 x_1 + 0.1598 x_2$$

回帰式の決定係数は $R^2 = 0.9813$,サンプル数および説明変数の数を考慮した自由度調整済み決定係数は,$\bar{R}^2 = 0.9688$ となり,非常に説明力の高い回帰式となっている.また,分散分析表から回帰式の検定統計量は $F_0 = 78.60$ となっており,有意水準 0.01 の $F$ 値が $F_{0.01}(2, 3) = 30.8$ と比較しても,大きい値となっていることから回帰式は有意であるといえる(表4.26).

回帰係数の検定については,回帰係数 $\widehat{\beta}_0$,$\widehat{\beta}_1$,$\widehat{\beta}_2$ の $t$ 値がそれぞれ $-2.9082$,9.2420,6.8369 となり,有意水準 0.05 の $t$ 値が $t(\alpha = 0.05, \varphi = 3) = 3.182$ であるこ

表4.26 重回帰式の有意性($F$検定)

| 要因 | 平方和 | 自由度 | 分散 | 分散比 |
|---|---|---|---|---|
| 回帰 | 0.3495 | 2 | 0.1747 | 78.60** |
| 残差 | 0.0067 | 3 | 0.0022 |  |
| 合計 | 0.3561 | 5 |  |  |

とから，切片 $\hat{\beta}_0$ を除いて有意であるといえる．

### 4.4.3 判別分析

〔1〕 **判別関数とは** 判別分析の目的は，定量的データのいくつかの変数に基づいて，各データがどの群に所属するかを判定することである．単純にするために，データが二つの群に分けられており，それぞれ2個の変数 $x_1$，$x_2$ の値が観測されているとする．

$x_1$ あるいは $x_2$ においてデータの分布を描くと，**図4.5**のように2群が重なる部分が大きいことがわかる．

ここで，図に示したような座標軸 $f$ を考えると，各データがこの座標軸上でとる値は，$f = a_1 x_1 + a_2 x_2$ のように合成変数の形になることがわかる（これを**判別関数**と呼ぶ）．

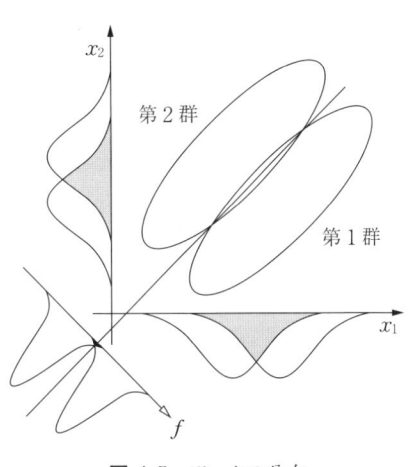

**図4.5** データの分布

座標軸 $f$ 上でのデータの分布を描くと，各群の重なる部分が小さくなることがわかる．これは，座標軸 $f$ 上で，ある値より大きい値であるか小さい値であるかによって，そのデータがいずれの群に属するかを判定できる．

〔2〕 **判別関数の求め方** 第1群（グループ $P$）と第2群（グループ $Q$）を分割する直線を次式のように置く．

$$a_0 + a_1 x_1 + a_2 x_2 = 0 \quad (a_0, a_1, a_2 \text{ は定数}) \tag{4.70}$$

このとき，$i$ 番目のサンプルの判別得点は，式 (4.70) を用いて

$$z_i = a_0 + a_1 x_{1i} + a_2 x_{2i} \tag{4.71}$$

と表され，分割直線と各サンプルとの間の距離の代理指標と解釈できる．

そこで，まず判別得点の偏差平方和 $S_T$ を考える．

$$S_T = (z_1 - \bar{z})^2 + (z_2 - \bar{z})^2 + \cdots + (z_n - \bar{z})^2 \tag{4.72}$$

そして，偏差平方和 $S_T$ を第1群と第2群との間の級間変動 $S_B$ と，第1群

と第2群それぞれの級内変動 $S_1$, $S_2$ に分解する。

$$S_T = S_B + (S_1 + S_2) \tag{4.73}$$

$$S_B = n_P(\bar{z}_P - \bar{z})^2 + n_Q(\bar{z}_Q - \bar{z})^2 \tag{4.74}$$

$$S_1 = (z_1 - \bar{z}_P)^2 + (z_2 - \bar{z}_P)^2 + \cdots + (z_{n_P} - \bar{z}_P)^2 \tag{4.75}$$

$$S_2 = (z_{n_P+1} - \bar{z}_Q)^2 + (z_{n_P+2} - \bar{z}_Q)^2 + \cdots + (z_{n_P+Q} - \bar{z}_Q)^2 \tag{4.76}$$

ただし，$n_P$, $n_Q$ は第1群（グループ $P$），第2群（グループ $Q$）それぞれのサンプル数（$n = n_P + n_Q$），$\bar{z}_P$, $\bar{z}_Q$ は第1群（グループ $P$），第2群（グループ $Q$）それぞれの平均である。

いま，第1群と第2群を最もよく判別できるように，級内変動をなるべく小さくし，級間変動をなるべく大きくすることを考えると，つぎに示す相関比 $\eta^2$ を最大化すればよいことになる。

$$\eta^2 = \frac{S_B}{S_T} \tag{4.77}$$

ここで，相関比を $\eta^2$，判別関数 $z_i = a_0 + a_1 x_{1i} + a_2 b x_{2i}$ を用いて書き換えて整理すると，次式のようになる。

$$\eta^2 = \frac{n_P\{a_1(\bar{x}_{1P} - \bar{x}_1) + a_2(\bar{x}_{2P} - \bar{x}_2)\}^2 + n_Q\{a_1(\bar{x}_{1Q} - \bar{x}_1) + a_2(\bar{x}_{2Q} - \bar{x}_2)\}^2}{(n-1)\{a_1^2 S_{x1}^2 + 2a_1 a_2 s_{x1x2} + a_2^2 s_{x2}^2\}} \tag{4.78}$$

ただし $S_{x1}^2$, $S_{x2}^2$ は変量 $x_1$, $x_2$ の分散，$S_{x1x2}$ は変量 $x_1$, $x_2$ の共分散，$\bar{x}_{1P}$, $\bar{x}_{1Q}$ は変量 $x_1$ のグループ $P$, $Q$ それぞれの平均，$\bar{x}_{2P}$, $\bar{x}_{2Q}$ は変量 $x_2$ のグループ $P$, $Q$ それぞれの平均を表す。

ここで，相関比 $\eta^2$ が最大となるよう，未知数 $a_1$, $a_2$ で偏微分して0とし，二つの連立方程式を解けば，係数 $a_1$, $a_2$ を求めることができる。

さらに，分割直線が二つのグループ $P$, $Q$ の $x_1$, $x_2$ の平均の中点を通るようにすれば，係数 $a_0$ も決定することができる。

説明変数の数が $p$ 個のときも，同様の考え方で

$$z = a_0 + a_1 x_1 + a_2 x_2 + \cdots + a_p x_p \tag{4.79}$$

という判別関数を導くことができる。

【例題4.8】 ある地区において土地の用途区分と住宅地面積および商業地面積を調べたところ**表4.27**のようなデータとなっていた。土地の用途区分を判別する関数を求めよ。

**表4.27** 判別分析のデータと判別の結果

| サンプル No. | 群 1:住宅系用途地域 2:商業系用途地域 | 説明変数 $x_1$:住宅地面積 | 説明変数 $x_2$:商業地面積 | $z$:判別得点 | 判別結果 |
|---|---|---|---|---|---|
| 1 | 1 | 9 | 5 | 2.560 | ○ |
| 2 | 1 | 6 | 3 | 1.802 | ○ |
| 3 | 1 | 7 | 6 | −0.015 | × |
| 4 | 2 | 6 | 8 | −2.633 | ○ |
| 5 | 2 | 5 | 7 | −2.590 | ○ |
| 6 | 2 | 7 | 5 | 0.872 | × |
| | 第1群平均 | 7.3 | 4.7 | 的中率 | 66.7 % |
| | 第2群平均 | 6.0 | 6.7 | | |
| | 全体平均 | 6.7 | 5.7 | | |
| | 分散 | 1.867 | 3.067 | | |
| | 共分散 | −0.611 | | | |

【解答】 各説明変数の平均，分散の値に基づいて，相関比 $\eta^2$ が最大となるような係数を求めると，判別関数は

$$z = -0.601 + 0.844 x_1 - 0.887 x_2$$

となる。判別関数に基づいて判別得点を求めると，正の値ならば第1群に，負の値ならば第2群に判別される。その結果，サンプルNo.3と6が異なる群に判別されることとなり，的中率は $4/6 = 0.667$ （66.7%）となる。

### 4.4.4 主成分分析

〔1〕 **主成分分析とは**　主成分分析 (principal component analysis) は，定量的データの複数の変数の変数間の内部関連に基づいて，全変数の特性を代表する総合特性値となりうる合成変数（**主成分**と呼ぶ）を導く手法である。

〔2〕 **主成分の求め方**　単純にするために，2変数，$x_1$, $x_2$ のデータに基づいて主成分を求める方法を示す。

まず，二つの変数 $x_1$, $x_2$ のスケールの大きさやばらつきの大きさを調整するために，平均 0，分散 1 となるように基準化（標準化ともいう）した変数，$X_1$, $X_2$ への変換を行う．

$$X_{ij} = \frac{x_{ij} - \bar{x}_j}{\sigma_j} \qquad (4.80)$$

つぎに，$X_1$, $X_2$ の 2 変数を"よく代表する"主成分を求めるために，$X_1$, $X_2$ に対する重み $l_1$, $l_2$, を用いて

$$Z = l_1 X_1 + l_2 X_2 \qquad (4.81)$$

という形の合成変数を考える．このとき，"よく代表する"主成分を求めるためには，合成変数 $Z$ のばらつきをなるべく大きくすればよいことになるので，合成変数 $Z$ の分散

$$V(Z) = l_1^2 V(X_1) + 2l_1 l_2 \mathrm{Cov}(X_1, X_2) + l_2^2 V(X_2) \qquad (4.82)$$

を最大化すればよい．ここで，$X_1$, $X_2$ の分散は基準化しているので 1 になっていること，$X_1$, $X_2$ の共分散 $\mathrm{Cov}(X_1, X_2)$ は変数，$X_1$, $X_2$ の相関係数 $r_{12}$ となる．また，$l_1$, $l_2$ の制約条件

$$l_1^2 + l_2^2 = 1 \qquad (4.83)$$

とあわせて，未定乗数 $\lambda$ を導入して，ラグランジュの未定乗数法により最大化問題を解けば，パラメータ $l_1$, $l_2$ を決定することができる．

$$F = l_1^2 + 2l_1 l_2 r_{12} + l_2^2 - \lambda(l_1^2 + l_2^2 - 1) \qquad (4.84)$$

$F$ を $l_1$, $l_2$, $\lambda$ についてそれぞれ偏微分したものを 0 とおいて整理すると

$$l_1 + r_{12} l_2 = \lambda l_1, \quad r_{12} l_1 + l_2 = \lambda l_2 \qquad (4.85)$$

となる．これを行列の形式で表現するために

$$R = \begin{bmatrix} 1 & r_{12} \\ r_{12} & 1 \end{bmatrix}, \quad I = \begin{bmatrix} 1 & 0 \\ 0 & 1 \end{bmatrix}, \quad l = \begin{bmatrix} l_1 \\ l_2 \end{bmatrix}, \quad 0 = \begin{bmatrix} 0 \\ 0 \end{bmatrix} \qquad (4.86)$$

と定義すると

$$Rl = \lambda l, \quad (R - \lambda I)l = 0 \qquad (4.87)$$

となり，相関係数行列 $R$ に関する固有値問題を解くことが，主成分のパラメータ $l_1$, $l_2$ を求めることになる．

2変数の場合，固有値 $\lambda$ および固有ベクトル $l$ は二つ得られるので，得られた固有値のうち大きい値のほうに対応する固有ベクトルを第1主成分，小さい方の値に対応する固有ベクトルを第2主成分とする．

変数の数が $p$ 個になっても，相関係数行列 $R$ から同様にして式 (4.87) の固有値問題を解く，つまり固有値 $\lambda$ および固有ベクトル $l$ を解くことによって，第1主成分から第 $p$ 主成分までの主成分を導くことができる．

〔3〕 **主成分の解釈** 主成分によって説明される割合である **寄与率** は，変数の数が $p$ であるとき

$$\text{第 } k \text{ 主成分の寄与率} = \frac{\lambda_k}{p} \tag{4.88}$$

で与えられる．また，第 $k$ 主成分までの寄与率の合計を **累積寄与率** といい

$$\text{第 } k \text{ 主成分までの累積寄与率} = \sum_{i=1}^{k} \frac{\lambda_k}{p} \tag{4.89}$$

で定義される．この寄与率と累積寄与率の大きさで，いくつまでの主成分を考えればよいかを判断する．

主成分の重み係数 $l_{jk}$ は第 $k$ 主成分と変数 $j$ の関連の強さと相対的な方向を表す．$\sqrt{\lambda_k}\, l_{jk}$ は **因子負荷量** と呼ばれ，第 $k$ 主成分と変数 $j$ との相関係数を表すものである．これらの値により，主成分の持つ意味合いや変数間の関連の状況の解釈を行う．

得られた主成分について，各サンプルの変数の値を代入して計算される得点が **主成分得点** と呼ばれる．この得点を算出し，二つの主成分得点をもとに各サンプルを散布図にプロットすることによって，各サンプルの特徴を把握し，分類することができる．

---

【例題 4.9】 表 4.28 に示す近畿2府4県の県庁所在地の交通分担率（各交通機関の利用割合）に基づいて，各都市の特徴を分析せよ．

**表 4.28** 主成分分析のデータ

| 分担率〔%〕 | 徒歩 | 二輪 | バス | 鉄道 | 自動車 |
|---|---|---|---|---|---|
| 大　津 | 20.3 | 14.2 | 2.5 | 19.8 | 43.2 |
| 京　都 | 23.0 | 27.9 | 5.1 | 15.1 | 28.9 |
| 大　阪 | 26.6 | 31.4 | 1.5 | 22.5 | 18.0 |
| 神　戸 | 25.7 | 12.5 | 5.0 | 26.6 | 30.2 |
| 奈　良 | 20.7 | 14.3 | 4.4 | 25.2 | 35.4 |
| 和歌山 | 17.3 | 22.4 | 4.6 | 1.6 | 54.1 |
| 平　均 | 22.27 | 20.45 | 3.85 | 18.47 | 34.97 |
| 標準偏差 | 3.22 | 7.29 | 1.36 | 8.42 | 11.41 |

**【解答】** 分析データに基づいて，相関係数行列に基づく固有値は**表 4.29** のようになる。第1主成分および第2主成分により全体の82.3％の変動が説明される。

**表 4.29** 各主成分の寄与率

|  | 第1主成分 | 第2主成分 | 第3主成分 | 第4主成分 | 第5主成分 | 合計 |
|---|---|---|---|---|---|---|
| 固有値 | 2.748 | 1.384 | 0.774 | 0.094 | 0.000 | 5.000 |
| 寄与率 | 0.550 | 0.277 | 0.155 | 0.019 | 0.000 |  |
| 累積寄与率 | 0.550 | 0.826 | 0.981 | 1.000 | 1.000 |  |

**表 4.30** 主成分の重み係数

|  | 第1主成分 | 第2主成分 |
|---|---|---|
| 徒　歩 | 0.572 | −0.059 |
| 二　輪 | 0.191 | 0.774 |
| バ　ス | −0.292 | −0.341 |
| 鉄　道 | 0.457 | −0.529 |
| 自動車 | −0.586 | −0.048 |

**表 4.31** 主成分得点

|  | 第1主成分 | 第2主成分 |
|---|---|---|
| 大　津 | −0.574 | −1.153 |
| 京　都 | 0.186 | 1.068 |
| 大　阪 | 2.650 | −0.803 |
| 神　戸 | 0.841 | 0.610 |
| 奈　良 | −0.214 | 0.070 |
| 和歌山 | −2.889 | 0.207 |

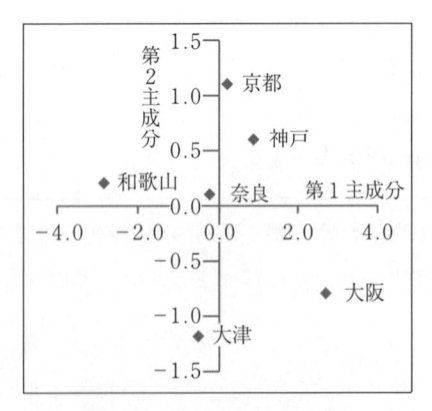

**図 4.6** 主成分得点の散布図

第1主成分は自動車交通への依存度（マイナスであるほど依存度が高い）を，第2主成分は二輪車への依存度（プラスであるほど依存度が高い）を表す軸と解釈され（**表4.30**），例えば和歌山市は自動車交通の依存度が高い都市であるといった特徴を見い出すことができる（**表4.31**，**図4.6**）。

### *4.4.5* 数 量 化 理 論

　ここまでの分析手法は説明変数が定量的データの場合の分析手法であったが，**数量化理論**は説明変数が定性的データであるときの分析手法である[7]。ここでは，ここまでに取り上げた回帰分析，判別分析，主成分分析に対応する数量化理論を紹介する。

〔*1*〕**数量化理論第Ⅰ類**　　説明変数が定性的データの場合の回帰分析である。ここでは説明変数のことを**アイテム**といい，各アイテムは複数のカテゴリーから構成される。$R$をアイテム数，アイテム$j$のカテゴリー数を$K_j$とすると，カテゴリースコア（回帰分析でいう回帰係数）$b_{jk}$を数量化Ⅰ類のモデル式は次式で与えられる。

$$\hat{y}_i = \sum_{j=1}^{R} \sum_{k=1}^{K_j} b_{jk} \delta_i(jk) \qquad (4.90)$$

ただし，は，$\delta_i(jk)$ は

$$\delta_i(jk) = \begin{cases} 1 \cdots \text{サンプル}i\text{がアイテム}j\text{のカテゴリー}k\text{に属するとき} \\ 0 \cdots \text{そうでないとき} \end{cases}$$

と定義され，回帰分析におけるダミー変数に相当するものである。

　カテゴリースコア$b_{jk}$の値は，回帰分析と同様に最小二乗法により求められる。モデルの説明力についても回帰分析と同様に決定係数に$R^2$よって判断することができる。

　一方，どのアイテムが目的変数に効いているかについては，次式のアイテム内のカテゴリースコア$b_{jk}$のレンジによって評価する。

$$\text{アイテム}j\text{のレンジ} = \max_k (b_{jk}) - \min_k (b_{jk}) \qquad (4.91)$$

この値が大きいアイテムほど目的変数に大きく効いていることを表す。

【例題4.10】 表4.32に示す近畿2府4県の自動車保有率（世帯当り乗用車保有台数）を説明するために，保有率を外的基準として，所得水準（世帯当り県民所得）と大都市の有無を説明変数として分析せよ。

表4.32 数量化理論Ⅰ類のデータ

| | 外的基準 | アイテム | |
|---|---|---|---|
| | 保有率〔台/世帯〕 | 所得水準<br>1：700万円以上<br>2：750万円以上<br>3：800万円以上 | 大都市の有無<br>0：なし<br>1：あり |
| 滋　賀 | 1.47 | 3 | 0 |
| 京　都 | 0.92 | 1 | 1 |
| 大　阪 | 0.75 | 1 | 1 |
| 兵　庫 | 1.02 | 1 | 1 |
| 奈　良 | 1.24 | 2 | 0 |
| 和歌山 | 1.30 | 1 | 0 |

【解答】 表4.32のデータに基づいて数量化Ⅰ類を適用すると，表4.33の分析結果となる。決定係数は$R^2=0.8953$と比較的高いあてはまりとなっている。カテゴリースコアをみると，所得水準が高く，大都市がない県ほど保有率が高くなる傾向が読み取れる。また，レンジの値から所得よりも大都市の有無が保有に大きく影響することがわかる。

表4.33 数量化Ⅰ類の分析結果

| アイテム | カテゴリー | カテゴリースコア | レンジ |
|---|---|---|---|
| 所得水準 | 1：700万円以上<br>2：750万円以上<br>3：800万円以上 | $-0.0183$<br>$-0.0783$<br>$0.1517$ | $0.2300$ |
| 大都市の有無 | 0：なし<br>1：あり | $0.2017$<br>$-0.2017$ | $0.4033$ |
| 定数項 | | $1.1167$ | |
| 決定係数 $R^2$ | | $0.8953$ | |

〔2〕 **数量化理論第Ⅱ類**　説明変数が定性的データの場合の判別分析である。目的変数が$T$個のカテゴリーをもつ場合，すなわち$T$群に判別する場

合の判別式 $z_{ti}$ をとすると

$$Z_{ti} = \sum_{j=1}^{R} \sum_{k=1}^{K_j} a_{jk} \delta_i(jk) \qquad (4.92)$$

で定義される。$\delta_i(jk)$ は，$t$ 群のサンプル $i$ がアイテム $j$ のカテゴリー $k$ に属するときだけ値が 1 となり，それ以外は 0 となるダミー変数である。$a_{jk}$ はカテゴリースコアであり，判別関数の係数に相当するものである。

カテゴリースコア $a_{jk}$ の値は，判別分析と同様に**相関比** $\eta^2$（群間変動と全変動の比）を最大化することにより求められる。相関比 $\eta^2$ は判別式のあてはまりの良さを示す指標であり，1 に近いほどあてはまりがよく，0 に近いほどあてはまりがよくないことを示す。

また，各アイテムが判別にどの程度効いているかを判断するには，数量化 I 類と同様にカテゴリースコアのレンジによって評価を行う。

**【例題 4.11】** ある地区において防災意識の調査をした。**表 4.34** のように 10 名の住民のデータが得られている。数量化理論 II 類を用いて防災意識の高さを検討する。防災意識を外的基準とし，防災対策の有無，防災訓練の有無，年齢層，性別との関係を分析せよ。

**表 4.34** 数量化 II 類の分析データと判別結果

|  | 防災意識<br>1：高い<br>2：低い | 対策の有無<br>1：なし<br>2：あり | 訓練の有無<br>1：なし<br>2：あり | 年齢<br>1：小人<br>2：大人 | 性別<br>1：男<br>2：女 | 判別得点 | 判別結果 |
|---|---|---|---|---|---|---|---|
| 1 | 1 | 2 | 2 | 2 | 2 | 0.562 | ○ |
| 2 | 1 | 2 | 2 | 2 | 2 | 0.562 | ○ |
| 3 | 1 | 1 | 2 | 1 | 2 | 0.937 | ○ |
| 4 | 1 | 2 | 1 | 1 | 2 | 1.592 | ○ |
| 5 | 1 | 2 | 2 | 1 | 1 | −0.094 | × |
| 6 | 2 | 1 | 2 | 1 | 1 | −1.030 | ○ |
| 7 | 2 | 2 | 2 | 1 | 1 | −0.094 | ○ |
| 8 | 2 | 1 | 1 | 1 | 1 | −1.311 | ○ |
| 9 | 2 | 2 | 2 | 2 | 2 | 0.562 | × |
| 10 | 2 | 2 | 1 | 2 | 1 | −1.686 | ○ |
|  |  |  |  |  |  | 的中率 | 80.0 % |

【解答】 表4.34のデータから,相関比が $\eta^2 = 0.507$ と比較的高い値の判別関数が得られた。表4.35に示す結果より,「女性」,「小人」,「訓練あり」,「対策あり」のほうが,意識が高くなる傾向を読み取ることができる。判別関数から判別得点を算出して判別した結果,サンプルNo.5と9が的中せず,的中率は80.0％という結果となった(表4.34の右端の判別結果)。

表4.35 判別関数(カテゴリースコア)

| アイテム | カテゴリー | カテゴリースコア | レンジ |
|---|---|---|---|
| 防災対策 | 1:なし<br>2:あり | −0.656<br>0.281 | 0.937 |
| 防災訓練 | 1:なし<br>2:あり | −0.197<br>0.084 | 0.281 |
| 年齢 | 1:小人<br>2:大人 | 0.524<br>−0.787 | 1.311 |
| 性別 | 1:男<br>2:女 | −0.983<br>0.983 | 1.967 |
|  | 相関比 | 0.507 |  |

〔3〕 **数量化理論第Ⅲ類** 定性的データの複数の変数の内部関連に基づいて,全変数の特性を代表する総合特性値となりうる合成変数を導く,定性的データ版の主成分分析である。

カテゴリースコアを $x_j$, 全カテゴリー数を $K$ とすると,サンプルスコア $y_i$ は

$$y_i = \frac{1}{f_i} \sum_{k=1}^{K} \delta_i(j) x_j, \quad \text{ただし}, \quad f_i = \sum_{k=1}^{K} \delta_i(j) \tag{4.93}$$

で与えられる。$\delta_i(j)$ は,サンプル $i$ がカテゴリー $j$ に属するときだけ値1をとるダミー変数である。

カテゴリースコア $x_j$ は,主成分分析と同様に固有値問題の解として,第1次元から第 $K$ 次元まで与えられるものであるが,固有値に基づいて算出される寄与率および累積寄与率によって,採用する次元数を判断する。

また,各次元の解釈は,カテゴリースコアのレンジにより評価する。得られたサンプルスコアをもとに各サンプルを散布図にプロットするなどして,各サ

ンプルの特徴を把握し，分類を行う．

なお，多変量解析の適用に当たっては，用いるデータは母集団からのサンプリングデータであり，サンプル数の多少によって分析結果に差が生じることがある．特に，数量化理論Ⅱ類のように，外的基準である目的変数や説明変数がともにアイテムカテゴリーの定性で表される場合にはサンプル数の影響が大である．数量化理論などは，用途が広くて因果関係を定量化する便利な手法であるが，サンプル数が不足しないように注意を要する[8]．

【例題4.12】 ある都市について，人口規模，歴史性の有無，都会的かどうか，について評価を行った結果を**表4.36**に示す．

表4.36 各都市の評価データ

| サンプル No | 人口規模 1：少ない 2：ふつう 3：多い | 歴史性 1：ない 2：どちらとも 3：ある | 都会的 1：そうでない 2：どちらとも 3：そうである |
|---|---|---|---|
| 1 | 2 | 2 | 1 |
| 2 | 3 | 3 | 2 |
| 3 | 3 | 1 | 3 |
| 4 | 3 | 2 | 3 |
| 5 | 1 | 3 | 1 |
| 6 | 1 | 2 | 1 |

数量化理論Ⅲ類を用いて，各都市の特徴を分析せよ．

【解答】 表4.36に示す各都市の評価データをもとに，各次元のカテゴリースコアを求めると**表4.37**のとおりとなる．第1次元および第2次元の二つで69％の累積寄与率の説明力を持っている．第1次元は各アイテムを総合的に勘案した指標，第2次元は都会的であることをおもに説明する指標となっている．

各次元のカテゴリースコアをもとに各サンプルのサンプルスコアを算出し（**表4.38**），これらの結果を散布図にプロットすると（**図4.7**），都市3は総合的な評価が高い都市，都市2は都会的要素が低い都市，というように各都市の特徴を解釈することができる．

## 4. 計画のための多変量データ解析

**表 4.37** 数量化Ⅲ類のカテゴリースコア

| アイテム | カテゴリー | 第1次元 カテゴリースコア | レンジ | 第2次元 カテゴリースコア | レンジ |
|---|---|---|---|---|---|
| 人口規模 | 1：少ない | −1.032 | | −0.377 | |
| | 2：ふつう | −1.174 | 2.254 | 1.210 | 1.586 |
| | 3：多い | 1.079 | | −0.152 | |
| 歴史性 | 1：ない | 1.739 | | 0.997 | |
| | 2：どちらとも | −0.501 | 2.241 | 0.809 | 2.709 |
| | 3：ある | −0.118 | | −1.713 | |
| 都会的 | 1：そうでない | −1.079 | | 0.152 | |
| | 2：どちらとも | 0.714 | 2.341 | −2.346 | 3.291 |
| | 3：そうである | 1.262 | | 0.945 | |
| | 固有値 | 0.781 | | 0.598 | |
| | 寄与率（累積） | 0.391 | (0.391) | 0.299 | (0.690) |

**表 4.38** サンプルスコア

| No. | 第1次元 | 第2次元 |
|---|---|---|
| 1 | −0.918 | 0.724 |
| 2 | 0.559 | −1.404 |
| 3 | 1.360 | 0.596 |
| 4 | 0.613 | 0.534 |
| 5 | −0.743 | −0.646 |
| 6 | −0.871 | 0.195 |

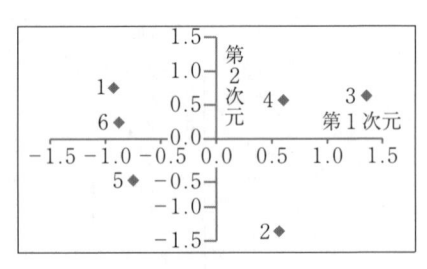

**図 4.7** 各都市の散布図

## 演習問題

【1】 ある都市では交通計画を行うために，市内12地区の従業者数とその12地区に集まって来る交通量（集中交通量）の関係を**問表 4.1**のように調べた。従業者数と集中交通量の相関係数を求め，その有意性を検定せよ。

**問表 4.1** 市内12地区の従業者数（百人）と集中交通量（百トリップ）

| データ | 1 | 2 | 3 | 4 | 5 | 6 | 7 | 8 | 9 | 10 | 11 | 12 |
|---|---|---|---|---|---|---|---|---|---|---|---|---|
| 従業者 X | 228.3 | 143.6 | 125.1 | 79.4 | 58.2 | 44.6 | 52.0 | 48.6 | 35.1 | 24.7 | 18.4 | 15.6 |
| 交通量 Y | 483 | 471 | 163 | 302 | 178 | 201 | 125 | 202 | 156 | 100 | 195 | 88 |

演 習 問 題　*107*

【2】 ある都市で，家庭から出る生ごみの重量を，土地利用の用途別に調べた。その結果を**問表** *4.2* に示す。土地利用用途として，商業系用途，住居系用途，市街化調整区域の3水準を想定する。「土地利用用途」と「家庭から出る生ごみ量」の相関比を求めよ。

**問表** *4.2*　1週間に出る生ごみの重量〔kg/人・週〕

| データ | | 1 | 2 | 3 | ⋯ | $j$ | ⋯ | ⋯ | $n_i$ | データ数 |
|---|---|---|---|---|---|---|---|---|---|---|
| 土地利用用途 | 商業系 | 7.3 | 4.5 | 6.4 | 8.4 | 7.6 | 3.8 | 8.9 | — | 7 |
| | 住居系 | 5.2 | 7.6 | 6.0 | 5.5 | 4.4 | 5.0 | 4.6 | 3.3 | 8 |
| | 調整区域 | 4.4 | 3.6 | 3.4 | 5.1 | 3.0 | — | — | — | 5 |

【3】 「年齢」と「好きな観光地」をつぎの分類で**問表** *4.3* のように調査した。
　　年齢：15歳以上を対象とし，つぎの3分類に分ける。
　　〔1：15〜35歳の若者　2：36〜60歳までの中年　3：61歳以上の老人〕
　　好きな観光地：つぎの4か所から1か所を選択する。
　　〔1：京都　2：東京ディズニーランド　3：富士山　4：原宿〕
　　これらの2項目を36人に調査した。これらの関係をクロス集計し，属性の相関係数を求めよ。

**問表** *4.3*　年齢と好きな観光地

| データ | 1 | 2 | 3 | 4 | 5 | 6 | 7 | 8 | 9 | 10 | 11 | 12 | 13 | 14 | 15 | 16 | 17 | 18 |
|---|---|---|---|---|---|---|---|---|---|---|---|---|---|---|---|---|---|---|
| 年齢 | 3 | 2 | 1 | 1 | 2 | 1 | 3 | 2 | 1 | 1 | 2 | 2 | 1 | 3 | 1 | 2 | 3 | 3 |
| 観光地 | 3 | 1 | 1 | 2 | 3 | 2 | 1 | 2 | 3 | 4 | 1 | 1 | 2 | 1 | 2 | 3 | 4 | 1 |
| データ | 19 | 20 | 21 | 22 | 23 | 24 | 25 | 26 | 27 | 28 | 29 | 30 | 31 | 32 | 33 | 34 | 35 | 36 |
| 年齢 | 1 | 1 | 2 | 1 | 1 | 1 | 3 | 2 | 3 | 1 | 3 | 1 | 1 | 2 | 1 | 3 | 3 | 2 |
| 観光地 | 4 | 2 | 3 | 2 | 4 | 2 | 1 | 2 | 2 | 4 | 1 | 2 | 2 | 3 | 4 | 1 | 1 | 1 |

【4】 問題【2】と同じデータ（**問表** *4.2*）が与えられた場合，家庭から出る生ごみ量に及ぼす土地利用の影響の有無を，分散分析を用いて明らかにせよ。

【5】 考慮する要因をAからGの7要因とし，交互作用でA×BとB×Dの二つを考慮する。要因の水準数はすべて2である。分散分析表における誤差の自由度として5程度を確保したい。この実験を行うために必要となる直交表を示し，これらの要因を割り付けよ。

【6】 **問表** *4.4* に示すように，直交表 $L_{16}(2^{15})$ を用いてA〜Fの6要因と，A×D，A×E，D×Eの三つの交互作用要因を割り付けて実験を行った。この結果か

4. 計画のための多変量データ解析

**問表 4.4**  要因の割付けと実験結果

| 列 | 1 | 2 | 3 | 4 | 5 | 6 | 7 | 8 | 9 | 10 | 11 | 12 | 13 | 14 | 15 | 実験値 |
|---|---|---|---|---|---|---|---|---|---|---|---|---|---|---|---|---|
| 要因 | A | B | C | D | AD | F | なし | E | AE | なし | なし | DE | なし | なし | なし | |
| 1 | 1 | 1 | 1 | 1 | 1 | 1 | 1 | 1 | 1 | 1 | 1 | 1 | 1 | 1 | 1 | 17.0 |
| 2 | 1 | 1 | 1 | 1 | 1 | 1 | 1 | 2 | 2 | 2 | 2 | 2 | 2 | 2 | 2 | 18.7 |
| 3 | 1 | 1 | 1 | 2 | 2 | 2 | 2 | 1 | 1 | 1 | 1 | 2 | 2 | 2 | 2 | 25.4 |
| 4 | 1 | 1 | 1 | 2 | 2 | 2 | 2 | 2 | 2 | 2 | 2 | 1 | 1 | 1 | 1 | 27.4 |
| 5 | 1 | 2 | 2 | 1 | 1 | 2 | 2 | 1 | 1 | 2 | 2 | 1 | 1 | 2 | 2 | 18.9 |
| 6 | 1 | 2 | 2 | 1 | 1 | 2 | 2 | 2 | 2 | 1 | 1 | 2 | 2 | 1 | 1 | 10.2 |
| 7 | 1 | 2 | 2 | 2 | 2 | 1 | 1 | 1 | 1 | 2 | 2 | 2 | 2 | 1 | 1 | 21.3 |
| 8 | 1 | 2 | 2 | 2 | 2 | 1 | 1 | 2 | 2 | 1 | 1 | 1 | 1 | 2 | 2 | 24.1 |
| 9 | 2 | 1 | 2 | 1 | 2 | 1 | 2 | 1 | 2 | 1 | 2 | 1 | 2 | 1 | 2 | 23.9 |
| 10 | 2 | 1 | 2 | 1 | 2 | 1 | 2 | 2 | 1 | 2 | 1 | 2 | 1 | 2 | 1 | 6.1 |
| 11 | 2 | 1 | 2 | 2 | 1 | 2 | 1 | 1 | 2 | 1 | 2 | 2 | 1 | 2 | 1 | 28.5 |
| 12 | 2 | 1 | 2 | 2 | 1 | 2 | 1 | 2 | 1 | 2 | 1 | 1 | 2 | 1 | 2 | 20.9 |
| 13 | 2 | 2 | 1 | 1 | 2 | 2 | 1 | 1 | 2 | 1 | 2 | 2 | 1 | 2 | 1 | 22.3 |
| 14 | 2 | 2 | 1 | 1 | 2 | 2 | 1 | 2 | 1 | 2 | 1 | 1 | 2 | 1 | 2 | 7.7 |
| 15 | 2 | 2 | 1 | 2 | 1 | 1 | 2 | 1 | 2 | 2 | 1 | 1 | 2 | 2 | 1 | 25.3 |
| 16 | 2 | 2 | 1 | 2 | 1 | 1 | 2 | 2 | 1 | 1 | 2 | 2 | 1 | 1 | 2 | 22.3 |

**問表 4.5**  都道府県別の自動車保有率・道路整備水準・所得水準

| | 保有率 $y$ 〔台/世帯〕 | 道路水準 $x_1$ 〔m/人〕 | 所得水準 $x_2$ 〔百万円/世帯〕 | | 保有率 $y$ 〔台/世帯〕 | 道路水準 $x_1$ 〔m/人〕 | 所得水準 $x_2$ 〔百万円/世帯〕 |
|---|---|---|---|---|---|---|---|
| 北海道 | 1.14 | 15.72 | 5.91 | 滋賀 | 1.47 | 8.59 | 9.48 |
| 青森 | 1.35 | 13.50 | 6.19 | 京都 | 0.92 | 5.71 | 7.01 |
| 岩手 | 1.40 | 23.51 | 6.67 | 大阪 | 0.75 | 2.13 | 7.39 |
| 宮城 | 1.33 | 10.25 | 7.04 | 兵庫 | 1.02 | 6.35 | 7.25 |
| 秋田 | 1.46 | 20.35 | 6.62 | 奈良 | 1.24 | 8.74 | 7.58 |
| 山形 | 1.68 | 13.23 | 7.55 | 和歌山 | 1.30 | 12.63 | 7.21 |
| 福島 | 1.57 | 18.48 | 8.07 | 鳥取 | 1.50 | 14.09 | 6.74 |
| 茨城 | 1.70 | 18.66 | 8.08 | 島根 | 1.43 | 24.05 | 6.85 |
| 栃木 | 1.69 | 12.09 | 8.83 | 岡山 | 1.43 | 16.05 | 7.15 |
| 群馬 | 1.74 | 17.10 | 8.01 | 広島 | 1.17 | 9.73 | 7.62 |
| 埼玉 | 1.12 | 6.57 | 7.85 | 山口 | 1.30 | 10.75 | 7.44 |
| 千葉 | 1.11 | 6.52 | 7.73 | 徳島 | 1.41 | 18.23 | 7.40 |
| 東京 | 0.55 | 1.89 | 9.96 | 香川 | 1.40 | 9.90 | 7.02 |
| 神奈川 | 0.84 | 2.84 | 7.84 | 愛媛 | 1.17 | 12.08 | 5.97 |
| 新潟 | 1.55 | 15.10 | 8.15 | 高知 | 1.13 | 16.82 | 5.17 |
| 富山 | 1.76 | 12.00 | 9.21 | 福岡 | 1.15 | 7.24 | 6.67 |
| 石川 | 1.54 | 10.89 | 7.81 | 佐賀 | 1.54 | 12.14 | 7.49 |
| 福井 | 1.73 | 12.78 | 8.68 | 長崎 | 1.15 | 12.08 | 5.81 |
| 山梨 | 1.58 | 12.28 | 7.51 | 熊本 | 1.36 | 13.71 | 6.56 |
| 長野 | 1.63 | 21.55 | 7.97 | 大分 | 1.32 | 14.71 | 6.71 |
| 岐阜 | 1.71 | 14.26 | 8.40 | 宮崎 | 1.34 | 17.01 | 5.56 |
| 静岡 | 1.50 | 9.58 | 9.35 | 鹿児島 | 1.18 | 15.23 | 5.47 |
| 愛知 | 1.37 | 6.74 | 9.13 | 沖縄 | 1.37 | 5.74 | 5.86 |
| 三重 | 1.54 | 13.09 | 8.62 | | | | |

ら，要因の影響の有無を分散分析せよ．

【7】 2水準系 $L_8(2^7)$ と3水準系 $L_9(3^4)$ の直交表において，成分が直交していることを確認するために，列の平均がゼロとなるように変数変換し，各列の内積や相関係数がゼロとなることを確認せよ．

【8】 全国47都道府県の自動車保有率（世帯当り乗用車保有台数），道路整備水準（1人当り道路実延長），所得水準（世帯当り県民所得）のデータを**問表4.5**に示す．あなたの住む地方の保有率を説明する重回帰式を検討せよ．

【9】 全国43都市における交通分担率（各交通機関の利用割合）のデータを**問表4.6**に示す．このデータに基づいて，あなたの住む地方の各都市の特徴を，主成分分析を用いて明らかにせよ．

**問表4.6** 全国主要都市の交通分担率

| 分担率〔%〕 | 徒歩 | 二輪 | バス | 鉄道 | 自動車 | 分担率〔%〕 | 徒歩 | 二輪 | バス | 鉄道 | 自動車 |
|---|---|---|---|---|---|---|---|---|---|---|---|
| 札幌 | 22.9 | 12.7 | 5.0 | 15.5 | 43.9 | 大津 | 20.3 | 14.2 | 2.5 | 19.8 | 43.2 |
| 弘前 | 17.2 | 18.6 | 2.0 | 1.7 | 60.5 | 京都 | 23.0 | 27.9 | 5.1 | 15.1 | 28.9 |
| 盛岡 | 22.6 | 22.5 | 4.2 | 1.3 | 49.4 | 大阪 | 26.6 | 31.4 | 1.5 | 22.5 | 18.0 |
| 仙台 | 22.8 | 16.4 | 6.6 | 7.6 | 46.6 | 神戸 | 25.7 | 12.5 | 5.0 | 26.6 | 30.2 |
| 秋田 | 18.1 | 19.4 | 4.2 | 2.2 | 56.0 | 奈良 | 20.7 | 14.3 | 4.4 | 25.2 | 35.4 |
| 湯沢 | 19.8 | 20.2 | 0.5 | 1.2 | 58.3 | 和歌山 | 17.3 | 22.4 | 4.6 | 1.6 | 54.1 |
| 郡山 | 20.5 | 14.3 | 1.8 | 2.6 | 60.8 | 米子 | 18.9 | 20.5 | 1.2 | 1.3 | 58.2 |
| 龍ヶ崎 | 18.4 | 14.1 | 0.2 | 14.5 | 52.8 | 松江 | 23.2 | 20.4 | 2.7 | 0.7 | 53.0 |
| 宇都宮 | 15.5 | 20.2 | 2.6 | 2.1 | 59.5 | 広島 | 26.8 | 19.1 | 6.0 | 8.9 | 39.1 |
| 高崎 | 18.0 | 14.5 | 0.3 | 6.3 | 60.9 | 下関 | 24.0 | 10.3 | 6.3 | 3.7 | 55.6 |
| 所沢 | 23.1 | 18.9 | 0.7 | 27.5 | 29.9 | 徳島 | 14.9 | 33.4 | 2.8 | 0.6 | 48.3 |
| 千葉 | 21.2 | 16.3 | 2.1 | 28.2 | 32.2 | 高松 | 21.2 | 31.9 | 0.7 | 3.2 | 42.9 |
| 東京区部 | 25.4 | 19.4 | 2.9 | 32.4 | 19.8 | 松山 | 20.2 | 35.3 | 0.8 | 3.4 | 40.2 |
| 横浜 | 24.0 | 9.5 | 6.4 | 29.6 | 30.4 | 高知 | 21.0 | 30.2 | 4.5 | 1.7 | 42.5 |
| 新潟 | 19.7 | 14.3 | 5.7 | 3.9 | 56.4 | 福岡 | 26.4 | 18.3 | 7.7 | 11.8 | 35.8 |
| 富山 | 17.1 | 12.0 | 1.5 | 4.4 | 64.9 | 佐賀 | 16.2 | 24.7 | 1.8 | 1.1 | 56.2 |
| 金沢 | 19.1 | 14.8 | 5.1 | 1.8 | 59.3 | 鹿島 | 18.3 | 10.0 | 1.1 | 2.5 | 68.0 |
| 甲府 | 18.2 | 23.6 | 1.2 | 1.2 | 55.9 | 熊本 | 22.4 | 21.0 | 5.3 | 2.7 | 48.6 |
| 長野 | 18.5 | 17.6 | 2.0 | 5.5 | 56.5 | 宮崎 | 16.7 | 19.5 | 2.9 | 0.9 | 59.9 |
| 岐阜 | 14.9 | 15.1 | 3.2 | 4.0 | 62.9 | 鹿児島 | 23.4 | 10.4 | 9.8 | 3.4 | 52.9 |
| 静岡 | 20.3 | 24.2 | 4.9 | 4.5 | 46.1 | | | | | | |
| 名古屋 | 19.8 | 20.1 | 4.6 | 16.6 | 38.9 | | | | | | |
| 津 | 16.5 | 18.3 | 2.5 | 6.6 | 56.2 | | | | | | |

# 5

# 計画のための数学モデル

　本章では，社会現象を数学的なモデルとして表現し，数学的モデルを通して社会システムの最適化を行う。計画のための数学的モデルとしては，ランダムな事象を対象とした待ち行列システム，数理計画法（線形計画法と非線形計画法），巨大化する構造物をシステマチックに管理するスケジュリングの手法（PERT・CPM）を紹介する。

## *5.1* 数学モデルの必要性

　建設系技術者の多くは測量学を学び，特に，ガウス（Karl Friedrich Gauss：1777～1855）の誤差論を学んだ。ガウスに関する有名な話がある[1]。教師が「1から100までの和を求めなさい」という課題を出した。8歳のガウス少年はすぐに「出来ました：Ligget se!」と叫んだので，教師がびっくりしてガウス少年のノートをみると「5 050」と書かれていた。ガウスは$1+100$, $2+99$, $3+98$, …, $100+1$が50組あることから，$101×50=5 050$と答えた。公式で$n(n+1)/2$があるが，8歳の少年がこの公式と同じ考え方で問題を解いたことは驚きに値する。

　与えられた問題の解決策は一般に無数にあり，最も効率の良い方策として，ある評価基準で問題の最適解がこれに当たる。最適解を得るためには与えられた問題の明確化と，定式化が必要であり，課題となっている問題が数学的に定式化された場合，数学の力を借りて最適解を得ることができる。先のガウスのように1から100までの和について，$1+100$, $2+99$, $3+98$, …, $100+1$と

定式化し，解析的に解を得ており，問題の明確化と定式化がうまくできた例である。

現場で巻尺のみで直角を求める場合，われわれはピタゴラス（Pythagoras）の定理の応用で設置できることを知っている。三角形を挟む2辺を $X$, $Y$ とし，残りの1辺を $Z$ としたとき，3辺の関係が $X^2 + Y^2 = Z^2$ を満足する場合，2辺 $X$, $Y$ のはさむ角が直角となる。ピタゴラスの条件を満たす3辺の最も小さい整数は3，4，5となり，1人が巻尺の3mの目盛りの位置を，いま1人が0mと12mの目盛りを重ねて持ち，残りの1人が7mの目盛りの位置を持ち，巻尺をピンと張るようにそれぞれが立てば，3mのメモリの位置が頂点となる直角三角形ができる。ちなみに $n$ が3以上の場合 $X^n + Y^n = Z^n$ を満足する整数の存在に関するフェルマーの予想がごく最近証明されている。$n=1$ の場合は一次式といい，$n=2$ ではピタゴラスの定理として，$n=3$ 以上ではフェルマー（Fermat）の定理として整数解が存在しないなど[2]，なんと神秘的であろう。

建設現場のみならず，われわれの周りにはさまざまな現象を数式で表現する数学モデルが数多く存在する。さまざまな条件下での現象を数学的にモデル化し，結果を確定的に出す解析モデルから，統計学や確率論を利用した確率論的モデルあるいは不確実論的モデルがある。自然現象や社会現象が数式でモデル化できる場合，解が一意に決まる解析モデルもあれば，総合交通体系における通勤手段の選択行動で鉄道網や道路網を整備する問題のように個人の選択確率に支配される鉄道・バスなどの公共交通機関と自動車の選択は，不確実性が伴い確率論的な解を得る場合もある。

解析的なモデル化が困難な場合，コンピュータによる**数値シミュレーション**で解を得る場合もある。

整数の和や直角の出し方など数学モデルの簡単な例を示したが，扱う材料などの均一性が仮定される場合の構造力学，水理学，土質力学などの問題解決の多くは解析的に解が得られるが，材料に統計的なばらつきがある場合や個々に意思を持った人間の行動などを扱う問題では解が期待値（平均値）で示される

ように不確実性を伴う結果となる場合も多い。

　建設技術者が直面する社会基盤整備における問題解決のためには対象とする問題の本質が解析的にモデル化が可能か，あるいは，不確実性を考慮した確率論的なモデル化が可能なのかを見きわめ，問題解決に最も適した手法を適用しなければならない[3]。

## 5.2 待ち行列[4]～[6]

　行列ができて待つ状況はいろいろな場面で体験する事象である。身近なところでは，学生食堂での昼食時の行列や，スーパーでのレジでの行列がある。新幹線の当日窓口で指定券を買おうとして行列に並んだことはよいが，前の人の時間が長く切符が買えず乗り遅れた経験がある人も少なくない。

　日常生活で何かのサービスを受けるために行列に並ぶことは日常茶飯事であるが，最近は，フォーク並びの導入，順番待ちの番号札の配布，行列最後尾を示す看板の設置など，行列を強いられるお客の心理状態を考えて，少しでも不満を和らげようとする対応策が多く取られるようになってきた。

　ここでは，高速道路などの料金所窓口での行列の状況を例に待ち行列理論を紹介する。

### 5.2.1　待ち行列の定義

　**図 5.1** に示すように，「サービスを受けるための客の到着，サービスを受ける窓口，サービスを受けた客の退去」の一連の状態を**待ち行列**と定義する。

　一般に，客の到着がある確率分布に従うとし，窓口での客のサービス時間も

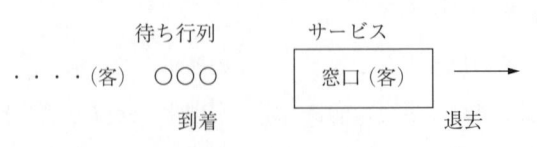

```
                待ち行列      サービス
    ‥‥(客)   ○○○      ┌─────┐
                            │窓口(客) │ ──→
                            └─────┘
                 到着              退去
```

**図 5.1**　待ち行列システム

ある確率分布に従った場合，数学的にシステムの状態が記述できる。待ち行列の記述方式は待ち行列を理論的に記述した**ケンダール**（D. G. Kendall）**の記述方式**が一般的である。

　　　ケンダールの記述方式：A/B/C(N)

　ここに，Aは**到着分布**の型，Bは**サービス分布**の型，Cは窓口の数，(N)は待ち行列の長さを示す。また，分布の型として，Dは規則型（一様分布），Eは中間型（アーラン分布），Mはランダム型（指数分布，マルコフ分布），Gは一般型である。

　待ち行列の典型的な記述方式として，到着をポアソン分布（指数分布），サービスを指数分布，窓口の数を1，行列長を無限大とした場合は，M/M/1($\infty$)のように記述される。

### 5.2.2 到着分布

　単位時間に平均$\lambda$の数の客の到着がある場合，$\Delta t$の時間間隔に客の到着がある確率は

$$\lambda \Delta t + 0(\Delta t) \tag{5.1}$$

　ここに，$0(\Delta t)$は$\Delta t$に2以上の到着がある場合の確率であり，$\Delta t$を微小とすることで限りなく0に近づく。

　ここで，時刻$t$において待ち行列システムに$n$〔人〕の客が到着している確率を$P_n(t)$とすると，時刻$t+\Delta t$までに$n$〔人〕の客が到着している確率$P_n(t+\Delta t)$は以下に示す二つの状態が考えられる。

① 時刻$t$までに$n$〔人〕が到着し，$\Delta t$の間に1人も客が到着しない確率
$P_n(t)(1-\lambda \Delta t)$

② 時刻$t$までに$n-1$〔人〕が到着し，$\Delta t$の間に1人の客が到着する確率
$P_{n-1}(t)\lambda \Delta t$

　したがって，時刻$t+\Delta t$までに$n$〔人〕の客が到着している確率$P_n(t+\Delta t)$は，これら二つの排反事象の和で示される。

$$P_n(t+\Delta t) = P_n(t)(1-\lambda \Delta t) + P_{n-1}(t)\lambda \Delta t \tag{5.2}$$

ただし，$n=0$ の場合は②を考える必要がないので

$$P_0(t+\Delta t) = P_0(t)(1-\lambda \Delta t)$$

となる。

これを整理すると次式となる。

$$\frac{P_0(t+\Delta t) - P_0(t)}{\Delta t} = -\lambda P_0(t) \tag{5.3}$$

一般に

$$\frac{P_n(t+\Delta t) - P_n(t)}{\Delta t} = -\lambda P_n(t) + \lambda P_{n-1}(t) \tag{5.4}$$

ここで，$\Delta t \to 0$ では，式 (5.3) は

$$\frac{dP_0(t)}{dt} = -\lambda P_0(t) \tag{5.5}$$

となり，式 (5.5) を変形すると

$$\frac{dP_0(t)}{P_0(t)} = -\lambda dt \tag{5.6}$$

となる。式 (5.6) の微分方程式を解くと

$$\ln P_0(t) = -\lambda t + C \tag{5.7}$$

より

$$P_0(t) = \exp(-\lambda t + C) \tag{5.8}$$

時刻 $t=0$ ではシステムに到着はなく $P_0(0)=1$ となるため，$C=0$ より

$$P_0(t) = \exp(-\lambda t) \tag{5.9}$$

式 (5.9) は $t$ 秒間に 1 台も到着しない確率を示しており，このことは $P_0(t)$ は到着間隔の確率であり，指数分布に従う。

一般に，時刻 $t$ の間に $n$〔人〕の到着がある場合，$P_n(t)$ は**ポアソン分布**に従い，次式で表される。

$$P_n(t) = \frac{(\lambda t)^n}{n!} \exp(-\lambda t) \tag{5.10}$$

### 5.2.3 待ち行列システムの基本方程式

待ち行列システム内に $n$〔人〕の客がいる状態を $E_n$ とする。また，単位時間当りの客の到着人数が $\lambda$ で，単位時間当りの客のサービス人数が $\mu$ である場合を考える。

① 状態Ⅰ　時刻 $t$ の状態が $E_{n-1}$ で，$\Delta t$ の間に1人だけ到着し，立ち去るものがいない確率は

$$P_{n-1}(t)\lambda\Delta t(1-\mu\Delta t)+0(\Delta t) \tag{5.11}$$

② 状態Ⅱ　時刻 $t$ の状態が $E_n$ で，$\Delta t$ の間に1人も到着せず，1人も立ち去るものがいない確率は

$$P_n(t)(1-\lambda\Delta t)(1-\mu\Delta t)+0(\Delta t) \tag{5.12}$$

③ 状態Ⅲ　時刻 $t$ の状態が $E_{n+1}$ で，$\Delta t$ の間に1人も到着せず，1人だけ立ち去るものがいる確率は

$$P_{n+1}(t)(1-\lambda\Delta t)\mu\Delta t+0(\Delta t) \tag{5.13}$$

いま，$(t+\Delta t)$ でシステムに $n$〔人〕いる状態は，上の①から③のいずれかであり，$P_n(t+\Delta t)$ は，これらの状態確率の和で示される。すなわち

$$P_n(t+\Delta t)=P_{n-1}(t)\lambda\Delta t(1-\mu\Delta t)+P_n(t)(1-\lambda\Delta t)(1-\mu\Delta t)$$
$$+P_{n+1}(t)(1-\lambda\Delta t)\mu\Delta t+0(\Delta t) \tag{5.14}$$

ここに，$0(\Delta t)$ は $\Delta t$ に2人以上の到着もしくは立去りがある場合の確率である。式 (5.14) で両辺を $\Delta t$ で除して，$\Delta t \to 0$ の極限を考えると

$$\frac{dP_n(t)}{dt}=\lambda P_{n-1}(t)-(\lambda+\mu)P_n(t)+\mu P_{n+1}(t) \tag{5.15}$$

$P_n(t)=P_n$ が定義される場合を**定常確率**といい，この場合，式 (5.15) の左辺は時間変化がなくなるため，$dP_n(t)/dt=0$ となる。

$n=0$ の初期状態ではシステムにはサービスを受けている客はいないことから，式 (5.15) は次式のようになる。

$$-\lambda P_0+\mu P_1=0 \tag{5.16}$$

$$\lambda P_{n-1}-(\lambda+\mu)P_n+\mu P_{n+1}=0 \tag{5.17}$$

また，確率 $P_n$ はその定義から次式のようになる。

$$\sum_{n=0}^{\infty} P_n = 1 \tag{5.18}$$

式 (5.16) で初期値 $n=0$ での $P_0$ を求め,式 (5.17) で $n=1$ から $n=\infty$ までを順次求める。

ここで,$\lambda/\mu = \rho$ を**利用率**あるいは**トラフィック密度**といい,$\lambda > \mu$ の場合は到着率がサービス率を上回り,システムでのサービスが追いつかない(解が存在しない)ことを示す。

$$n=0, \quad P_1 = \frac{\lambda}{\mu} P_0 = \rho P_0 \tag{5.19}$$

$n=1, \quad \lambda P_0 - (\lambda + \mu) P_1 + \mu P_2 = 0$

$$\therefore P_2 = \frac{(\lambda+\mu)P_1 - \lambda P_0}{\mu} = \frac{(\lambda+\mu)\frac{\lambda}{\mu}P_0 - \lambda P_0}{\mu} = \frac{(\lambda+\mu)\lambda P_0}{\mu^2} - \frac{\lambda}{\mu}P_0$$

$$= \frac{\lambda^2}{\mu^2} P_0 + \frac{\lambda}{\mu} P_0 - \frac{\lambda}{\mu} P_0 = \rho^2 P_0 \tag{5.20}$$

$n=n$ では

$$P_n = \rho^n P_0 \tag{5.21}$$

$\sum_{n=0}^{\infty} P_n = 1$ より

$$P_0 (1 + \rho + \rho^2 + \rho^3 + \cdots + \rho^n + \cdots) = 1 \tag{5.22}$$

ここで,システムが発散しない(無限に客が並ばない)条件として $\rho < 1$,すなわち $\lambda < \mu$ を仮定すると,式 (5.22) は無限等比級数の和となり

$$P_0 \left( \frac{1}{1-\rho} \right) = 1$$

$$\therefore P_0 = 1 - \rho \tag{5.23}$$

となる。

### 5.2.4 待ち行列システム($\mathbf{M/M/1(\infty)}$)

式 (5.21) で示した待ち行列の基本方程式を,無限待ち行列として解くと

① システムに $n$〔人〕いる確率 $P_n$ は,式 (5.21),(5.23) より

$$P_n = \rho^n(1-\rho) \tag{5.24}$$

② 待たずにサービスを受けることができる確率は，式 (5.24) の $n=0$ の状態で示され

$$P_{\text{empty}} = P_0 = 1 - \rho \tag{5.25}$$

③ 待たなければならない確率 $P_{\text{full}}$ は，システムに他の客がいてサービスを受けている確率と考えられる。

$$P_{\text{full}} = 1 - P_{\text{empty}} = \rho \tag{5.26}$$

④ システムにいる客の平均客数 $L$ はシステムの客数の平均値であり，次式のように求められる。

$$L = \sum_{n=0}^{\infty} nP_n = P_0 \sum_{n=1}^{\infty} n\rho^n \tag{5.27}$$

さらに，次式のように変形すると

$$L = P_0 \rho \sum_{n=1}^{\infty} n\rho^{n-1} \tag{5.28}$$

ここで，$d\rho^n/d\rho = n\rho^{n-1}$ の関係を式 (5.28) に代入すると

$$L = P_0 \rho \sum_{n=1}^{\infty} \frac{d\rho^n}{d\rho} = P_0 \rho \frac{d}{d\rho} \sum_{n=1}^{\infty} \rho^n \tag{5.29}$$

$\rho < 1$ の場合は $\sum_{n=1}^{\infty} \rho^n = \rho/(1-\rho)$ であり，式 (5.29) は

$$L = P_0 \rho \frac{d}{d\rho}\left(\frac{\rho}{1-\rho}\right) \tag{5.30}$$

式 (5.30) を解くと

$$L = P_0 \rho \left(\frac{1}{1-\rho}\right)^2 \tag{5.31}$$

式 (5.31) の $P_0$ に式 (5.23) の関係を代入すると

$$L = \frac{\rho}{1-\rho} \tag{5.32}$$

ここで，$\rho = \lambda/\mu$ の関係を式 (5.32) に代入すると

$$L = \frac{\lambda}{\mu - \lambda} \tag{5.33}$$

また，システム内の客数の分散 $V_L$ は，平均値と同様に次式のようになる．

$$V_L = \sum_{n=0}^{\infty} (n-L)^2 P_n = \frac{\rho}{1-\rho^2} \tag{5.34}$$

⑤ 待ち行列中の客の平均待客数 $L_q$ はシステム内にいる客数からサービスを受けている人数を除いたものとして示されることから

$$L_q = \sum_{n=1}^{\infty} (n-1) P_n = \sum_{n=1}^{\infty} n P_n - \sum_{n=1}^{\infty} P_n \tag{5.35}$$

式 (5.35) で $0 \cdot P_0 = 0$ を右辺第1項に加えると，式 (5.27) の右辺と同じとなる．また，右辺第2項は式 (5.21) と式 (5.23) より $\rho$ となる．

よって

$$L_q = \frac{\rho^2}{1-\rho} \tag{5.36}$$

⑥ 客がシステム内に滞在する平均時間 $W$ は，以下のように導かれる．

いま，到着が指数分布の場合で平衡状態を考えると，ある客が到着してサービスを受けて立ち去るまでの時間は平均滞在時間に等しい．したがって，この客がサービスを終わるまでに到着する客数はそのままシステム内の平均客数に等しく $L$ となる．このことから客のシステム内での平均滞在時間は $\lambda W = L$ より

$$W = \frac{L}{\lambda} = \frac{1}{\mu - \lambda} \tag{5.37}$$

⑦ 客がシステムに到着してからサービスを受けるまでの平均待ち時間 $W_q$ は，式 (5.37) と同じく $\lambda W_q = L_q$ より次式となる．

$$W_q = \frac{L_q}{\lambda} = \frac{\lambda}{\mu(\mu - \lambda)} \tag{5.38}$$

## 5.3 数理計画法

### 5.3.1 線形計画法

〔1〕 標準形の線形計画　　ここで扱う問題は，ある制約条件のもとで，

ある目的関数を最大化あるいは最小化することである．ただし，制約条件および目的関数はいずれも線形とする．特に，以下のように上限値が与えられる制約条件のもとで，目的関数を最大にする場合を標準形の**線形計画**と呼ぶ．

目的関数：$z = c_1 x_1 + c_2 x_2 + \cdots + c_k x_k \to \max$ (5.39)

制約条件：
$$\left. \begin{array}{l} a_{11}x_{11} + a_{12}x_{12} + \cdots + a_{1n}x_{1n} \leq b_1 \\ a_{21}x_{21} + a_{22}x_{22} + \cdots + a_{2n}x_{2n} \leq b_2 \\ \quad \vdots \\ a_{m1}x_{m1} + a_{m2}x_{m2} + \cdots + a_{mn}x_{mn} \leq b_m \end{array} \right\}$$ (5.40)

---

**【例題 5.1】** ある建設会社では，二つの業務部門を持っていて，それぞれ $x_1$〔億円/年〕，$x_2$〔億円/年〕の工事を行っている．工事を行うために投入すべき資源は労働力と建設機械であり，それぞれの資源の使用限度量が 10 人・時間/年，12 台・時間/年とする．業務1と2それぞれ1億円分の工事を実施するのに必要な労働力はそれぞれ 5 人・時間，1 人・時間，建設機械は 3 台・時間，3 台・時間である．業務1と2の利益率（工事受注額1億円当りの利益の比率）は，それぞれ6，3であるとする．このとき，業務1と2の総利益を最大にする活動量 $x_1$，$x_2$ を求めたい．ただし $x_1$，$x_2$ はゼロ（工事をしない）か正（工事を実施する）のいずれかである．以下の問に答えよ．

1) 問題の定式化を行え．
2) 制約条件を図示し，実行可能領域を示せ．
3) 2) で示した図を用い，総利益を最大にする業務1，業務2の最適な活動量 $x_1^*$，$x_2^*$ を求め，最大総利益を算出せよ．

---

**【解答】**

1) 目的関数：$z = 6x_1 + 3x_2 \to \max$
   制約条件：$5x_1 + x_2 \leq 10$
   $\qquad\qquad 3x_1 + 3x_2 \leq 12$
   $\qquad\qquad x_1 \geq 0,\ x_2 \geq 0$

2) $x_2 = 10 - 5x_1$ と $x_2 = 4 - x_1$ の直線を**図 5.2**に示すようにグラフに記入し，制約

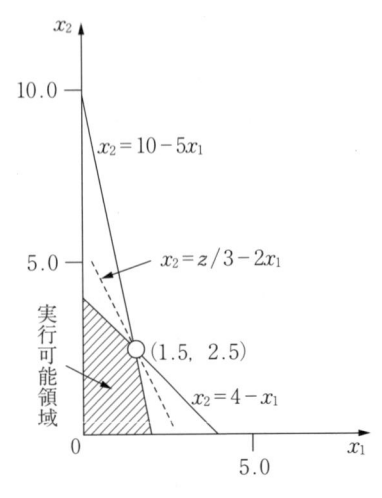

図中:
$x_2$
10.0
$x_2 = 10 - 5x_1$
5.0
$x_2 = z/3 - 2x_1$
実行可能領域
(1.5, 2.5)
$x_2 = 4 - x_1$
0
5.0
$x_1$

**図5.2** 実行可能領域

条件を満たす範囲を斜線部で示す。

3) 目的関数 $x_2 = z/3 - 2x_1$ が実行可能領域内に接するうち，$z$ が最大になる点が最適解となる。したがって，$(x_1^*, x_2^*) = (1.5, 2.5)$ 億円/年の活動量のとき，利益は最大となり，つぎの金額となる。

$$z = 6 \times 1.5 + 3 \times 2.5 = 16.5 \quad \text{億円/年}$$

上記の問題を**シンプレックス法**の考え方を適用して最適解を求めてみる。最適解探索にあたり，ガウス・ジョルダンの消去法を用いることから，以下の手続きにより制約条件の不等式を等式に直す。

目的関数：$z = 6x_1 + 3x_2 \to \max$ (5.41)

制約条件：$5x_1 + x_2 + \lambda_1 = 10$ (5.42)

$\quad\quad\quad 3x_1 + 3x_2 + \lambda_2 = 12$ (5.43)

$\quad\quad\quad x_1 \geq 0, \ x_2 \geq 0, \ \lambda_1 \geq 0, \ \lambda_2 \geq 0$ (5.44)

ここで，新たに導入された $\lambda_1, \lambda_2$ は**スラック変数**と呼ばれる。さらに，目的変数 $z$ およびスラック変数は一つの式にしか含まれないので，**基底変数**と呼ばれる。それ以外の変数は**非基底変数**と呼ばれる。このような形式で書かれた問題は**基底形式**と呼ばれる。シンプレックスの計算アルゴリズムのなかで付加行列表記を用いるため，つぎのように問題を書き換える。

$\quad\quad z - 6x_1 - 3x_2 = 0$ (5.45)

$\quad\quad 5x_1 + x_2 + \lambda_1 = 10$ (5.46)

$\quad\quad 3x_1 + 3x_2 + \lambda_2 = 12$ (5.47)

$\quad\quad x_1 \geq 0, \ x_2 \geq 0, \ \lambda_1 \geq 0, \ \lambda_2 \geq 0$ (5.48)

以上の問題を付加行列で表記すると次式となる。

$$\begin{pmatrix} 1 & -6 & -3 & 0 & 0 & 0 \\ 0 & 5 & 1 & 1 & 0 & 10 \\ 0 & 3 & 3 & 0 & 1 & 12 \end{pmatrix} \begin{matrix} R_1 \\ R_2 \\ R_3 \end{matrix} \qquad (5.49)$$

ここで，$R_i$ は付加行列の $i$ 行の要素を表すベクトルとする。

以下に最適解探索のアルゴリズムを示す。

《サイクル1》

**ステップ1（S1）：基底形式に基づく問題の表記**　本定式化による方程式数が三つに対して，変数は五つあるため，このままでは解は一意に決まらない。そこで，初期状態として $x_1$，$x_2$ ともにゼロとする。よって，その他の変数値は，制約条件によって次式のように決まる。

$$5x_1 + x_2 + \lambda_1 = 10 \quad \therefore \quad \lambda_1 = 10 \qquad (5.50)$$

$$3x_1 + 3x_2 + \lambda_2 = 12 \quad \therefore \quad \lambda_2 = 12 \qquad (5.51)$$

目的関数の値は次式となる。

$$z - 6x_1 - 3x_2 = 0 \quad \therefore \quad z = 0 \qquad (5.52)$$

**ステップ2（S2）：解の改善**　式 (5.52) の目的関数の説明変数にかかる係数の符号が負であるため，説明変数を増加させると目的関数値 $z$ も増加する。したがって，説明変数を操作することで目的関数値は改善される。$x_1$ を1単位増加させると $z$ は6増加する。$x_2$ を1単位増加させると $z$ は3増加する。したがって，本サイクルでは改善効果の高い $x_1$ を操作し，$x_2$ はゼロのままとすることとする。説明変数にかかる係数を**シンプレックス基準**と呼ぶ。

**ステップ3（S3）：解の上限値**　制約条件式 (5.50) において，$x_2 = 0$ で $\lambda_1$ は非負であるから

$$\lambda_1 = 10 - 5x_1 \geq 0 \quad \therefore \quad x_1 \leq 2 \qquad (5.53)$$

となる。同様に，条件式 (5.51) において，$x_2 = 0$ で $\lambda_2$ は非負であるから

$$\lambda_2 = 12 - 3x_1 \geq 0 \quad \therefore \quad x_1 \leq 4 \qquad (5.54)$$

となる。二つの条件を満たす $x_1$ の値は，$x_1 = 2$ である。

**ステップ4（S4）：基底形式の更新計算**　サイクル1では，$x_1$ を操作し，労働力制約により本サイクルでの解が得られたので，付加行列 $x_1$ の列と労働

制約の行に破線を付した。

$$\begin{pmatrix} 1 & -6 & -3 & 0 & 0 & 0 \\ 0 & 5 & 1 & 1 & 0 & 10 \\ 0 & 3 & 3 & 0 & 1 & 12 \end{pmatrix} \begin{matrix} R_1 \\ R_2 \\ R_3 \end{matrix} \tag{5.55}$$

ここで得られた $x_1 = 2$ が一意に決まるために，ガウス・ジョルダンの消去法の考え方を適用し，労働力制約の $x_1$ にかかる係数は 1 とし，他の式の $x_1$ にかかる係数がゼロとなるように次式のように操作する。

$$\begin{pmatrix} 1 & 0 & -\dfrac{9}{5} & \dfrac{6}{5} & 0 & 12 \\ 1 & 1 & \dfrac{1}{5} & \dfrac{1}{5} & 0 & 2 \\ 0 & 0 & \dfrac{12}{5} & -\dfrac{3}{5} & 1 & 6 \end{pmatrix} \begin{matrix} R_1^1 = R_1 - (-6) \times R_2^1 \\ R_2^1 = R_2/5 \\ R_3^1 = R_3 - 3 \times R_2^1 \end{matrix} \tag{5.56}$$

《サイクル 2》

**ステップ 1：基底形式に基づく問題の表記**　サイクル 1 の基底変換により

$$z - \frac{9}{5}x_2 + \frac{6}{5}\lambda_1 = 12 \tag{5.57}$$

$$x_1 + \frac{1}{5}x_2 + \frac{1}{5}\lambda_1 = 2 \tag{5.58}$$

$$\frac{12}{5}x_2 - \frac{3}{5}\lambda_1 + \lambda_2 = 6 \tag{5.59}$$

のように表記される。サイクル 1 において，$x_1 = 2$, $x_2 = 0$ なので，その他の変数値は制約条件によって次式のように決まる。

$$x_1 + \frac{1}{5}x_2 + \frac{1}{5}\lambda_1 = 2 + \frac{1}{5}\lambda_1 = 2 \quad \therefore \quad \lambda_1 = 0 \tag{5.60}$$

$$\frac{12}{5}x_2 - \frac{3}{5}\lambda_1 + \lambda_2 = \lambda_2 = 6 \quad \therefore \quad \lambda_2 = 6 \tag{5.61}$$

よって，目的関数の値は次式となる。

$$z - \frac{9}{5}x_2 + \frac{6}{5}\lambda_1 = 12 \quad \therefore \quad z = 12 \tag{5.62}$$

**ステップ 2：解の改善**　式 (5.62) の目的関数の説明変数 $x_2$ にかかる係数

の符号が負であるため, $x_2$ を増加させると目的関数値 $z$ も増加する。したがって, $x_2$ を操作することで目的関数値は改善される。$x_2$ を 1 単位増加させると $z$ は 9/5 増加する。$\lambda_1$ は係数が正であるため, $\lambda_1$ を増加させると $z$ の値は減少する。したがって, 本サイクルでは $x_2$ を操作し, $\lambda_1$ はゼロとする。

**ステップ 3：解の上限値**　制約条件式 (5.58) において, $\lambda_1 = 0$ で $x_1$ は非負であるから

$$x_1 = 2 - \frac{1}{5} x_2 \geqq 0 \quad \therefore \quad x_2 \leqq 10 \tag{5.63}$$

となる。同様に条件式 (5.59) において, $\lambda_1 = 0$ で $\lambda_2$ は非負であるから

$$\lambda_2 = 6 - \frac{12}{5} x_2 \geqq 0 \quad \therefore \quad x_2 \leqq \frac{5}{2} \tag{5.64}$$

となる。二つの条件を満たす $x_1$ の値は, $x_1 = 5/2$ である。

**ステップ 4：基底形式の更新計算**　サイクル 2 では, $x_2$ を操作し, 建設機械制約により本サイクルでの解が得られたので, 付加行列は式 (5.65) のように表記する。

$$\begin{pmatrix} 1 & 0 & -\frac{9}{5} & \frac{6}{5} & 0 & 12 \\ 0 & 1 & \frac{1}{5} & \frac{1}{5} & 0 & 2 \\ 0 & 0 & \frac{12}{5} & -\frac{3}{5} & 1 & 6 \end{pmatrix} \begin{matrix} R_1^1 \\ R_2^1 \\ R_3^1 \end{matrix} \tag{5.65}$$

ここで得られた $x_1 = 5/2$ が一意に決まるために, ガウス・ジョルダンの消去法の考え方を適用し, 建設機械制約の $x_2$ にかかる係数は 1 とし, 他の式の $x_2$ にかかる係数がゼロとなるように次式のように操作する。

$$\begin{pmatrix} 1 & 0 & 0 & \frac{3}{4} & \frac{3}{4} & \frac{33}{2} \\ 1 & 1 & 0 & \frac{1}{4} & -\frac{1}{12} & \frac{3}{2} \\ 0 & 0 & 1 & -\frac{1}{4} & \frac{5}{12} & \frac{5}{2} \end{pmatrix} \begin{matrix} R_1^2 = R_1^1 - (-9/5) \times R_3^2 \\ R_2^2 = R_2^1 - (1/5) R_3^2 \\ R_3^2 = R_3^1 / (12/5) \end{matrix} \tag{5.66}$$

《サイクル3》

**ステップ1：基底形式に基づく問題の表記**　前サイクルの基底変換により表記される問題は，次式のとおりである。

$$z + \frac{3}{4}\lambda_1 + \frac{3}{4}\lambda_2 = \frac{33}{2} \tag{5.67}$$

$$x_1 + \frac{1}{4}\lambda_1 - \frac{1}{12}\lambda_2 = \frac{3}{2} \tag{5.68}$$

$$x_2 - \frac{1}{4}\lambda_1 + \frac{5}{12}\lambda_2 = \frac{5}{2} \tag{5.69}$$

前サイクルにおいて，$x_2 = 5/2$，$\lambda_1 = 0$ なので，その他の変数値は制約条件によって次式のように決まる。

$$x_2 - \frac{1}{4}\lambda_1 + \frac{5}{12}\lambda_2 = \frac{5}{2} + \frac{5}{12}\lambda_2 = \frac{5}{2} \quad \therefore \quad \lambda_2 = 0 \tag{5.70}$$

$$x_1 + \frac{1}{4}\lambda_1 - \frac{1}{12}\lambda_2 = x_1 = \frac{3}{2} \quad \therefore \quad x_1 = \frac{3}{2} \tag{5.71}$$

よって，目的関数の値は $\lambda_1 = \lambda_2 = 0$ なので次式のとおりである。

$$z + \frac{3}{4}\lambda_1 + \frac{3}{4}\lambda_2 = \frac{33}{2} \quad \therefore \quad z = \frac{33}{2} \tag{5.72}$$

以上の最適解探索アルゴリズムを簡潔に実行できる形式で示されたものが，**表5.1**に示すシンプレックス表である[7]。ここで，表内の（S*）はアルゴリズムのステップを表す。$\theta$ は各制約条件から得られる解の上限値を表す。（S1）は基底形式で記述された制約条件式，目的関数式の係数，および基底変数値を記入する。（S2）はシンプレックス基準のうち，符号が負で，絶対値が最も大きい係数を持つ説明変数を操作変数とする。（S3）は制約条件式について，操作変数にかかる係数で基底変数値を除することで，操作変数の上限値を制約条件式ごとに計算する。すべての制約条件を満たす最も小さい操作変数の上限値を当該サイクルの解とし，次ステップの基底変数とする。（S4）は制約条件式および目的関数式が，（S3）で決定された基底変数に基づく基底形式になるように，次ステップの基底変換欄においてガウス・ジョルダンの消去法による基底変換を行う。

## 5.3 数理計画法

表5.1 シンプレックス表（S＊はステップ＊を表す）

| サイクル | 基底変数 | 基底変数値 | $x_1$ | $x_2$ | $\lambda_3$ | $\lambda_4$ | $\theta$ | 基底変換 |
|---|---|---|---|---|---|---|---|---|
| 1 | $\lambda_3$ | 10 | 5 | 1 | 1 | 0 | 10/5 | ① |
|   | $\lambda_4$ | 12 | 3 | 3 | 0 | 1 | 12/3 | ② |
|   | $z$ | 0 | -6 | -3 | 0 | 0 |  | ③ |
| 2 | $x_1$ | 2 | 1 | 1/5 | 1/5 | 0 | 10 | ④=①/5 |
|   | $\lambda_4$ | 6 | 0 | 12/5 | -3/5 | 1 | 5/2 | ⑤=②-3×④ |
|   | $z$ | 12 | 0 | -9/5 | 6/5 | 0 |  | ⑥=③-(-6)×④ |
| 3 | $x_1$ | 3/2 | 1 | 0 | 1/4 | -1/12 |  | ⑦=④-(1/5)×⑧ |
|   | $x_2$ | 5/2 | 0 | 1 | -1/4 | 5/12 |  | ⑧=⑤/(12/5) |
|   | $z$ | 33/2 | 0 | 0 | 3/4 | 3/4 |  | ⑨=⑥-(-9/5)×⑧ |

負の係数がなくなったので計算は終了

説明変数をこれ以上増加させても目的関数値 $z$ は大きくならない。よって，最適解は $(x_1{}^*, x_2{}^*) = (3/2, 5/2)$ 目的関数の最大値は 33/2 である。

〔2〕**一般形の線形計画法** 前項では，上限値が与えられる場合の制約条件のもとに目的関数を最大化する場合を示したが，制約条件の一部に下限値が与えられ，目的関数が最小化する場合の対処法について，例を用いて示す。

---

【例題5.2】 罰金法を適用し，以下の手順に従いシンプレックス法（シンプレックス表）で最適解を求めよ。

目的関数：$z = x_1 + 4x_2 \to \min$

制約条件：$x_1 + 3x_2 \geqq 10$

$\qquad\qquad x_1 + x_2 \leqq 8$

非負条件：$x_1 \geqq 0, \ x_2 \geqq 0$

---

（1） 与えられたLPの書き換えを行え。

① 標準形でない制約条件のみ不等号の向きを変えるため，両辺に -1 を乗じる。

$\quad -x_1 - 3x_2 \leqq -10$

$\quad x_1 + x_2 \leqq 8$

② 制約条件式を等式に直すためスラック変数 $\lambda_1, \ \lambda_2$ 導入する。

$$-x_1 - 3x_2 + \lambda_1 = -10$$
$$x_1 + x_2 + \lambda_2 = 8$$
よって
$$x_1 + 3x_2 - \lambda_1 = 10$$
$$x_1 + x_2 + \lambda_2 = 8$$

③ このまま第1制約条件を基底変数とすると，$\lambda_1 = -10$ となり非負条件を満たさない。そこでスラック変数の非負条件に矛盾が生じないように第1制約条件式に初期計算サイクルにおいて便宜的に基底変数とする技巧変数 $\nu$ を導入する。

$$x_1 + 3x_2 - \lambda_1 + \nu = 10$$
$$x_1 + x_2 + \lambda_2 = 8$$

④ 目的関数に技巧変数 $\nu$ に係数 $-M$ を乗じた罰金 $-M\nu$ を導入する。なお $M$ の値としては，目的関数の係数と比較して十分大きな正の値を仮定する。ただし，与えられた問題が目的関数の最小化なので，まず目的関数に $-1$ を乗じて最大化問題に直す。

$$z' = -z = -x_1 - 4x_2 \to \max$$

【証明】 最適解 $x_1^*, \cdots, x_n^*$ のとき，$z$ が最小ということは
$$z(x_1^*, \cdots, x_n^*) < z(x_1', \cdots, x_n') ; x_1^* \neq x_1', \cdots, x_n^* \neq x_n'$$
である。したがって，両辺に $-1$ を乗じると
$$-z(x_1^*, \cdots, x_n^*) > -z(x_1', \cdots, x_n') ; x_1^* \neq x_1', \cdots, x_n^* \neq x_n'$$
となり，目的関数に $-1$ を乗じた $z' = -z(x_1^*, \cdots, x_n^*)$ は最大となる。

以上の操作によって目的関数は標準形となり，シンプレックス法が適用できる。つぎに，$-M\nu$ のペナルティーを目的関数に与える。

$$z' = -z = -x_1 - 4x_2 - M\nu \to \max$$

以上より，変換結果を整理すると次式となる。

$$z' + x_1 + 4x_2 + M\nu = 0$$
$$x_1 + 3x_2 - \lambda_1 + \nu = 10$$
$$x_1 + x_2 + \lambda_2 = 8$$
$$x_1, x_2, x_3, \lambda_1, \lambda_2, \nu \geqq 0$$

(2) シンプレックス表を用いて最適解を求めよ。

整理した結果に基づき，シンプレックス表で最適解を求める。この段階では，基底変数とする $\nu$ は，目的変数と第1制約条件に含まれるため，基底形式となっていない。シンプレックス表（**表5.2**）ではサイクル0として，前項の

変換結果を記述する．サイクル 1 では，技巧変数 $\nu$ が基底変数になるように，**表5.2**中の基底変換の式⑥によって，問題を基底形式に変換した．計算手順は標準形シンプレックス表と同様である．

**表5.2** のシンプレックス表

| サイクル | 基底変数 | 基底変数値 | $x_1$ | $x_2$ | $\lambda_1$ | $\lambda_2$ | $\nu$ | $\theta$ | 基底変換 |
|---|---|---|---|---|---|---|---|---|---|
| 0 | $\nu$ | 10 | 1 | 3 | $-1$ | 0 | 1 | | ① |
|   | $\lambda_2$ | 8 | 1 | 1 | 0 | 1 | 0 | | ② |
|   | $z'$ | 0 | 1 | 4 | 0 | 0 | $M$ | | ③ |
| 1 | $\nu$ | 10 | 1 | 3 | $-1$ | 0 | 1 | 10/3 | ④ = ① |
|   | $\lambda_2$ | 8 | 1 | 1 | 0 | 1 | 0 | 8 | ⑤ = ② |
|   | $z'$ | $-10M$ | $1-M$ | $4-3M$ | $M$ | 0 | 0 | | ⑥ = ③ $- M \times$ ① |
| 2 | $x_2$ | 10/3 | 1/3 | 1 | $-1/3$ | 0 | 1/3 | 10 | ⑦ = ④ / 3 |
|   | $\lambda_2$ | 14/3 | 2/3 | 0 | 1/3 | 1 | $-1/3$ | 7 | ⑧ = ⑤ $- 1 \times$ ⑦ |
|   | $z'$ | $-40/3$ | $-1/3$ | 0 | 4/3 | 0 | $M-4/3$ | | ⑨ = ⑥ $- (4-3M) \times$ ⑦ |
| 3 | $x_2$ | 1 | 0 | 1 | $-1/2$ | $-1/2$ | 1/2 | | ⑩ = ⑦ $- 1/3 \times$ ⑪ |
|   | $x_1$ | 7 | 1 | 0 | 1/2 | 3/2 | $-1/2$ | | ⑪ = ⑧ / (2/3) |
|   | $z'$ | $-11$ | 0 | 0 | 3/2 | 1/2 | $M-3/2$ | | ⑫ = ⑨ $- (-1/3) \times$ ⑪ |

[ 3 ] **制約条件に等式が含まれる場合**

目的関数：$z = 3x_1 - 6x_2 + x_3 \to \max$ (5.73)

制約条件：$x_1 + 4x_2 - x_3 = 10$ (5.74)

$\qquad 3x_1 + 2x_2 \leqq 20$ (5.75)

$\qquad x_1, x_2, x_3 \geqq 0$ (5.76)

のとき，等式である第 1 制約条件式には，下限値が与えられたときと同様に技巧変数 $\nu$ を導入し，制約条件が標準形である第 2 制約条件式にはスラック変数 $\lambda$ を導入する．技巧変数を導入した場合は罰金法のときと同様にペナルティー項を加える．問題変換した結果を以下に示す．

$\qquad z - 3x_1 + 6x_2 - x_3 + M\nu = 0$ (5.77)

$\qquad x_1 + 4x_2 - x_3 + \nu = 10$ (5.78)

$\qquad 3x_1 + 2x_2 + \lambda = 20$ (5.79)

$$x_1, x_2, x_3, \nu, \lambda \geq 0 \tag{5.80}$$

罰金法のときと同様に，最初の計算サイクルは基底解を $\nu=10$, $\lambda=20$ としてシンプレックス法により計算を開始する。

〔4〕 **非負条件のない変数が含まれる場合**

目的関数：$z = -x_1 + 6x_2 \to \max$ (5.81)

制約条件：$-x_1 + x_2 \leq 5$ (5.82)

$$x_1 \leq 3 \tag{5.83}$$

$$x_1 + 5x_2 \leq 8 \tag{5.84}$$

$$x_2 \geq 0 \tag{5.85}$$

この問題では，変数 $x_1$ の非負条件がないので，$x_1 = x_1' - x_0$ と置き換える。$x_1$ の正負は $x_1'$, $x_0$ の大小関係で決まる。ここで，$x_1' \geq 0$, $x_0 \geq 0$ と設定し，非負条件を満たすため，シンプレックス法の適用が可能である。よって与えられた問題は $x_1$ を $x_1' - x_0$ に置き換え，上限値が与えられている制約条件式にはスラック変数を導入し，次式のように書き直すことができる。

$$z = -x_1 + 6x_2 = -(x_1' - x_0) + 6x_2 \tag{5.86}$$

$$-x_1 + x_2 + \lambda_1 = -x_1' + x_0 + x_2 + \lambda_1 = 5 \tag{5.87}$$

$$x_1 + \lambda_2 = x_1' - x_0 + \lambda_2 = 3 \tag{5.88}$$

$$x_1 + 5x_2 + \lambda_3 = x_1' - x_0 + 5x_2 + \lambda_3 = 8 \tag{5.89}$$

$$x_1', x_0, x_2, \lambda_1, \lambda_2, \lambda_3 \geq 0 \tag{5.90}$$

最初の計算サイクルは基底変数を $\lambda_1$ から $\lambda_3$ として，シンプレックス法により計算を開始する。

### 5.3.2 非線形計画法

ここで扱う問題は，線形計画法と同様に，ある制約条件のもとで，ある目的関数を最大化あるいは最小化することである。ただし，制約条件，目的関数のいずれか，あるいはその両者ともに非線形の場合を扱う。すなわち，一般的表記は以下のとおりである。

## 5.3 数理計画法

$$\left.\begin{array}{l}\text{目的関数}: z = f(\boldsymbol{x}) \to \max \text{ (または} \to \min \text{)} \\ \text{制約条件}: G_i(\boldsymbol{x}) \geqq 0 \quad (i = 1, 2, \cdots, m) \\ \text{非負条件}: \boldsymbol{x} \geqq 0\end{array}\right\} \quad (5.91)$$

ここで，$\boldsymbol{x}$ はベクトル $\boldsymbol{x} = (x_1, x_2, \cdots)$ である。$f(\boldsymbol{x})$ を最大にする $\boldsymbol{x}$ は，$-f(\boldsymbol{x})$ を最小にする $\boldsymbol{x}$ と同じであるから，以下は最小化問題として扱う。式 (5.91) において，制約条件を満たす解 $\boldsymbol{x}$ は**実行可能解**と呼ばれ，その解集合は**実行可能領域** $S$ と呼ばれる。いま，$\boldsymbol{x}$ が領域 $S$ に属する場合

$$f(\boldsymbol{x}^*) \leqq f(\boldsymbol{x}) \quad \forall \boldsymbol{x} \in S \quad (5.92)$$

を満たす $\boldsymbol{x}^*$ を，問題の**最適解**という。また，ある局所的な領域 $S_l (\subset S)$ において以下の関係が成り立つ場合，$\boldsymbol{x}^{l*}$ を**局所最適解**という。

$$f(\boldsymbol{x}^{l*}) \leqq f(\boldsymbol{x}) \quad \forall \boldsymbol{x} \in S_l \quad (5.93)$$

式 (5.93) の概念を**図 5.3** に示す。関数 $f(\boldsymbol{x})$ は領域 $S_1$，$S_2$ において，それぞれ点 $P_1$，$P_2$ で最小となっているとする。ここで，領域 $S_1$，$S_2$ 内において点 $P_1$，$P_2$ のように，それぞれの点の近傍において最小となる点は**局所最小点**であり，局所最適解である。さらに，点 $P_2$ のように領域 $S$ の全域において最小となる点は**全域最小点**であり，**全域最適解**である。

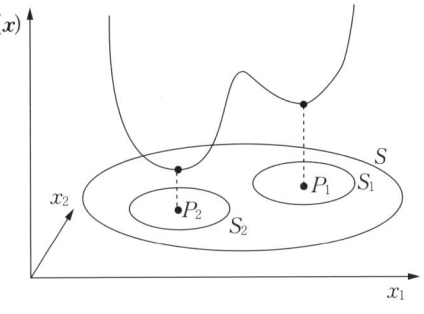

**図 5.3** 局所最適解と全域最適解

非線形計画問題では最適解を求めるための一般的な求解法は得られていないのが現状である。ただし，目的関数が凸関数で制約条件が凸集合となる凸計画問題において，重要な知見が得られている。そこで本項では，代表的な知見についてのみふれる。具体的には〔**1**〕制約条件がない場合，〔**2**〕等号制約条件のみ存在する場合，〔**3**〕不等号制約条件がある場合の，それぞれの最適化条件について検討する[8], [9]。

まず，凸関数についてふれる。$n$次元実数空間に対する真部分集合$S$に属する任意の点を結ぶ線分に対して

$$\theta x_1 + (1-\theta)x_2 \in S \qquad \forall\ x_1, x_2 \in S, \forall\ \theta \in [0,1] \tag{5.94}$$

が成立するとき，$S$は**凸集合**であるという。**図5.4**に示すように，$S$上で定義された関数$f(x)$に対し，次式が成立するとき，$f$は**凸関数**であるという。

$$f(\theta x_1 + (1-\theta)x_2) \leqq \theta f(x_1) + (1-\theta)f(x_2) \qquad \forall\ x_1, x_2 \in S, \forall\ \theta \in [0,1] \tag{5.95}$$

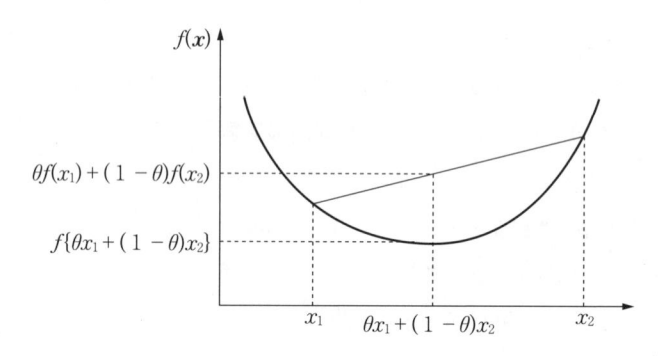

**図5.4** 凸関数の概念

ここで，凸集合$S$における凸関数$f(x)$の局所的最小点は全域的最小点となることを以下のように証明する。集合$S$における$\boldsymbol{x}^{0*}$は凸関数$f(x)$の局所的最適解であるとする。$S$内には別の局所的最適解$\boldsymbol{x}^{1*}$が存在しているとする。このとき$f(\boldsymbol{x}^{1*}) < f(\boldsymbol{x}^{0*})$の関係が成立し，$f(\boldsymbol{x}^{1*})$と$f(\boldsymbol{x}^{0*})$との1次補間を行うと$\boldsymbol{x}^{0*}$から$\boldsymbol{x}^{1*}$への傾きの勾配は負である。$f(x)$は凸関数であることから補間点は$S$内にあり，同時に$f(x)$の関数値は1次補間より下にあるため，$\boldsymbol{x}^{0*}$の近傍では関数値は$f(\boldsymbol{x}^{0*})$より小さくなければならない。このことは$\boldsymbol{x}^{0*}$が$f(\boldsymbol{x}^{0*})$の局所的最小点であることに矛盾する。よって，凸集合$S$における凸関数$f(x)$の局所的最小点は全域的最小点となる。

〔**1**〕 **制約条件がない場合の最適化条件** この場合の最適化問題は，以下のように目的関数を最小化することである。

$$f(\boldsymbol{x}) \to \min \tag{5.96}$$

ここで，$f(x)$ が局所最小となる条件を検討する。特定の点 $x^*$ の近傍での目的関数の変化量を確認するため，微小な変化量 $\Delta x$ を考慮しテーラー展開すると，次式のように表されることがわかっている。

$$f(x^* + \Delta x) = f(x^*) + \nabla f(x^*)^T \Delta x + (1/2)\Delta x^T H(x^*)\Delta x + \cdots \tag{5.97}$$

ここで，$H(x)$ は関数 $f(x)$ のヘシアン行列である。右辺第2項の $\nabla f(x^*)^T$ の要素は，ある点に $x^*$ おける $f(x)$ の偏微分で表されることから，点 $x^*$ における $f(x)$ の接線の傾きであり，点 $x^*$ が $f(x)$ の「頂点」であるためには，$\nabla f(x^*)^T = 0$ である必要がある。すなわち $\nabla f(x^*)^T$ の各要素は

$$\frac{\partial f(x^*)}{\partial x_1} = \frac{\partial f(x^*)}{\partial x_2} = \cdots = \frac{\partial f(x^*)}{\partial x_n} = 0 \tag{5.98}$$

となる必要があり，これが1次の必要条件である。さらに $f(x)$ が点 $x^*$ の近傍において最小点となるためには，点 $x^*$ の近傍において $f(x)$ が「下に凸の関数」になっている必要があり，式 (5.97) が $f(x^* + \Delta x) > f(x^*)$ の関係が成立するためにも，ヘシアン行列 $H(x)$ からなる第3項目が非負条件を満たす必要がある。すなわち

$$\Delta x^T H(x^*)\Delta x \geq 0 \tag{5.99}$$

となる必要があり，これが2次の必要条件である。以上まとめると，点 $x^*$ において $f(x)$ が局所最小値になるための必要条件は，式 (5.98) と (5.99) である。

〔2〕 **等号制約条件のみ存在する場合の最適化条件** 以下に示すように，等号制約条件のみがある場合の最適化問題を考える。

目的関数：$f(x) \to \min$ $\hspace{4em}$ (5.100)

制約条件：$g_i(x) = 0 \quad (i = 1, 2, \cdots, m)$ $\hspace{2em}$ (5.101)

制約条件が等式のみの場合，ラグランジュ未定乗数法を用いて最適解が満たす必要条件を求めることができる。このときラグランジュ関数は

$$L(x, \lambda) = f(x) + \sum_{i=1}^{m} \lambda_i g_i(x) \tag{5.102}$$

と表される。この関数が $x^*, \lambda^*$ において局所最小解となるための必要条件は

$$\frac{\partial L(\boldsymbol{x}^*, \lambda^*)}{\partial x_j} = \frac{\partial f(\boldsymbol{x})}{\partial x_j} + \sum_{i=1}^{m} \lambda_i \frac{\partial g_i(\boldsymbol{x})}{\partial x_j} = 0 \qquad (j=1,2,\cdots,n) \qquad (5.103)$$

$$\frac{\partial L(\boldsymbol{x}^*, \lambda^*)}{\partial \lambda_i} = g_i(\boldsymbol{x}) = 0 \qquad (i=1,2,\cdots,m) \qquad (5.104)$$

を満たす点である。定数 $\lambda_1, \lambda_2, \cdots, \lambda_n$ を**ラグランジュ乗数**という。最適解は式 (5.103) と (5.104) を解くことによって得られる。

---

【例題 5.3】 図 5.5 に示すように，ある地域に I，II，III の三つの団地がある。人口はそれぞれ 800，1 000，600 人である。団地 I の座標は (0, 0)，団地 II は (6, 3)，団地 III は (2, 5) である。この地域には図 5.5 に示すように道路が通っていてバス路線となっている。路線位置は関数 $(x-3)^2 - 4y + 8 = 0$ で表すことができる。この地域にバス停を設置する。設置基準として団地 $i$ の人口を $P_i$，団地 $i$ とバス停との直線距離を $D_i$ とすると

$$\sum_{i=1}^{3} P_i D_i^2 \to \min$$

が最小になるように決定したい。最適化問題として定式化し，ラグランジュ乗数法によって最適解を求めよ。

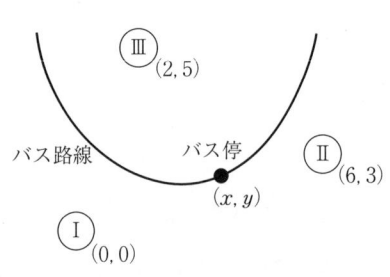

**図 5.5** 団地とバス路線

---

【解答】 バス停の座標を $(x, y)$ とすると，本問題の定式化は以下のとおりである。

目的関数

$$\sum_{i=1}^{3} P_i D_i^2 = 800(x^2 + y^2) + 1\,000\{(x-6)^2 + (y-3)^2\} + 600\{(x-2)^2 + (y-5)^2\}$$

制約条件

$$(x-3)^2 - 4y + 8 = 0$$

このときラグランジュ関数は次式となる。

$$L(x, y, \lambda) = 800(x^2 + y^2) + 1\,000\{(x-6)^2 + (y-3)^2\} + 600\{(x-2)^2 + (y-5)^2\} \\ + \lambda\{(x-3)^2 - 4y + 8\}$$

最適解が満足する必要条件は次式となる。

$$\frac{\partial L(x, y, \lambda)}{\partial x} = 1\,600x + 2\,000(x-6) + 1\,200(x-2) + 2\lambda(x-3) = 0$$

$$\frac{\partial L(x, y, \lambda)}{\partial y} = 1\,600y + 2\,000(y-3) + 1\,200(y-5) - 4\lambda = 0$$

$$\frac{\partial L(x, y, \lambda)}{\partial \lambda} = (x-3)^2 - 4y + 8 = 0$$

さらに整理すると次式となる。

$4\,800x + 2\lambda(x-3) - 14\,400 = 0$

$4\,800y - 4\lambda - 12\,000 = 0$

$(x-3)^2 - 4y + 8 = 0$

これらの方程式を解くと次式となる。

$x^* = 3.00, \ y^* = 2.00, \ \lambda^* = -600$

よって,バス停の最適位置は,(3.0, 2.0)である。

〔3〕 **不等号制約条件がある場合の最適化条件** ここでは,以下のように不等号制約条件付きの一般的な最適化問題について,キューン・タッカーの定理により与えられる必要十分条件を示す。

目的関数:$f(\boldsymbol{x}) \to \min$ $\hspace{4em}$ (5.105)

制約条件:$g_i(\boldsymbol{x}) \geq 0 \quad (i = 1, 2, \cdots, m)$ $\hspace{2em}$ (5.106)

$\hspace{3em} x_j \geq 0 \quad (j = 1, 2, \cdots, n)$ $\hspace{4em}$ (5.107)

上記の非線形最小化問題の最適解が必要十分条件を有することを示した定理は以下のとおりである。

**1) キューン・タッカーの定理** 目的関数$f(\boldsymbol{x})$が凸関数で,かつ制約条件$g_i(\boldsymbol{x})(i = 1, 2, \cdots, m)$がすべて凹関数であるとする。いずれの関数も連続的に偏微分が可能な場合,上記の最小化問題の解になるための必要十分条件は,$(\boldsymbol{x}^*, \boldsymbol{\lambda}^*)$が

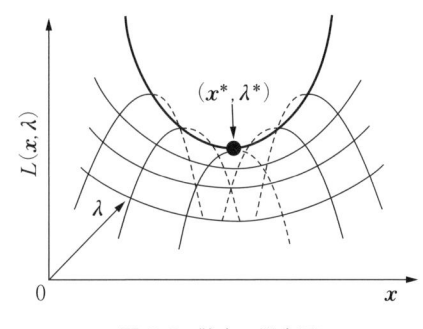

$$L(\boldsymbol{x}, \boldsymbol{\lambda}) = f(\boldsymbol{x}) + \sum_{i=1}^{m} \lambda_i g_i(\boldsymbol{x})$$

$\hspace{12em}$ (5.108)

**図5.6** 鞍点の概念図

で表される鞍点となる非負のベクトル $\lambda^*$ が存在することである．このとき鞍点は図 5.6 に示すように $(x^*, \lambda^*)$ に対して次式の関係が成立する．

$$L(x^*, \lambda) \leqq L(x^*, \lambda^*) \leqq L(x, \lambda^*) \qquad (5.109)$$

ここで，$(x^*, \lambda^*)$ が $L(x, \lambda)$ の鞍点となるための条件を示した概念図を図 5.7 に示す．

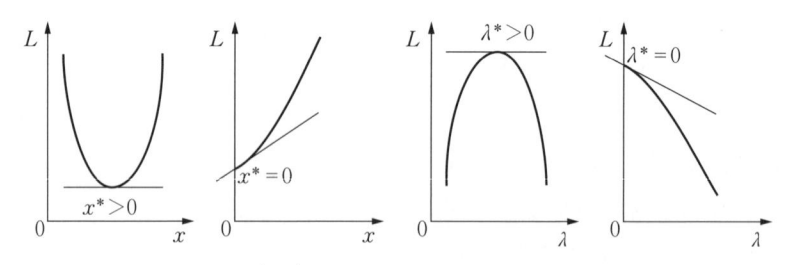

図 5.7 $(x^*, \lambda^*)$ が $L(x, \lambda)$ の鞍点となるための条件

以下に，キューン・タッカーの条件をまとめて示す．

$$\left. \begin{aligned} x_j^* > 0 \quad & \frac{\partial L(x^*, \lambda^*)}{\partial x_j} = 0 \qquad (j=1, 2, \cdots, n) \\ x_j^* = 0 \quad & \frac{\partial L(x^*, \lambda^*)}{\partial x_j} \geqq 0 \qquad (j=1, 2, \cdots, n) \\ \lambda_i^* > 0 \quad & \frac{\partial L(x^*, \lambda^*)}{\partial \lambda_i} = 0 \qquad (i=1, 2, \cdots, m) \\ \lambda_i^* = 0 \quad & \frac{\partial L(x^*, \lambda^*)}{\partial \lambda_i} \leqq 0 \qquad (i=1, 2, \cdots, m) \end{aligned} \right\} \qquad (5.110)$$

---

【例題 5.4】 等時間配分原則は，J.G.Wardrop により提示され，「OD ペアごとに，利用されている経路の走行時間はすべて等しく，利用されていないどの経路の走行時間よりも小さい」フロー状態が成立すると述べている[10]．$f_j(X_j)$ は走行時間関数で単調増加な関数である．$X_j$ はリンク $j$ の交通量とする．$x_r^i$ は OD ペア $i$ 経路 $r$ の交通量で，$Q_i$ は OD ペア $i$ の総交通量とする．$\delta_{rj}^i$ は OD ペア $i$ において経路 $r$ を構成するリンクが $j$ のとき 1，そうでないときゼロで

## 5.3 数理計画法

ある関数とする。

Wardrop が提示した等時間原則は，以下のように定式化された数理計画問題と等価であることを証明せよ。

目的関数：$F = \sum_{j=1}^{n} \int_{0}^{X_j} f_j(X) dX \rightarrow \min$

制約条件：$Q_i = \sum_{r=1}^{R} x_r^i$

非負条件：$\sum_{i=1}^{I} \sum_{r=1}^{R} \delta_{rj}^{i} x_r^i = X_j$

$x_r^i \geqq 0$

1) 定式化された数理計画問題をラグランジュ関数で示せ。
2) キューン・タッカーの定理を用いて，目的関数が最小値を示すための必要十分条件を示せ。
3) 必要十分条件を考察し，定式化された問題が等時間原則を示していることを説明せよ。

---

【解答】

1) 定式化された問題をラグランジュ関数で示すと次式のとおりである。ただし，$\lambda$ と $\mu$ はラグランジュの未定乗数である。

$$L = \sum_{j=1}^{n} \int_{0}^{X_j} f_j(X) dX + \sum_{i=1}^{I} \lambda_i \left( Q_i - \sum_{r=1}^{R} x_r^i \right) + \sum_{j}^{n} \mu_j \left( \sum_{i=1}^{I} \sum_{r=1}^{R} \delta_{rj}^{i} x_r^i - X_j \right)$$

ここで，目的関数である走行時間関数は単調増加であることから，凸関数である。したがって，目的関数の局所最小点は全域最小点に一致する。

2) キューン・タッカーの定理から，目的関数が最小値を示すための必要十分条件を式 (5.110) に基づいて示すと次式のとおりである。

$$\frac{\partial L}{\partial x_r^i} = -\lambda_i + \sum_{j=1}^{n} \mu_j \delta_{rj}^{i} \text{ であり} \begin{cases} x_r^{i*} > 0 & -\lambda_i + \sum_{j=1}^{n} \mu_j \delta_{rj}^{i} = 0 \\ x_r^{i*} = 0 & -\lambda_i + \sum_{j=1}^{n} \mu_j \delta_{rj}^{i} > 0 \end{cases}$$

$$\frac{\partial L}{\partial X_j} = f_j(X_j) - \mu_j \text{ であり} \begin{cases} X_j > 0 & f_j(X_j) - \mu_j = 0 \\ X_j = 0 & f_j(X_j) - \mu_j > 0 \end{cases}$$

$$\frac{\partial L}{\partial \lambda_j} = Q_i - \sum_{r=1}^{R} x_r^i \text{ であり} \begin{cases} \lambda_j > 0 & Q_i - \sum_{r=1}^{R} x_r^i = 0 \\ \lambda_j = 0 & Q_i - \sum_{r=1}^{R} x_r^i < 0 \end{cases}$$

$$\frac{\partial L}{\partial \mu_j} = \sum_{i=1}^{I} \sum_{r=1}^{R} \delta_{rj}{}^i x_r^i - X_j \text{ であり} \begin{cases} \mu_j > 0 & \sum_{i=1}^{I} \sum_{r=1}^{R} \delta_{rj}{}^i x_r^i - X_j = 0 \\ \mu_j = 0 & \sum_{i=1}^{I} \sum_{r=1}^{R} \delta_{rj}{}^i x_r^i - X_j < 0 \end{cases}$$

3) 必要十分条件から，経路 $r$ が利用されない場合は次式の関係が成立する．

$$x_r^{i*} = 0 \text{ のとき} \qquad \lambda_i < \sum_{j=1}^{n} \mu_j \delta_{rj}{}^i \tag{1}$$

さらに，経路 $r$ を構成するリンク $j$ においては，$X_j \geqq 0$ のとき $\mu_j \leqq f_j(X_j)$ なので

$$x_r^{i*} = 0 \text{ のとき} \qquad \lambda_i < \sum_{j=1}^{n} \mu_j \delta_{rj}{}^i \leqq \sum_{j=1}^{n} f_j(X_j) \delta_{rj}{}^i \tag{2}$$

が成立する．

つぎに，経路 $r$ が利用されている場合は次式の関係が成立する．

$$x_r^{i*} > 0 \text{ のとき} \qquad \lambda_i = \sum_{j=1}^{n} \mu_j \delta_{rj}{}^i \tag{3}$$

さらに，経路 $r$ を構成するリンク $j$ も利用されているので，$X_j > 0$ のとき $\mu_j = f_j(X_j)$ なので次式の関係が成立する．

$$x_r^{i*} > 0 \text{ のとき} \qquad \lambda_i = \sum_{j=1}^{n} \mu_j \delta_{rj}{}^i = \sum_{j=1}^{n} f_j(X_j) \delta_{rj}{}^i \tag{4}$$

式 (3) と式 (4) より，$\lambda_i$ は OD ペア $i$ の経路 $r$ を構成するリンク所要時間に基づく OD 間の所要時間に対応していることがわかる．したがって，OD ペア間の利用されている経路は，$\lambda_i$ の算定式が示すように経路にかかわらず，所要時間はすべて等しいことがわかる．一方，式 (1) と式 (2) より，利用されていない経路の所要時間は $\lambda_i$ よりも大きなことから，利用されていないどの経路よりも，利用されている経路の所要時間のほうが短いことが示されている．したがって，定式化された数理計画問題は Wardrop が提示した等時間配分原則を示していることがわかる．

**2） 数値計算による最適解探索**　上記の方法は，特定の条件を満たす場合に厳密に最適解を導き出す解析的手法である．しかしながら，特定の条件を満たさない場合も多い．その場合には，数値シミュレーションによって最適解を探索するアルゴリズムが開発されている．代表的な方法として，最急降下法，ニュートン法，黄金分割法，フィボナッチ探索法などがある．これらの紹

## 5.4 PERT, CPM

あるプロジェクトを工期までに完了させるための工程管理手法について述べる。プロジェクトが大規模で複雑なほど，突発事象などによるスケジュールの変更や経済性を考慮した工期短縮を検討するケースが増えるため，プロジェクトを構成する各作業の先行および後続関係を明確に把握できる手法が必要である。ここでは，重点管理すべき作業の把握やスケジュールの修正などのため，各作業の開始時刻や遅延と工期との関係を明らかにする **PERT**（program evaluation and review technique）と，各作業の短縮に要する費用を考慮し，費用増の最小化を目指した工期短縮を検討する **CPM**（critical path method）について述べる。

### 5.4.1 PERT

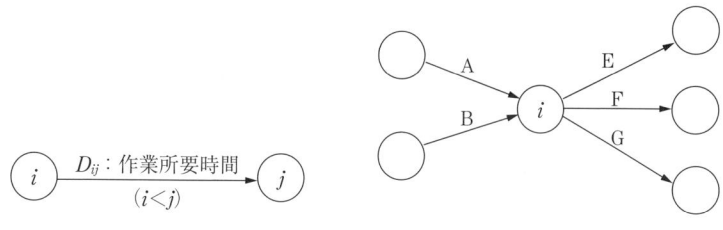

〔**1**〕 **ネットワーク表記の規則**　作業は図 5.8 のように表記される[11]。作業は**アクティビティ**と呼ばれ，矢印で表される。矢印には作業所要時間が与えられる。結合点は**イベント**と呼ばれ，イベント番号は，PERT の計算の都合上，必ず $i<j$ となるように付される。

図 5.8　作業表記

図 5.9　先行および後続作業の関係

図 5.9 において，作業 E, F, G の先行作業は A, B であり，作業 A, B の後続作業は E, F, G である。作業 A, B が完了しないと結合点 $i$ からの作業

E，F，Gは開始することができないことを示している。

**図5.10**（$a$）の作業A，B，Cは同時作業であるが，このままの表記では

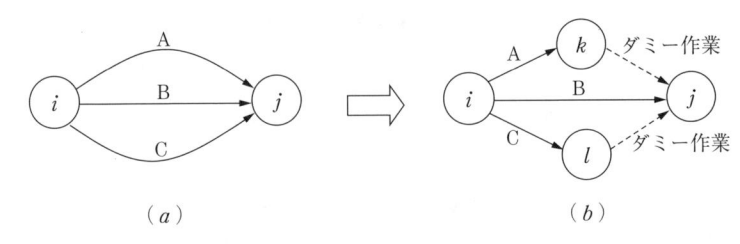

（$a$）　　　　　　　　　　　　　　　（$b$）

図5.10　同時作業とダミー作業

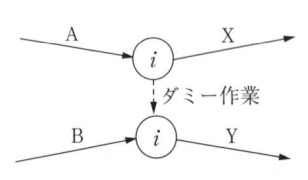

図5.11　ダミー作業の表記法

PERTの計算上，不都合が生じる。そこで，図（$b$）のように所要時間がゼロの，破線で示されるダミー作業を導入する。

作業Xの先行作業がAで，Yの先行作業AとBの場合のネットワークは**図5.11**で表記される。

〔2〕　結合点日程

**1）　最早結合点日程**　　**図5.12**に示すとおり，結合点$i$からの作業を最も早く開始できる日程であり，どんなに早くても，この日からでないと$i$からの作業を始められない日程である。結合点の2段の欄の上段に最早結合点時刻を示す。

$$\left.\begin{array}{l} t_1^E = 0 \\ t_i^E = \max\left(t_h^E + D_{hi}\right) \quad (h=1, 2, \cdots, H) \\ t_n^E = \lambda \quad (\text{最終結合点}\,n\text{は工期}\,\lambda\text{となる}) \end{array}\right\} \quad (5.111)$$

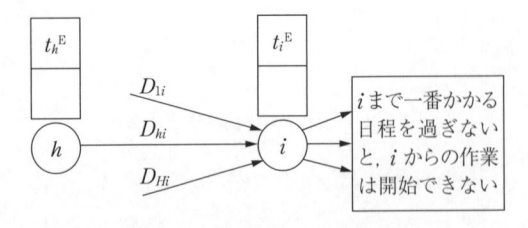

図5.12　最早結合点日程概念図 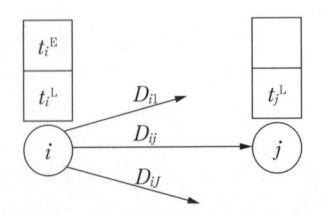　　　図5.13　最遅結合点日程概念図

2） **最遅結合点日程**　図 5.13 のように，結合点 $i$ からの作業を最も遅らせたとして，この日までには完了させておかなければならない $i$ の日程である。$i$ からの作業を最も遅らせることのできる日程である。結合点の下段に最遅結合点時刻を示す。

$$\left.\begin{array}{l} t_n^L = \lambda \quad (最終結合点 n は工期 \lambda となる) \\ t_i^L = \min(t_j^L - D_{ij}) \quad (j = 1, 2, \cdots, J) \\ t_1^L = 0 \end{array}\right\} \quad (5.112)$$

〔3〕 **トータル使用可能時間とクリティカルな作業**　イベント間の作業における最大使用時間を表すため，図 5.14 に示すとおり，後続側のイベントの最遅結合点日程と，先行側の最早結合点日程との差で表す。

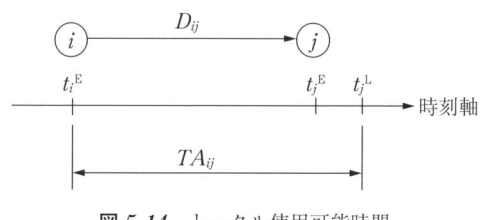

**図 5.14**　トータル使用可能時間

トータル使用可能時間が作業時間と等しい場合，すなわち $T_{ij} = D_{ij}$ のとき，作業 $ij$ が遅れると，完成工期も遅れることになる。このような作業を**クリティカルな作業**と呼ぶ。

【**例題 5.5**】　図 5.15 の作業ネットワークの最早および最遅結合点日程，トータル使用可能時間を計算し，クリティカルパスを示せ。

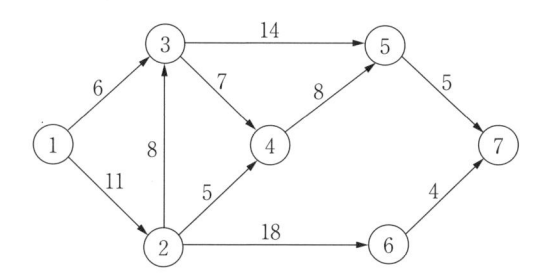

**図 5.15**　作業ネットワーク

## 【解答】

(最早結合点日程)

$t_1^E = 0$,  $t_2^E = t_1^E + D_{12} = 0 + 11 = 11$

$t_3^E = \max(t_1^E + D_{13},\ t_2^E + D_{13}) = \max(0+6,\ 11+8) = 19$

$t_4^E = \max(t_2^E + D_{24},\ t_3^E + D_{34}) = \max(11+5,\ 19+7) = 26$

$t_5^E = \max(t_3^E + D_{35},\ t_4^E + D_{45}) = \max(19+14,\ 26+8) = 34$

$t_6^E = t_2^E + D_{26} = 11 + 18 = 29$,  $t_7^E = \max(t_5^E + D_{57},\ t_6^E + D_{67}) = \max(34+5,\ 29+4)$
$\quad = 39$

(最遅結合点日程)

$t_7^L = 39$,  $t_6^L = t_7^L - D_{67} = 39 - 4 = 35$,  $t_5^L = t_7^L - D_{57} = 39 - 5 = 34$

$t_4^L = t_5^L - D_{45} = 34 - 8 = 26$,  $t_3^L = \min(t_5^L - D_{35},\ t_4^L - D_{34})$
$\quad = \min(34-14,\ 26-7) = 19$,  $t_2^L = \min(t_6^L - D_{26},\ t_4^L - D_{24},\ t_3^L - D_{23})$
$\quad = \min(35-18,\ 26-5,\ 19-8) = 11$

$t_1^L = \min(t_3^L - D_{13},\ t_2^L - D_{12}) = \min(19-6,\ 11-11) = 0$

(トータル使用可能時間と作業日数との比較)

$TA_{12} = t_2^L - t_1^E = 11 - 0 = 11 = D_{12} = 11$　　クリティカルな作業

$TA_{13} = t_3^L - t_1^E = 19 - 0 = 19 > D_{13} = 6$

$TA_{23} = t_3^L - t_2^E = 19 - 11 = 8 = D_{23} = 8$　　クリティカルな作業

$TA_{24} = t_4^L - t_2^E = 26 - 11 = 15 > D_{24} = 5$

$TA_{26} = t_6^L - t_2^E = 35 - 11 = 24 = D_{26} = 18$

$TA_{34} = t_4^L - t_3^E = 26 - 19 = 7 > D_{34} = 7$　　クリティカルな作業

$TA_{35} = t_5^L - t_3^E = 34 - 19 = 15 > D_{35} = 14$

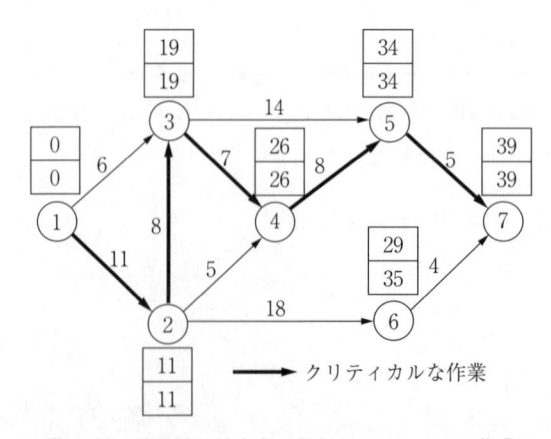

図 5.16 最早最遅結合点日程とクリティカルな作業

$TA_{45} = t_5^L - t_4^E = 34 - 26 = 8 = D_{45} = 8$　　クリティカルな作業
$TA_{57} = t_7^L - t_5^E = 39 - 34 = 5 = D_{57} = 5$　　クリティカルな作業
$TA_{67} = t_7^L - t_6^E = 39 - 29 = 10 > D_{67} = 4$

よって，クリティカルパスは $1 \to 2 \to 3 \to 4 \to 5 \to 7$ である（**図5.16**）。

## 〔4〕 作業の日程

**1） 最早開始時刻**（$ES_{ij}$）　　作業 $i, j$ を最も早く始められる時刻であり，最早結合点日程と同じである。

$$ES_{ij} = t_i^E \tag{5.113}$$

**2） 最早終了時刻**（$EF_{ij}$）　　作業 $i, j$ を最も早く終了できる時刻である。

$$EF_{ij} = ES_{ij} + D_{ij} = t_i^E + D_{ij} \tag{5.114}$$

**3） 最遅終了時刻**（$LF_{ij}$）　　作業 $i, j$ によって工期を遅らせることなく最大限遅延できる時刻であり，最遅結合点日程と同じである。

$$LF_{ij} = t_j^L \tag{5.115}$$

**4） 最遅開始時刻**（$LS_{ij}$）　　作業 $i, j$ を最も遅らせて開始できる時刻である。

$$LS_{ij} = LF_{ij} - D_{ij} = t_j^L - D_{ij} \tag{5.116}$$

**5） 余裕時間**

**a） トータルフロート**（$TF_{ij}$）　　作業 $i, j$ でとれる最大余裕時間である。作業 $i, j$ で使える最大時間は $TA_{ij}$ であり，作業時間は $D_{ij}$ である。

$$TF_{ij} = TA_{ij} - D_{ij} = (t_j^L - t_i^E) - D_{ij} = t_j^L - (t_i^E + D_{ij}) = LF_{ij} - EF_{ij} \tag{5.117}$$

**b） フリーフロート**（$FF_{ij}$）　　作業 $i, j$ でとれる余裕時間のうち，後続作業である結合点 $j$ から始まる他の作業の最早結合点日程を遅らせることのない余裕時間である。

$$FF_{ij} = t_j^E - EF_{ij} \tag{5.118}$$

**c） 従属フロート**（$DF_{ij}$）　　作業 $i, j$ でとれる余裕時間のうち，後続作業である結合点 $j$ からの最早結合点日程に影響を与えるが，工期には影響を与えない範囲で許容される余裕時間であり，トータルフロートとフリーフロートの差で表される。

$$DF_{ij} = TF_{ij} - FF_{ij} = t_j^L - t_j^E \tag{5.119}$$

***d*) 独立フロート**（$IF_{ij}$）　作業 $i, j$ を最遅結合点日程 $t_i^L$ で始めても，なお結合点 $j$ から始まる，他の作業の最早結合点日程に影響を及ぼさない余裕時間である。

$$IF_{ij} = \max\{(t_j^E - t_i^L) - D_{ij},\ 0\} \quad (5.120)$$

以上 *a*)〜*d*) の作業日程を図 **5.17** に示す。

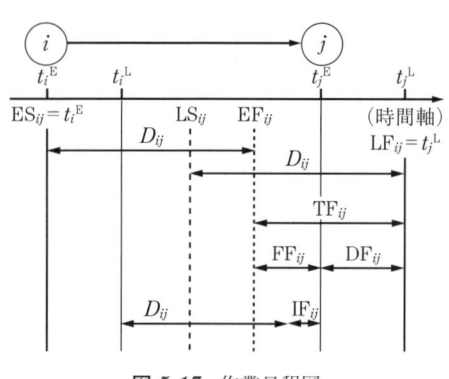

**図 5.17**　作業日程図

---

【例題 **5.6**】　例題 **5.5** の作業ネットワークの作業 2, 4 および 2, 6 について各作業日程を示せ。

---

【解答】　作業 2, 4 について

$ES_{24} = t_2^E = 11,\ \ EF_{24} = ES_{24} + D_{24} = t_2^E + D_{24} = 11 + 5 = 16,\ \ LF_{24} = t_4^L = 26$

$LS_{24} = LF_{24} - D_{24} = t_4^L - D_{24} = 26 - 5 = 21$

$TF_{24} = LF_{24} - EF_{24} = 26 - 16 = 10,\ \ FF_{24} = t_4^E - EF_{24} = 26 - 16 = 10$

$DF_{24} = TF_{24} - FF_{24} = t_4^L - t_4^E = 26 - 26 = 0$

$IF_{24} = \max\{(t_4^E - t_2^L) - D_{24},\ 0\} = \max\{(26-11) - 5,\ 0\} = 10$

作業 2, 6 について

$ES_{26} = t_2^E = 11,\ \ EF_{26} = ES_{26} + D_{26} = t_2^E + D_{26} = 11 + 18 = 29,\ \ LF_{26} = t_6^L = 35$

$LS_{26} = LF_{26} - D_{26} = t_6^L - D_{26} = 35 - 18 = 17$

$TF_{26} = LF_{26} - EF_{26} = 35 - 29 = 6,\ \ FF_{26} = t_6^E - EF_{26} = 29 - 29 = 0$

$DF_{26} = TF_{26} - FF_{26} = t_6^L - t_6^E = 35 - 29 = 6$

$IF_{26} = \max\{(t_6^E - t_2^L) - D_{26},\ 0\} = \max\{(29 - 11) - 18,\ 0\} = 0$

〔5〕　**山積み山崩し**　　図 **5.18** の作業ネットワークおよび作業日程が与えられている。

本作業では，配置できる作業員数には制約があり，最大 5 人までとする。

***1*) 山　積　み**　　山積み図は，図 **5.19** に示すとおりである。PERT の

## 5.4 PERT, CPM

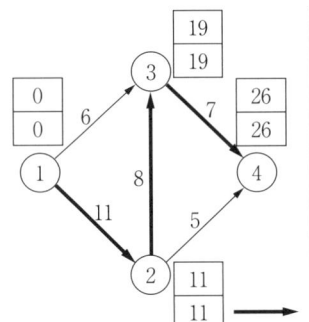

〔作業 12〕: $ES_{12}=0, EF_{12}=11, LF_{12}=11,$
$LS_{12}=0, TF_{12}=0, FF_{12}=0, DF_{12}=0$
〔作業 13〕: $ES_{13}=0, EF_{13}=6, LF_{13}=19,$
$LS_{13}=13, TF_{13}=13, FF_{13}=13, DF_{13}=0$
〔作業 23〕: $ES_{23}=11, EF_{23}=19, LF_{23}=19,$
$LS_{23}=11, TF_{23}=0, FF_{23}=0, DF_{23}=0$
〔作業 24〕: $ES_{24}=11, EF_{24}=16, LF_{24}=26,$
$LS_{24}=21, TF_{24}=10, FF_{24}=10, DF_{24}=0$
〔作業 34〕: $ES_{34}=19, EF_{34}=26, LF_{34}=26,$
$LS_{34}=19, TF_{34}=0, FF_{34}=0, DF_{34}=0$

⟶ クリティカルな作業

| 作 業 | 12 | 13 | 23 | 24 | 34 |
|---|---|---|---|---|---|
| 必要人数 | 4 | 2 | 3 | 1 | 3 |

図 5.18 山積み山崩しの例題設定

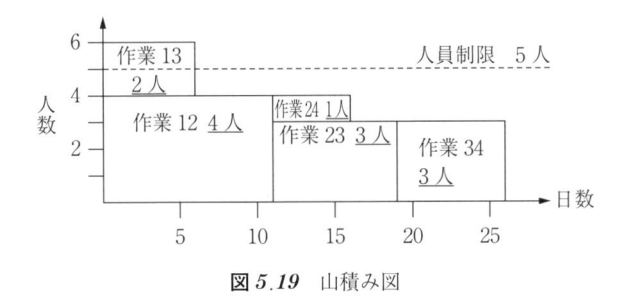

図 5.19 山積み図

計算によって明らかになった各作業の最早開始時刻 ES に基づいて作成されるのが一般的である。図に示すように，最早開始時刻に基づいて作業を進めると最初の 6 日間において必要な作業員数を確保できないことがわかる。そこで，つぎに示す山崩しによって作業人数を 5 人以内におさめることを考える。

**2) 山 崩 し** ある作業の最早開始時刻をずらすことで，人員制限 5 人以内にすることを考えるが，山崩しの計算は，① TF の大きな作業の開始時刻をずらす，② 作業所要時間の短い作業を優先する，などの基準を設けて行うことになる。ここでは，TF の大きな作業の開始時間を，当該作業の作業時間が余裕時間内におさまるようにずらすことを基準とする。

**ステップ 1** 動かすことのできない作業を抽出する。TF = 0 で，クリティ

カルな作業である作業12，23，34は動かすことができないので固定する。

**ステップ2**　動かすことのできる作業を抽出する。作業13はTFが13日であり，作業日数が6日であることから，最大13日ずらすことができる。また，作業24はTFが10日であることから，最大10日ずらすことができる。

**ステップ3**　LSが小さい作業13（$LS_{13}=13$）を先にずらす。人数制限以内に入る11（最大で13日ずらせる）日から開始する。

**ステップ4**　LSがつぎに小さい作業24（$LS_{24}=21$）をずらす。作業13の終了日数が $11+6=17$ なので，作業24は当初の開始日の11日を17日から開始できるように，$17-11=6$ 日（最大10日ずらせる）だけ開始日数をずらす。以上の操作により人数制限以内におさめることができた。山崩しの結果を図5.20に示す。

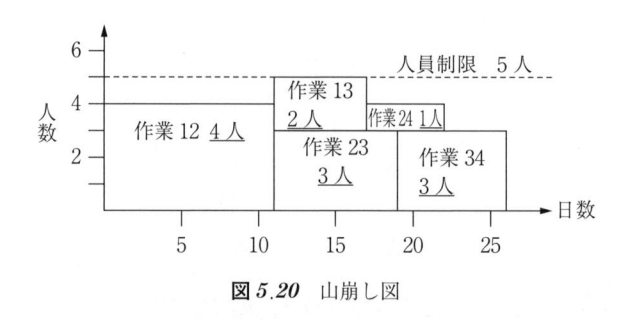

**図5.20**　山崩し図

### 5.4.2　CPM

**〔1〕所要日数と必要費用の見積り**　CPMは工事に要する費用に着目して工程を評価・計画する手法である。具体的には，工期をある日数だけ短縮しなければならない場合，各作業を短縮するのに要する費用を考慮し，損失費用を最小にできる作業を探索することになる。

作業 $i, j$ の所要日数と費用との関係を図5.21に示す。図は作業に要する日数の

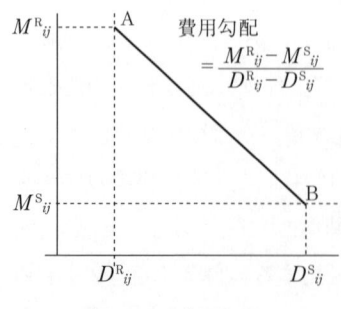

費用勾配
$= \dfrac{M^R_{ij} - M^S_{ij}}{D^R_{ij} - D^S_{ij}}$

**図5.21**　費用勾配

短縮に伴い費用が増加することを示している。作業 $i, j$ は，普通は標準所要日数 $D^S_{ij}$ で行われるが，急ぐ場合は特急所要日数 $D^R_{ij}$ まで短縮できるとする。標準所要日数に対する費用（**標準費用**）を $M^S_{ij}$，特急所要日数に対する費用（**特急費用**）を $M^R_{ij}$ と表す。AB の勾配を**費用勾配**と呼ぶ。

〔2〕 **費用増を最小にする工期短縮** 図 5.22 に示す作業ネットワークには，標準所要日数（特急所要日数）が記されている。また，イベントには標準所要日数に基づく最早結合点も記されている。標準所要日数で実施すると工期は 26 日であるが，プロジェクトの進行上 23 日までに本作業を終了しなければならなくなった。費用増を最小に抑えるために，各作業をどのように短縮すべきか検討する。各作業の所要日数および費用勾配を**表 5.3** に示す。CPM では工程の変更を避けるため，他の作業の最早開始日程に影響を与えないフリーフロートを用いて計算を行う。

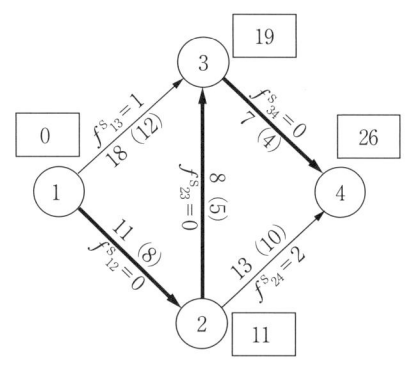

**図 5.22** CPM 作業ネットワーク

表 5.3  各作業の所要日数および費用勾配

| 作業 $i, j$ | $D^S_{ij}$ 〔日〕 | $D^R_{ij}$ 〔日〕 | $M^S_{ij}$ 〔万円〕 | $M^R_{ij}$ 〔万円〕 | $C_{ij}$ 〔万円/日〕 |
|---|---|---|---|---|---|
| 1, 2 | 11 | 8 | 40 | 64 | 8 |
| 1, 3 | 18 | 12 | 35 | 65 | 5 |
| 2, 3 | 8 | 5 | 30 | 48 | 6 |
| 2, 4 | 13 | 10 | 30 | 45 | 5 |
| 3, 4 | 7 | 4 | 45 | 66 | 7 |

ここで，標準所要日数でのフリーフロートを $f^S_{ij}$，特急所要日数内での所要日数の短縮によるフリーフロートを $f^R_{ij}$ とすると，以下の計算を行うことになる。

$$f^S_{ij} = t^E_j - t^E_i - D^S_{ij} \tag{5.121}$$

$$f^R_{ij} = t^E_j - t^E_i - D^R_{ij} \tag{5.122}$$

各作業には短縮した日数（$D^R_{ij}$）が，また，各作業のフリーフロートも記載されている．CPM計算フローの概要は以下のとおりである．

ⅰ) 最早結合点日程 $t^E_i$ を求める．

ⅱ) 作業所要日数が標準所要日程の場合は $f^S_{ij}$ を，日程短縮した場合は $f^R_{ij}$ を用いてフリーフロートを計算する．

ⅲ) クリティカルパスを特定する．

ⅳ) クリティカルパス上のなかから費用勾配が最小の作業を探索する．

ⅴ) 他の作業経路上のフリーフロートを考慮して短縮する日数を決定する．

以上を，目標とするプロジェクトの工期に短縮できるまで繰り返す．

**短縮作業探索サイクル1**　図5.22に示すように，標準作業日数に基づく作業ネットワークのクリティカルパスは①→②→③→④である．それぞれの作業の費用勾配は

　　　作業①→②　8万円/日
　　　作業②→③　6万円/日
　　　作業③→④　7万円/日

であるため，費用勾配が最も小さい作業②→③を短縮することになる．作業②→③は，5日まで縮められるが，作業①→③のフロート $f^S_{13}$ は1日，②→④のフロート $f^S_{24}$ は2日であるため，作業①→③と②→④の余裕時間 $f^S_{ij}$ 内で短縮操作を行うと，作業②→③の短縮は1日まで可能である．よって，作業②→③の1日の短縮に伴って生じるコストは6万円となる．短縮に伴いフリーフロート $f^R_{23}$ は2である．このときの作業ネットワークを図5.23に示す．

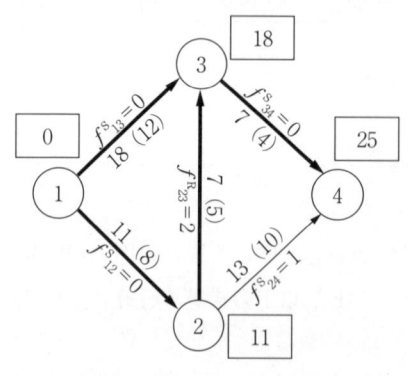

図5.23　サイクル1の結果

**短縮作業探索サイクル2**　前ステップの結果，クリティカルパスは①→②→③→④と①→③→④の二つあることがわかった。二つのクリティカルパスでフリーフロートを生じさせないためにも，①→②→③と①→③によるイベント③の最早結合点日程は等しくする必要がある。そこで，作業①→②と①→③を同時に短縮するか，作業②→③と①→③を同時に短縮する必要がある。または，両クリティカルパスに含まれる作業③→④の短縮を考える。以上より作業の短縮による費用勾配は

　　　作業①→②と①→③　　8+5=13万円/日
　　　作業②→③と①→③　　6+5=11万円/日
　　　作業③→④　　　　　　　　7万円/日

であるため，費用勾配が最も小さい作業③→④を短縮することになる。このとき，イベント④のフロートに関係する③→④以外の作業は②→④である。作業③→④は，4日まで縮めることができるが，作業②→④のフロート $f^S_{24}$ は1日であるため，③→④の短縮も1日までとする。よって，作業③→④の短縮に伴って生じるコストは7万円で，フリーフロート $f^R_{34}$ は2となる。このときの作業ネットワークを図5.24に示す。

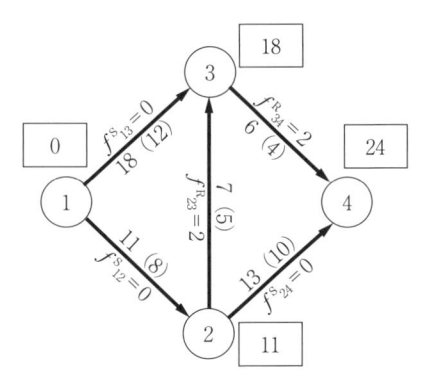

**図5.24**　サイクル2の結果

**短縮作業探索サイクル3**　前ステップの結果，クリティカルパスは①→②→③→④，①→②→④と①→③→④の三つあることがわかった。三つのクリティカルパスでフリーフロートを生じさせないためにも，①→②→③と①→③によるイベント③の最早結合点日程を等しく，②→③→④と②→④によるイベント④の最早結合点日程を等しくする必要がある。そこで，作業①→②と①→③を同時に短縮するか，作業②→③と①→③および②→④は同時に短縮する必要がある。または，作業③→④と②→④も同時に短縮する必

要がある。そのほか，①→②，②→④，③→④ を減じて，②→③ を増加させる方法もある。以上より作業の短縮による費用勾配は

  作業 ①→② と ①→③    8+5=13 万円/日
  作業 ②→③ と ①→③ と ②→④ 6+5+5=16 万円/日
  作業 ③→④ と ②→④    7+5=12 万円/日

 作業 ①→② と ③→④ と ②→④ を短縮し，②→③ を延長すると 8+7+5−6=14 万円/日であるため，費用勾配が最も小さい作業 ③→④ と ②→④ の組合せを短縮することになる。作業 ②→④ は 10 日まで，作業 ③→④ は 4 日まで短縮可能であるが，それぞれ 1 日短縮することで工期を 23 にできる。よって，作業 ③→④ と ②→④ の短縮に伴って生じるコストは 12 万円でフリーフロートは $f^R_{34}$ は 1, $f^R_{24}$ は 2 となる。このときの作業ネットワークを図 5.25 に示す。26 日の工期を 3 日間短縮すると，費用は 180 万円から 25 万円増加して 205 万円となる。

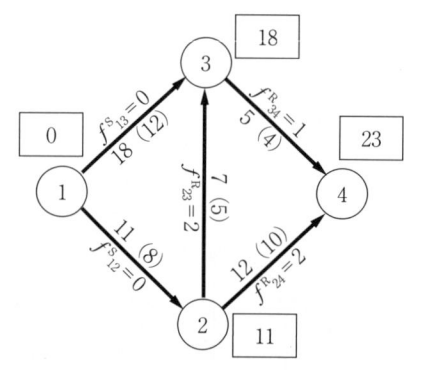

図 5.25　工期 23 日の作業ネットワーク

## 演 習 問 題

**【1】** 信号機のない横断歩道で，歩行者が横断するのに 6 秒間必要である。時間当りの平均交通量が $Q=1\,200$ 台で，ポアソン分布が仮定できるとした場合，この歩行者が横断できる確率を求めよ。

**【2】** $M/M/1(\infty)$ で記述できる待ち行列システムで，トラフィック密度 $\rho$ が $\rho<1$, $\rho=1$, $\rho>1$ の場合のシステム内の状態を記述せよ。

**【3】** $M/M/1(\infty)$ の待ち行列システムで，単位時間の平均到着率を $\lambda$, 単位時間の平均サービス率を $\mu$ とすると，トラフィック密度は $\rho=\lambda/\mu$ で示され，$n=0$ から $n=\infty$ までの状態はシステム中の人数がサービスを受けている人も入れて $n$〔人〕の場合，$P_n=\rho^n(1-\rho)$ となることを導け。ただし，$\rho<1$ である。

演 習 問 題　*149*

【4】 M/M/1(∞) の記号は何の記述か．M，M，1，(∞) の各項の意味を説明せよ．また，M の代わりに D が表示された場合のシステムについて説明せよ．

【5】 あるインターチェンジで ETC レーンを設計することになった．このインターチェンジに到着する交通量は平均で 1 時間に 600 台であるという．また，ETC レーンを通過する時間分布（平均サービス時間）は 3 秒/台の指数分布であることもわかった．M/M/1(∞) の待ち行列システムとして，ETC レーンに 2 台以上が団子となって到着する確率を求めよ．（ヒント：サービスを受けている車が 1 台，待ち行列を構成する台数が 2 台以上と考える．）

【6】 ある農業協同組合が，道路が広くなっているところで，ドライブスルー形式の土産物店を出したいと道路管理者に申し出た．道路管理者からは待ち行列が道路本線にはみ出す確率が 0.1 以下となるならばドライブスルー方式での土産物の販売を許可するといわれた．広くなっている場所ではどのように設計してもサービスを受けている車を含め 4 台までしか収容できない．
   1) この場所に土産を買いに来る車の到着率が 1 分間に平均 2 台で名産品販売のサービス率が 1 分間に平均 4 台の場合，システム内に存在する車の待ち行列長の台数が 4 台以下となる確率を求めよ．
   2) また，この場所に土産を買いに来る車の到着率が 1 分間に平均 2 台であるとき，道路管理者の許可条件を満足させる外食販売のサービス率を求めよ．

【7】 127 ページの *5.3.1*〔*3*〕項に示す「制約条件に等式が含まれる場合」の最適化問題と，128 ページの *5.3.1*〔*4*〕項に示す「非負条件のない変数が含まれる場合」の最適化問題について，これらの線形計画問題の最適解をシンプレックス法で求めよ．

【8】 ある市街地に立地している娯楽施設への来訪者は，その日の時間と所得制約のもとで，効用が最大となるように消費する余暇活動費用と時間，および活動に必要な消費費用と時間を決めている．余暇で消費する費用を $G_l$，消費する時間を $T_l$ とし，余暇活動に必要な交通費を $G_m$，必要な移動時間を $T_m$ とする．その 1 日に自由に使える所得を $I$，自由に使える時間を $T$ とする．余暇活動による効用 $U(G_l, T_l, G_m, T_m)$ は，消費量が増加するに従って単調増加し，その限界費用は逓減することがわかっている．以上，娯楽施設への来訪者の余暇活動を定式化し，最適解が満足するための必要十分条件を示せ．

【9】 問図 *5.1* に示す作業ネットワークの最早および最遅結合点日程を計算し，ク

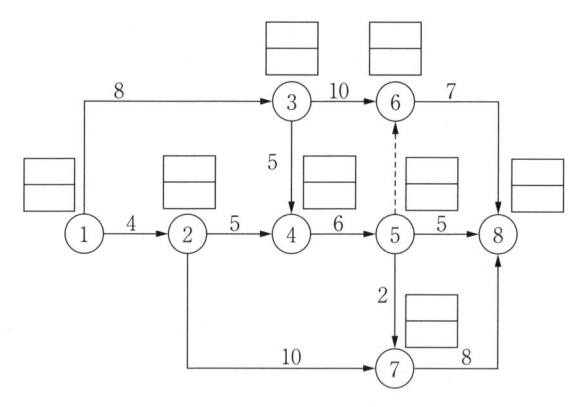

150   5. 計画のための数学モデル

**問図 5.1** 作業のネットワーク図

リティカルパスを示せ．また，作業 3, 6 について各作業日程を示せ．

【10】 **問図 5.2** に示す作業ネットワークには，標準所要日数（特急所要日数）が記されている．また，イベントには標準所要日数に基づく最早結合点も □ 内に記されている．標準所要日数で実施すると工期は 20 日であるが，プロジェクトの進行上 18 日までに本作業を終了しなければならなくなった．費用増を最小に抑えるために，各作業をどのように短縮すべきか検討せよ．各作業の所要日数および費用勾配を**問表 5.1** に示す．作業ネットワークには，各作業のフリーフロートも記載されている．

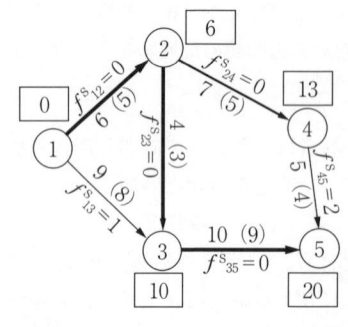

**問図 5.2** CPM 作業ネットワーク

**問表 5.1** 各作業の所要日数と費用勾配

| 作業 $i, j$ | $D^S_{ij}$ 〔日〕 | $D^R_{ij}$ 〔日〕 | $M^S_{ij}$ 〔万円〕 | $M^R_{ij}$ 〔万円〕 | $C_{ij}$ 〔万円/日〕 |
|---|---|---|---|---|---|
| 1, 2 | 6 | 5 | 80 | 90 | 10 |
| 1, 3 | 9 | 8 | 95 | 100 | 5 |
| 2, 3 | 4 | 3 | 65 | 80 | 15 |
| 2, 4 | 7 | 5 | 60 | 76 | 8 |
| 3, 5 | 10 | 9 | 110 | 122 | 12 |
| 4, 5 | 5 | 4 | 80 | 86 | 6 |

# 6

# 計画案の作成と評価

　これまでの成長型社会から経済の停滞期を迎えたわが国は，持続発展可能な社会を目指さなければならないが，人口減少や財政赤字などが顕著となり，住民の要求を満たすための社会資本整備の困難さが増している。また，地震・洪水・土砂災害などの大規模な自然災害が頻発しており，わが国の社会が「豊かで安全・安心して暮らせるかどうか」の真価が問われている。価値観が多様化したわが国では社会資本整備の実施の困難さが増しており，社会的な合意形成が必要不可欠となっている。ここでは，計画代替案の作成や評価，さらには，事業化のための新たな手法などについて学ぶ。

## 6.1　計画代替案の作成

### 6.1.1　代替案評価のための評価基準

　2章で「計画では問題点の整理と明確化」が重要であると述べ，システムズアナリシスの手法における思考過程と形成過程について詳細に記述した。特に形成過程では，① 構想，② 基本計画，③ 整備計画，④ 実施計画，⑤ 管理計画がある。各計画段階では意思決定が伴い，システムズアナリシスの循環的手順による解釈と評価により最適な計画案が選択される[1]。

　計画者は各種計画案策定に当たり，可能な手段・方法が複数あって，その中から最適なものを選択することとなる。特に，意思決定に必要な**評価基準**を定め，定められた評価基準に従い複数ある計画案から最適な計画を選択する。

　計画の決定ではいろいろな内部的束縛や外部から与えられた制約の中で，可能な方法，方策をすべて列挙し，予想される成果の中から最良のものを選ばな

ければならない。そのためには問題の条件を明確にする必要がある。東日本大震災による被害に対する復旧，復興などは早急に，しかも必ずやり遂げなければならない場合であるが，このような場合においても冷静に考え，復旧・復興に向けた可能な限りの条件を列挙する必要がある。

一般には，利用可能な資源（人的，物的，資金的資源）の制約，時間的制限を考慮して解を導き出す必要があり，重要なことは可能な方法（代替案）が複数個存在するときに，どのような評価基準で解決策を決定するかであり，評価基準が定量化されている場合は一般的に**オペレーションズリサーチ**（operations research，略して**OR**）的手法[2), 3)]で最適解を得ることができる。

評価基準が定量化できない場合には，*2*章で述べたシステムズアナリシスの循環的手順による解釈と評価により各項目に重み付けを行って定量化することにより最適な案を得ることができる。具体的な評価基準として，利益最大，効果最大，費用最小，故障率最小，作業日数最小，耐久性最大，重量最小，信頼性最大，危険最小，犠牲最小などがあるが，社会基盤整備における計画では往々にして複数の評価基準で計画の実施を評価・決定しなければならないものも多い。しかし，取り得る方策が複数個あっても，目的が明確かつ単純で，さらに指標が数量化されており，数理統計学的なモデル化ができれば複数ある代替案の中から最適な実施計画を選択することは容易となる。

しかしながら，計画における目標が多数あり，しかも各種の評価基準の総合化が難しく，さらに，目標の中に定量的なものばかりでなく感覚的あるいは官能的なものなどの定性的な指標が含まれる場合も少なくない。こうした指標は対象が個人の場合が多く，指標に個人差が現れて定量化や数学的なモデル化が困難となる場合が多く，意思決定を難しくしている。このように個人の価値観や心理状態など，組織化された人間が行う意思決定には複雑な事象が絡み合っており，これらを解決する方法として，便利さ，美しさ，生き甲斐などの感覚的や官能的な指標の定量化を**ブレーンストーミング法**，**KJ法**，**デルファイ法**などのヒューリステック（先験的）な手法[4)]を用いて計画に必要な評価要素を抽出し，**AHP法**や**数量化理論**[5)]などにより要素間の重みを導き出して指標の

定量化を行うことができるようになってきた。

しかし,計画者が意思決定する前の段階で,すなわち,行動を起こす前に十分考えて計画し,意思決定過程に科学的な見地から正しい枠組みを与える必要がある。2章で述べたシステムズアナリシスの循環的手順の科学的手法がこれに当たる。東日本大震災における津波対策防波堤の規模,交通事故削減対策などさまざまな条件のもとで意思決定を求められる計画者は「正しい意思決定とは何か」正しい見識を持つ必要がある。

計画の評価基準を定めるためには新しい科学の視点[6)]での展開が求められ,多くの場合,計画を取り巻くすべての領域の情報が必要となる。最近の情報の概念は**情報科学**(information science)で総称される分野であり,生物体であれ,機械であれ,人間や社会であれ,およそ情報現象が認められる分野を包含する。情報科学の対象領域として,① 情報,情報量,システム情報系,制御系,パターンなどの情報現象に関するものと,② 意思決定,ゲーム事象,システム最適化など,一連の,人間の**選好行為**(preferential behavior)に関する(広義においては情報の処理・操作に関する)ものがあり,建設システム計画では意思決定を伴うことから人間の選好行為がおもに問題とされる。すなわち,自らが発想し,かつ優れた代替案を開発し,最も有利な道を選ぶことができる「創造開発型」の計画者が求められる所以である。図**6.1**に,建設計画における代替案作成の思考プロセスの一例を示す。

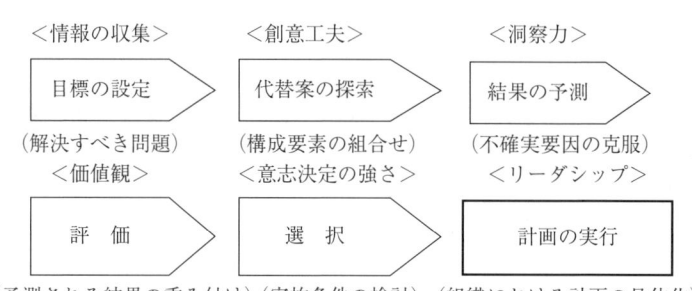

図**6.1** 計画における思考プロセスの例

### 6.1.2 目標の設定

阪神淡路大震災や東日本大震災のような未曾有の大災害などでは，これまで環境条件の変化を想定外として処理しようとしてきた．計画者は問題を深く掘り下げ，起こり得る状況をさまざまな角度から検討し意思決定の場に立つ必要が出てきた．社会基盤を一つのシステムとして捉え，このシステムの意思決定が有効に機能するためには「何を問題にし，何をなすべきか」を明らかにする必要がある．

社会基盤整備における意思決定では「大局的な目標と目標達成の前提が上位計画から与えられ，その前提を受けて各段階で思考をこらし，その結論がつぎの計画段階のインプットとなる」いわゆるカスケード方式（水が上位から順に流れ落ちる様子）が一般的であった．一方で「トータルシステムにおける構成要素が共通の目的を達成するために相互に依存関係をもって全体を構成する」といったフィードバック方式が重要視され，その典型が **PDCA サイクル**である．

カスケード方式，フィードバック方式のいずれの場合も，意思決定の重要な部分である選択の問題が生じ，各段階の構成要素のモデルを精緻に組み立てておくことで，技術上可能な代替案を正しく選択することができる．

### 6.1.3 代替案の探索

意思決定は，目標に照らして二つ以上の**代替案**の中から特定の一つを選択する人間の合目的な行動を指している．したがって，計画策定にあたって，目標設定後に選択の対象となる代替案が複数立案され，最も優れた案が探索されることになる．このとき，「現状のままでよい」とする案も代替案の一つであることを知っておく必要がある．

大規模な社会基盤整備における計画の立案では，取り得る手段や方法の中身が技術的に高度となり，その選択範囲が広くなり，さらに複雑化してきていることから，どのようにして代替案を探すかといった代替案の探索が重要な課題となる．

## 6.1 計画代替案の作成

子供の頃の遠足のとき，リュックサックに弁当や菓子を詰めることに出くわし，詰める菓子や弁当を出し入れして，すべてがうまく入らなくて泣きべそをかいた経験はないだろうか。また，公園の遊歩道や博覧会などの会場で，複数の場所を順序よく，一筆書きで回ろうとして，うまくいかず，結局場当たり的な形で回ってしまった経験はないだろうか。

いずれも組合せ最適化の問題として定式化[7]できる。前者の問題を**ナップサック問題**といい，後者を**セールスマン問題**といって，組合せ最適問題として定式化できる。最適解は総当りにより求めることができるが，それでは組合せが多過ぎて解くことができない。与えられた条件でいかに探索経路を減らすかが問題で，それぞれ解法のアルゴリズムが提案されている。複数の代替案について目標における評価基準が定量的に与えられれば，オペレーションズリサーチの手法で最適解を求めることができる。一方，目標における評価基準がすべて定量的に表すことができない場合，評価基準に重みを付けたり，順序を付けるなど，*2*章で述べた評価基準を定量的に示すシステムズアナリシスなどの研究も進んでおり，社会資本整備における代替案の意思決定ができるようになってきている。

一方で，今回の東日本大震災での津波による被害のうち，堤防の高さを費用対効果の点を考えて過小評価したことによる原子力発電所の災害を引き起こし，ギネスブックに載るほどの堤防高を誇った宮古市田老地区では，住民が津波への安全性を過大評価したことにより避難が遅れ，多くの犠牲者を出してしまったことも事実である。

防潮堤の高さを決める際の評価基準として過去に起こった最大の津波高さで計画した案を採用したわけであるが，津波が堤防の高さをはるかに超えて襲来したために，堤防の安全性を過大評価した住民が多く犠牲になった[8]。阪神大震災では耐震に対する建築基準法の改正により安全となったが，津波による災害には新しい建築基準法で建てられた家屋の多くが流された。まさに今日の災害は，どこまで整備すれば安全・安心が担保できるかとするハード的な整備水準に加えて，安全な場所に逃げるという行動によるソフト的な対応を計画者に

求められた地震・津波災害であった[9]。

計画段階では，目標に照らして二つ以上の代替案のなかから特定の一つを選択するシステムの合目的性が必要である。システム内のすべての状態が定量的に表現された場合で，**最適基準**（optimizing criterion）と呼ばれている評価基準が定められれば代替案の探索はオペレーションズリサーチなどの理論によりシステムの最適条件を求めることができる。例えば **5** 章の線形計画法などを利用することにより最適解が求まる。一方，システムが複雑で評価基準が一意に決まらない，あるいは，定量化が困難な場合での代替案の探索には，システムズアナリシスの循環手法によりシステムの最適条件を決めることが可能である。

しかしながら，実際のシステムでは，以下に述べる三つの理由で一意に最適解を得ることが難しい。

① プロジェクトの目的や目標が単一目的の場合は少なく，一般に多目的性からくる複数の評価基準での代替案の決定が必要となる。

② 最適な代替案を選択するためには，すべての代替案の探索には限界がある。

③ 代替案の評価には質的な要因が含まれる場合があり，代替案の評価を貨幣換算のような一元化した共通の尺度で行うことが不可能な場合がある。

①の場合でも代替案相互の評価基準の重み付けが可能な場合には多目的最適化問題として解けるが，災害などでの防災対策の評価のように経済的な被害と人的被害を同時に評価しなければならない場合には，最適解の探索が困難となる場合が多い。

社会基盤整備や公共交通の整備などでは費用基準（例えば費用対効果：B／C）とは別に住民や行政の満足基準度が要求される場合がある。満足基準によれば，代替案によってもたらされる結果が，一定の目標水準（希求水準）に到達しているか否かを目標ごとにチェックし，一定水準を超える代替案が探り当てられればそれをもって他の代替案を追求しないとすることもできる。

代替案探索方法の一例を**図 6.2** に示す。代替案の選択にあたって重要なこ

## 6.1 計画代替案の作成

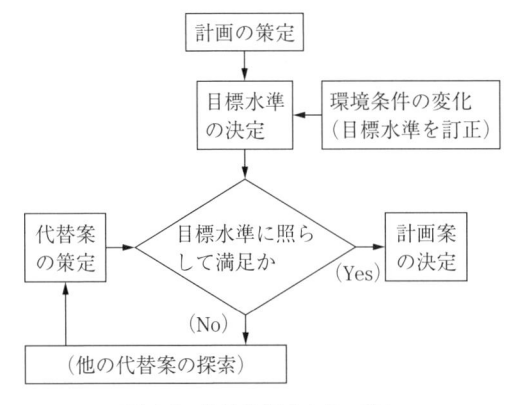

**図 6.2** 代替案探索方法の流れ

とは，計画の評価項目と項目における目標水準が明らかにされていることで，**図 2.1** の土木計画のシステムズ・アナリシスの循環的手順に示したように，問題の明確化，観察・調査・実験，予測と分析，解釈と評価，結論の評価，それぞれの過程で必要に応じてフィードバックができるような循環システムになっている必要がある。**図 6.2** では，代替案が複数設定される場合で，目標水準に照らし合わせて代替案を決定する流れを示す。

一般的に，目標水準は複数の評価項目で設定される場合が多い。例えば，工事にかかわる費用，工期，さらには施設の維持管理にかかわる人件費，利用形態における便益など多岐にわたる。こうした評価項目の中には社会情勢の変化や経済状況の変化などのために目標水準を変更せざるをえなくなる場合もある。しかしながら，技術者として大切なことは，計画対象とした社会基盤施設の社会的意義を十分吟味した上で目標水準を設定するべきで，安易に水準の上げ下げを行うべきではない。

### 6.1.4 多面的な評価

社会基盤整備における公共事業の代替案評価のように多面的な評価を必要とする場合，最適基準が独立性の高い基準項目と交互作用を持つ項目が存在し，項目相互で目標水準として受け入れられる問題と相入れない問題が生じる。

## 6. 計画案の作成と評価

特に，経済問題と環境問題がかかわるような計画では利害関係が生じ，代替案の中の特定部分，例えば，安全と効率などのように意思決定がうまくできない場合がある。すなわち，① 高い安全性を持つこと，② 高い効率（機能・美観）を持つこと，③ 適切な経済性を持つこと，④ 適切な時間条件を充足すること，⑤ 適切な社会生活を満たすこと，などが評価項目にあがる社会基盤整備などである。

このようなプロジェクトでは，図 6.3 に示す**フィージビリティスタディ**（feasibility study）によることもある[10]。フィージビリティスタディにより課題，問題点を明らかにし，問題点となった課題の新たな数学モデルが可能になったり解決策が見つかったりする。

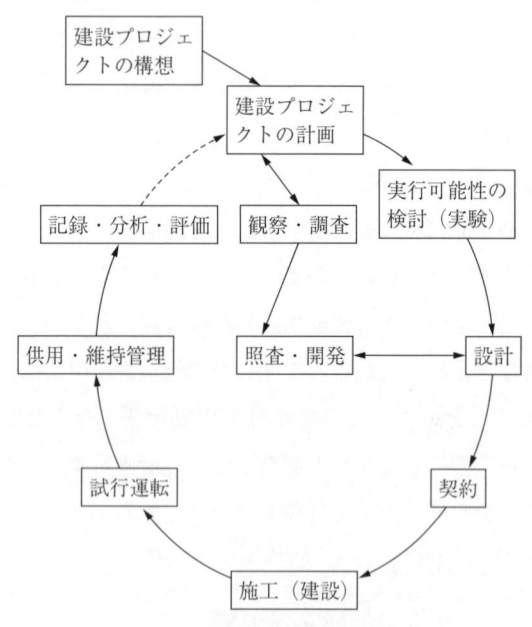

**図 6.3** 多面的な要素を含む建設プロジェクトにおける遂行の流れ

地震や集中豪雨などの大災害から顕在化した事案も出てきた。例えば，福島第1原子力発電所の事故による電気料金値上げや大規模な節電行動が全国的に

発展したことなどである。

今後，①阪神淡路大震災，東日本大震災，福島第1原子力発電所の事故など未曾有の災害や，②東京オリンピック開催時期に整備された東海道新幹線，東名・名神などの高速道路に代表される社会資本の老朽化，③少子・高齢化に伴う人口減少など，社会資本整備のあり方が問題視され，再整備が課題となり多面的な視点での評価による新たな方向性が重要となってきた。

## 6.2 計画案の効果と評価

### 6.2.1 計画案の効果

計画案の効果には，人間の生命や財産に関するものが多く，1章の社会資本の特質で指摘しているように，効果計測の困難性がある。地域社会に無限に循環波及していく効果では，直接か間接か，短期か長期か，即時か波及かなどの着眼点がある。直接的な効果は，短期間において即時的に発生し，間接的な効果は，長期間において波及的に発生する。また，社会資本整備では事業規模が大きくなるため，地域経済の有効需要を喚起して経済を活性化する**事業効果**（**フロー効果**）がある。わが国では，景気対策として公共投資と金利政策が採られ，これらの景気対策によって経済成長が維持されてきた。一方，社会資本整備の本来の効果が**資本形成効果**（**ストック効果**）であり，社会資本を利用することにより長期的に発生する効果である。

都市地域空間に社会資本を整備することは，社会資本本来の便益（**プラス効果**）とは別に，騒音・振動・排ガスや日照・通風・悪臭などの問題を伴うことがあり，不便益（**マイナス効果**）を発生させることも多い。また，社会資本には市場メカニズムが機能しないことが多く経済の外部性が大であり，便益や不便益に対して金銭の支払が行われる内部効果と金銭の支払が行われない外部効果がある。

広範な影響を及ぼす社会資本の整備効果の分類には多様な視点があるが，社会資本整備において，これら便益や不便益の帰属が明らかになれば，社会資本

整備の費用負担や補償が明らかとなる。多大な便益を手に入れる企業や人には事業費の負担が要求されるであろう。

社会資本整備の影響の大きさを時間や空間からみるならば，都市空間への巨大な**インパクト**であり，このインパクトを計測しなければならない。事前に効果計測を行う場合と，事後に効果計測を行う場合の二つがある。社会資本を建設する前の計画段階における事前予測には**有無比較法**があり，施設整備がある場合とない場合を比較して，その違いから事前に効果を計測する。社会資本建設後における事後調査には前後比較法と地域比較法がある。**前後比較法**は，施設建設の前後による違いから事後的に効果を計測する。**地域比較法**は，施設建設のある所とない所の違いから事後的に効果を計測する。効果計測の評価指標としては，所得・生産額・雇用・人口・利便性・安全性などが選定される。

### 6.2.2 産業連関分析による計画案評価

**産業連関分析**は，アメリカの経済学者レオンチェフ（W. Leontiev）によって提唱され，経済分析や政策策定に広く利用されている。地域における産業間の財貨やサービスのやり取りを示した**産業連関表**（**表6.1**）を用いて，公共投資などの最終需要の変化が地域経済に循環波及する影響を明らかにする。社会資本整備にはストック効果に加えて公共投資によるフロー効果があるが，産業連関分析はフロー効果を計量するものである。

産業連関表を $i$ 行目に着目して，横にみると

$$\sum_{j=1}^{n} X_{ij} + f_i + E_i + N_i - M_i = X_i \tag{6.1}$$

となる。ここで，**投入係数** $a_{ij}$ を

$$a_{ij} = \frac{X_{ij}}{X_j} \tag{6.2}$$

のように定義すると，式 (6.1) は次式のようになる。

$$\sum_{j=1}^{n} a_{ij} X_j + f_i + E_i + N_i - M_i = X_i \tag{6.3}$$

投入係数 $a_{ij}$ は，産業 $j$ の製品を 1 単位を生産するのに必要な各産業からの

## 表6.1 産業連関表

| 投入＼産出 | | 中間需要 | | | | 最終需要 | 生産額 |
|---|---|---|---|---|---|---|---|
| | | 部門1 | 部門2 | ⋯ | 部門$n$ | | |
| 中間投入 | 部門1 | $X_{11}$ | $X_{12}$ | ⋯ | $X_{1n}$ | $F_1$ | $X_1$ |
| | 部門2 | $X_{21}$ | $X_{22}$ | ⋯ | $X_{2n}$ | $F_2$ | $X_2$ |
| | ⋮ | ⋮ | ⋮ | ⋱ | ⋮ | ⋮ | ⋮ |
| | 部門$n$ | $X_{n1}$ | $X_{n2}$ | ⋯ | $X_{nn}$ | $F_n$ | $X_n$ |
| 付加価値 | | $V_1$ | $V_2$ | ⋯ | $V_n$ | | |
| 支出額 | | $X_1$ | $X_2$ | ⋯ | $X_n$ | | |

$n$：産業部門の分類数
$X_{ij}$：中間需要，産業$i$から産業$j$への投入額（産業部門が，原材料として各産業から購入する額）
$X_i$：$i$部門の生産額（$i$部門への支出額）
$V_j$：$j$部門の付加価値（賃金・利子・配当・利潤など）
$F_i$：最終需要，$F = f + E + N - M$
　$f_i$：$i$部門の地域内での最終需要額（家計の消費）
　$E_i$：$i$部門の地域内での公共投資などの資本蓄積額
　$N_i$：$i$部門から他地域への移出額
　$M_i$：$i$部門への他地域からの移入額

投入割合であり，列の合計である支出額（生産額）で列の各要素を割ったものである．短期的にみて，投入係数は変化しなくて一定と仮定できる．長期間では技術革新が起こって投入係数の変化が予想されるが，短期的には技術革新などがなく，投入係数に変化はないものと仮定できる．

産業連関表を$j$列目に着目して，縦にみると

$$\sum_{i=1}^{n} X_{ij} + V_j = X_j \tag{6.4}$$

となり，各産業からの中間投入と労働などの付加価値の合計が産業$j$への支出額となる．このように示される産業連関表を用いて，以下に示す産業連関分析により，社会資本整備が地域経済に及ぼす影響を明らかにする．

最終需要を$F$で表すと，式(6.3)は

$$\sum_{j=1}^{n} a_{ij} X_j + F_i = X_i \tag{6.5}$$

となり，以下，産業連関表を行列表示して示す．

$$AX + F = X \tag{6.6}$$

ここに，$A$：投入係数行列，$X$：生産額（支出額）ベクトル，$F$：最終需要ベクトル

式 (6.6) の産業連関表において，$A$ は既知，$F$ は計画的に決定される値であり，求める値は $X$ である。式 (6.6) を変形して $X$ を分離する。

$$[I-A]X = F \tag{6.7}$$

$[I-A]$ は**レオンチェフ行列**と呼ばれており，式 (6.7) の両辺にレオンチェフ行列の逆行列 $[I-A]^{-1}$ を左から乗じて，産業連関分析の誘導方程式が得られる。

$$X = [I-A]^{-1}F \tag{6.8}$$

産業連関分析では，現況の産業連関表から誘導方程式を求め，外生的に与えられる将来の最終需要 $F$ から生産額 $X$ を求める。最終需要に対応する生産額が求まれば，この生産額 $X$ から投入係数に従って中間投入 $X_{ij}$ を算定し，さらに，付加価値 $V_j$ を算定する。

このような産業連関分析により，社会資本整備という公共投資の地域経済に与える影響が明らかとなる。

---

【例題 6.1】　（産業連関分析）　表 6.2 の産業連関表から，投入係数行列 $A$，誘導方程式 $X = [I-A]^{-1}F$ を求めよ。また，この産業連関表において，部門 1 の最終需要を 3 億円から 8 億円に変更した場合の効果（変更後の産業連関表）を示せ。単位はすべて億円である。

**表 6.2**　産業連関表〔単位：億円〕

| 投入＼産出 | | 中間需要 | | | 最終需要 | 生産額 |
|---|---|---|---|---|---|---|
| | | 部門 1 | 部門 2 | 部門 3 | | |
| 中間投入 | 部門 1 | 8 | 5 | 4 | 3 | 20 |
| | 部門 2 | 4 | 10 | 6 | 10 | 30 |
| | 部門 3 | 2 | 8 | 8 | 12 | 30 |
| 付加価値 | | 6 | 7 | 12 | | |
| 支出額 | | 20 | 30 | 30 | | 80 |

**【解答】** 投入係数行列 $A$ は

$$A = \begin{bmatrix} 0.4 & 0.17 & 0.13 \\ 0.2 & 0.33 & 0.2 \\ 0.1 & 0.27 & 0.27 \end{bmatrix}$$

レオンチェフ行列 $I-A$ は

$$I - A = \begin{bmatrix} 0.6 & -0.17 & -0.13 \\ -0.2 & 0.67 & -0.2 \\ -0.1 & -0.27 & 0.73 \end{bmatrix}$$

レオンチェフ行列の逆行列 $(I-A)^{-1}$ は

$$(I - A)^{-1} = \begin{bmatrix} 2.00 & 0.73 & 0.56 \\ 0.77 & 1.96 & 0.67 \\ 0.55 & 0.81 & 1.69 \end{bmatrix}$$

誘導方程式 $X = (I-A)^{-1}F$ は

$$X_1 = 2.00F_1 + 0.73F_2 + 0.56F_3$$
$$X_2 = 0.77F_1 + 1.96F_2 + 0.67F_3$$
$$X_3 = 0.55F_1 + 0.81F_2 + 1.69F_3$$

なお，**表6.2**の産業連関表における最終需要ベクトル $F$ は

$$F = \begin{bmatrix} 3 \\ 10 \\ 12 \end{bmatrix}$$

ここで，誘導方程式の係数行列の列和を求めると，[3.32　3.50　2.92]となる．2列目の列和3.50が最大となっており，部門2への投資の誘発効果が大きいことを意味している．

つぎに，この例題において，最終需要を5億円増加して，部門1の最終需要 $F_1$ を3億円から8億円に増加する．このときの産業連関表は，つぎの最終需要ベクトル $F$ の下で誘導方程式から生産額（支出額）$X$ を算定し，この支出額 $X$ を投入係数の支出割合 $a_{ij}$ から各部門への投入額 $X_{ij}$（$X_{ij} = a_{ij} \cdot X_j$）を算定する．例題の産業連関表（**表6.2**）において，最終需要を

$$\text{変更後の最終ベクトル}\quad F = \begin{bmatrix} 8 \\ 10 \\ 12 \end{bmatrix}$$

のように変更したときの産業連関表は**表6.3**となる．

**表6.3** 最終需要を変更した産業連関表〔単位：億円〕

| 投入＼産出 | | 中間需要 | | | 最終需要 | 生産額 |
|---|---|---|---|---|---|---|
| | | 部門1 | 部門2 | 部門3 | | |
| 中間投入 | 部門1 | 12.0 | 5.6 | 4.4 | 8 | 30.0 |
| | 部門2 | 6.0 | 11.3 | 6.6 | 10 | 33.8 |
| | 部門3 | 3.0 | 9.0 | 8.7 | 12 | 32.8 |
| 付加価値 | | 9.0 | 7.9 | 13.1 | | |
| 支出額 | | 30.0 | 33.8 | 32.8 | | 96.6 |

　部門1の生産額は30億円に増加する。また，部門1の付加価値も9億円に増加しており，部門1の雇用情勢が大きく改善されている。変更後の最終需要ベクトル $F$ により総生産額は96.6億円となっており，5億円の需要増に対して16.6億円の生産額が増加している。5億円の増分を差し引くと，最終需要の増加分以外に11.6億円の生産額が増加しており，この増加分が地域経済に与える波及効果となる。

　**表6.3**の産業連関表は最終需要の増加分5億円を部門1としたが，この増加分をすべて部門2とし，部門2の最終需要を10から15億円としたときの地域の総生産額は97.5億円となる。また，最終需要の増加分をすべて部門3に投入したときの総生産額は94.6億円となる。このように，公共投資などによって最終需要を政策的に変更した場合に地域経済に与える影響を産業連関分析で明らかにすることができる。

### 6.2.3　費用便益分析による計画案評価

　都市地域空間における諸活動は市場メカニズムの下での行動であり，文化財や人命さえも金銭表示される社会となっており，すべてのものが市場経済に組み込まれている。**費用便益分析**（cost-benefit analysis）は，社会資本整備などの公共事業の実施により得られるメリットとデメリットをすべて金銭表示し，費用と便益で計画案の有効性を判断しようとするものである。一方，**費用有効度分析**（cost-effectiveness analysis）は，金銭表示の困難性を考慮して計画事例ごとに有効度を設定し，この有効度と費用から計画案の望ましさを検討するものである。

　費用有効度分析は，同一目的の各種計画案の妥当性には適用できるが，異なった目的で実施される異事業種間の比較はできない。費用便益分析には金銭

表示の困難さがあるが,財政制約の厳しい社会では,効果的な事業を選択するための有効な評価手法として活用されている[11]。

〔1〕 **費用便益分析** 社会資本整備などの公共事業では,調査や計画に長期間を要し,また,供用された社会資本には維持管理が必要となり,その結果,長期にわたって利用されることになる。半永久的に利用されるものも多く,耐用年数は長い。大量生産される耐久消費財などとは異なり,これらの事業が地域社会に及ぼす影響を画一的に捉えることはできない。これらの事業をそれぞれ異なるプロジェクトとみなし,これらプロジェクトの一生を**プロジェクトライフ**として図 6.4 に示す。

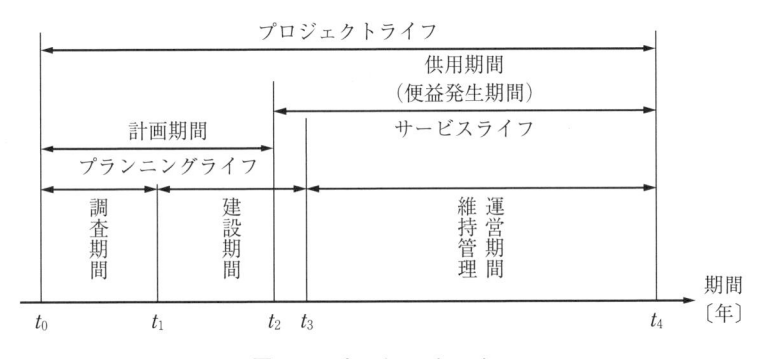

図 6.4 プロジェクトライフ

計画元年 $t_0$ から利用されなくなる $t_4$ までがプロジェクトライフであり,$t_0$ から $t_3$ までが計画期間,$t_2$ から $t_4$ までが供用期間,$t_4 - t_2$ が耐用年数となる。プロジェクト実施のおもな費用は,用地費,補償費,建設費であり,プロジェクトライフの初期に必要となる。維持管理費は,建設後に長期間必要となる。プロジェクト実施の便益は,地域経済の生産増加や雇用・所得の増大などに加えて,時間損失軽減便益,人的損失額軽減便益,環境改善便益など多岐にわたる効果があり,これらをダブルカウントすることなしに計測しなければならない。また,便益は,費用のように計画期間に集中するのではなく,建設後に長期間発生するものである。このように,長いプロジェクトライフの異なった時点において費用や便益が発生する。異時点間の費用や便益を比較するために,

プロジェクトライフの各期で発生する費用や便益を時間的に統一して比較しなければならない。一般には，費用や便益を計画元年に割り引いて比較する。

社会資本整備の特質に懐妊期間の長期化がある。土地取得の困難性や，環境問題などで建設工事が遅れる傾向にあり，このような事業の遅れは，費用の増大だけでなく，発生する便益を先延ばしすることになり，便益の割引度合が増して，事業としての経済的な採算が取れなくなる。

〔2〕 **割 引 率**　異なる時間に発生する費用や便益を，そのまま比較することはできない。現在の1万円と5年後の1万円は同一ではない。時間の違いを調整するものに銀行の利率などがある。

建設投資においても，他の事業に投資したときに得られると思われる便益をあらかじめ割り引いて当該事業の便益を算定しなければならない。**割引率**は，他の事業に投資したときに得られる機会的費用から算定され，公定歩合や銀行の金利に相当するものである。金銭の異時点間の交換比率を表すもので，投資に対する期待収益の最低保証と考えることが可能である。

好景気な場合の投資に対する期待収益の確率分布を**図6.5**($a$)に示す。好景気のときは多くの事業が黒字となるため，投資が増え金利は上昇する。不景気な場合の期待収益は図($b$)のようになり，黒字となる事業は少なくなる。不景気のときは，投資が控えられて金余りとなり，金利は低下する。

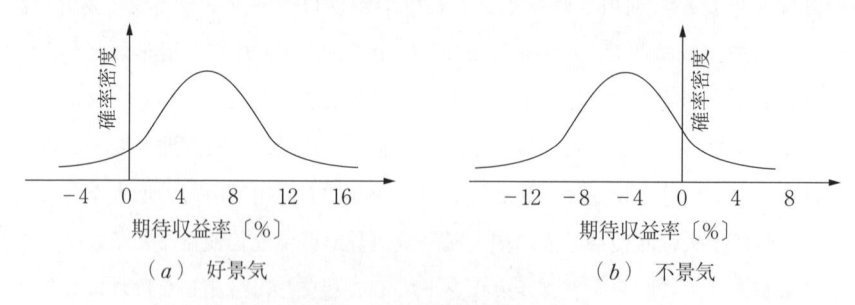

($a$) 好景気　　　　　　　　　　($b$) 不景気

**図6.5** 投資利益の期待収益率

割引率も景気に連動し，景気がよくなれば割引率は高く，景気が悪くなれば低下する。過去，割引率として6％が用いられてきたが，デフレスパイラルに

陥っている現在の社会は不景気が続いており，金利もたいへん低くなっている。このような状況下では割引率も低くなっており，具体的には国債などの利回りを参考に国土交通省などのすべての事業において，当面の社会的な割引率として4％が設定されている。

割引率5％を仮定した場合の換算例を以下に示す。

現在の10 000円の1年後の価値は，$10\,000 \times (1+0.05) = 10\,500$ 円

現在の10 000円の5年後の価値は，$10\,000 \times (1+0.05)^5 = 12\,763$ 円

1年後の10 000円の現在の価値は，$10\,000 / (1+0.05) = 9\,524$ 円

5年後の10 000円の現在の価値は，$10\,000 / (1+0.05)^5 = 7\,835$ 円

このような割引率を用いて，ものの価値を算定することもできる。人が判断する「ものの価値」は，利用する期間において発生する便益を現在価値に割引いた合計となる。宝石と土地について，その価値を以下に検討する。

**例1：宝石の価値**　　Aは，立派なダイヤモンドの宝石を所有している。Aはこのダイヤを未来永劫にわたって所有する予定であり，この宝石から毎年10万円に相当する便益を受けている。Aにとって，このダイヤモンドの価値はいくらか。発生する便益は10万円/年，割引率は5％で一定とする。

1年後に発生する便益10万円の現在価値は$10/1.05$万円，2年後の便益は$10/1.05^2$万円，3年後は$10/1.05^3$万円，…となる。これらの合計がAにとってのダイヤモンドの価値となる。すなわち

$$\frac{10}{1.05} + \frac{10}{1.05^2} + \frac{10}{1.05^3} + \frac{10}{1.05^4} + \cdots$$

の無限等比級数の和であり，Aにとってダイヤモンドの価値は$10/0.05 = 200$万円となる。

**例2：土地の価格とバブル**　　Bは，駅の近くに100 m$^2$の土地を所有しており，この土地を駐車場として貸し，毎年60万円の収益がある。将来も駐車場として使う場合，この土地の価格はいくらか。収益は60万円/年，割引率は5％で一定とし，課税がないものと仮定する。

前の例題と同様に考え，この土地の価格は$60/0.05 = 1\,200$万円となる。こ

の土地の効率的な利用が駐車場以外にないものとし,この土地が2000万円で売買された場合には800万円が経済の実態と掛け離れており,この金額がバブルに相当することになる。

〔3〕 **費用と便益の比較**　プロジェクトライフの各期において発生する便益を計画元年に割り引いた合計 $B$ は

$$B = \sum_i \frac{B_i}{(1+t)^i} \tag{6.9}$$

となる。また,費用の合計 $C$ は

$$C = \sum_i \frac{C_i}{(1+t)^i} \tag{6.10}$$

となる。このときの便益 $B$ を費用 $C$ で割った値 $B/C$ の大きさで効率性が判断され,$B/C$ は1を超えなければならない。ただし

$B$：プロジェクトの便益（便益を計画元年に割り引いた合計）

$C$：プロジェクトの費用（費用を計画元年に割り引いた合計）

$i$：プロジェクトライフの期間を示す添え字

$B_i$：プロジェクトライフの期間 $i$ に発生する便益

$C_i$：プロジェクトライフの期間 $i$ に必要となる費用

$t$：割引率

である。なお,国土交通省の事例では,費用便益分析を適用する分野によって差はあるが,$B/C$ は1.5～2.0を超えている。

---

【例題6.2】　プロジェクトライフ6年の事業（事業の遅れなし）

このプロジェクトの費用と便益が**表6.4**のように与えられている。費用便益分析を用いて,プロジェクトの望ましさを検討せよ。割引率は5％で一定と

**表6.4**　プロジェクトライフの費用と便益（遅れなし）〔単位：万円〕

| 期間 | 1年目 | 2年目 | 3年目 | 4年目 | 5年目 | 6年目 |
|---|---|---|---|---|---|---|
| 費用 | 2 000 | 1 800 | 200 | 100 | 100 | 100 |
| 便益 | 0 | 0 | 600 | 1 800 | 1 800 | 1 800 |

## 6.2 計画案の効果と評価

する。

**【解答】**

$$C = \frac{2\,000}{1.05} + \frac{1\,800}{1.05^2} + \frac{200}{1.05^3} + \cdots = 3\,945.4 \text{ 百万円}$$

$$B = \frac{600}{1.05^3} + \frac{1\,800}{1.05^4} + \frac{1\,800}{1.05^5} + \frac{1\,800}{1.05^6} \cdots = 4\,752.7 \text{ 百万円}$$

$$\frac{B}{C} = 1.205$$

となり,事業実施の効率性が確保されている。

### 6.2.4 便益の計測[12), 13)]

社会資本整備の便益としては,直接計測できる効果に加え,地域社会に広範に波及する間接的な効果があり,また,社会資本の外部性から効果を貨幣換算することが困難な場合も多い。これらの効果を抜け落とすことなく計測しなければならないが,つぎのような計測法がある。

〔1〕 **消費者余剰**　ある財の市場において需要曲線と供給曲線の均衡点で資源が最適配分されているとき,ある財の取引量は $x^*$,価格は $p^*$,消費者余剰は,**図6.6**($a$)のように斜線部の面積 ABC で表される。消費者余剰は,価格が $p^*$ となったときに消費者に発生する利得の大きさを表しており,余剰

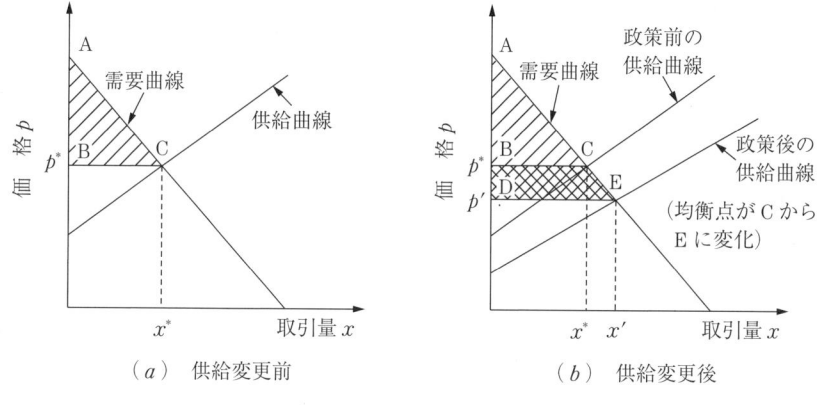

($a$) 供給変更前　　　　　　　　　($b$) 供給変更後

**図6.6** 消費者余剰

が大きいほど需要者の満足度水準は高く，余剰が小さいほど需要者の満足度水準は低い。このような市場において，社会資本整備により供給コストが低下して，供給曲線が図($b$)のように右下にシフトした場合，均衡点Cは右下の点Eに移動し，取引量は$x'$，価格は$p'$，消費者余剰は新たな斜線部の面積ADEとなる。つまり，消費者余剰はBCDEで囲まれる面積だけ増加しており，この増分を社会資本整備の便益とする方法である。

都市政策により財の供給が減少する場合には余剰が減少することになり，このような余剰の減少は便益とは反対に実施する政策の社会的費用となる。このような事例として，わが国では都市スプロールを防止する目的で都市計画区域の線引きが行われたが，線引きによる土地の供給減は地価高騰を助長した。市街化区域への集中投資による社会資本整備の効率化という線引きの直接的な便益に対し，土地市場におけるこのような余剰の大幅な減少は，線引きが引き起こした社会的費用と考えられる[14]。

〔2〕 **旅行費用法**　消費者余剰では費用を設定し，市場を通して利用者の効用増分を便益として計量したが，社会資本のように市場価格が存在しない場合には，消費者余剰から便益を算定することはできない。**旅行費用法**(travel cost method)は，施設までの旅行費用（施設の利用価格に相当）と訪問回数（施設の利用量）から需要関数を設定し，既存施設の更新とか整備による利用回数の増加（需要曲線の右側へのシフト）や，新たな施設が近くにできた場合の旅行費用低下などにより，需要者余剰が増加する。この余剰の増分が社会資本整備の便益となり，観光地のように市場価格が存在しない場合においても，便益を貨幣タームで算定できる。

〔3〕 **ヘドニックアプローチ**[15]　**ヘドニックアプローチ**(hedonic approach)は，社会資本整備の差によって生じる地価の差が社会資本の影響によるものと考え，地価データを用いて社会資本整備の便益を測定する方法である。社会資本整備により発生する便益は時間をかけて地域空間に循環波及しており，二重計測する問題があるが，キャピタリゼーション仮説によると，最終的な便益は地価に表れるとされている。

キャピタリゼーション仮説が成立するための条件は，地域の開放性（オープン）・社会資本整備の小規模性（スモール）が保たれていなければならない。社会資本整備により対象地域の効用水準が上れば，開放性の条件より他地域からの人口や産業の流入が起こり，他地域と効用が等しくなるまで流入が続く。また，国レベルと比較して対象地域や社会資本整備の小規模性より，全国における他地域の効用水準の増加には至らない。開放性によって効用は等しくなっており，他地域の効用水準が上らないということは当該地域の効用水準も上昇しないことを意味している。この結果，社会資本整備の便益は対象地域の住民にではなく，人口や産業の流入により地価に帰着する。

地価は，交通要因（都心からの距離や最寄駅からの距離など）や環境要因によって決まるものであり，この地価関数から便益を計測する。標準地地価・基準地地価・路線価などの公的機関による地価データが全国各地で整備されており，地価データが使いやすくなっている。

〔4〕 **CVM**[16), 17)]　**CVM**（contingent valuation method）は**仮想評価法**とも呼ばれ，環境や景観などのように金銭評価しにくい事象について，その価値を住民から直接聞く方法である。アンケートを利用して環境改善や環境破壊を回答者に説明し，この環境改善や環境破壊に対して最大支払ってもよいとする金額（**支払意思額**（willingness to pay，略して**WTP**））や，環境悪化に対して補償してもらいたいと考える最小の金額（**受入補償額**（willingness to accept，略して**WTA**））を直接たずね，その金額から環境への価値を計測し，社会資本整備の便益とする。CVMでは，環境評価値を住民の主観的な判断に求めるものであり，アンケート時の環境変化の説明などにも大きく影響されるため，計測結果にバイアスが含まれる可能性がある。

CVMには信頼性の確保に課題が残されているが，対象住民に直接評価値を聞く方法であり，あらゆる施設のどのような局面においてもその価値の計測が可能であるという特長を有している。

以上のような便益計測の方法があるが，社会資本整備を公平かつ，科学的な妥当性を持った方法で実施するためにも，費用便益分析などによる効率性の確

認が必要である。なお，便益計測に際しては，以下の点などに注意を要する。

　事業実施の社会的妥当性は，費用や便益の総量に委ねられるが，都市地域空間はさまざまな主体から構成されており，社会資本整備の費用負担や社会資本から享受される便益は主体間で大きく異なる。費用は均等に負担するが，享受する便益が小さい場合とか，享受する便益は同じであっても，環境悪化などにより犠牲を強いられ費用負担が大きくなる場合などがある。このような場合の費用や便益の帰属を明らかにしておく必要がある。費用や便益の帰属により，財政制約の厳しい状況下で，適正な費用負担や補償の提示が可能になるものと思われる。また，社会資本整備の効果は都市地域空間に無限に循環波及するものであり，ダブルカウントをしないように計測しなければならない。

　計量可能な便益の算定には限界があることも認識しておく必要がある。費用便益分析などによる効率性追求の結果，都市部における社会資本整備の有効性が増して過疎過密を促進することにもなりかねない。例えば，道路整備では，走行時間短縮・走行経費減少・交通事故減少の3便益から算定されているが，道路の果たす役割は多岐にわたっており，震災・豪雨・豪雪などからの災害救助や復旧に大きな役割を果たしたことはいうまでもない。社会資本整備審議会においても，このような効果の重要性が取り上げられており，社会資本が持つ防災機能の評価法なども検討されている[18]。

### 6.2.5　合意形成による計画案評価

　持続可能な社会の形成には透明性・公正性を確保するとともに，民意が十分に反映されたより良い計画づくりを実践しなければならない。その過程において社会や住民に情報提供する必要があり，わかりやすい形式での社会的合意形成は必要不可欠となる。今日のパソコンやインターネットの普及にみるように，私たちの暮らしは情報技術分野の急速な発達やコンピュータネットワークの発展によって支えられ，情報通信技術は欠くことのできない存在になっている。ここでは，高度情報化社会における**合意形成**に向けた新たな技術および**市民参加**の事例について紹介する。

## 〔1〕 合意形成に向けた新技術

**1) ICT**　ICT（information and communication technology）とは，一般的に**情報通信技術**の略称であり，**IT**（information technology）とほぼ同義の意味で用いられるが，IT よりもコミュニケーションを強調した表現として国際的に ICT が定着している。情報通信におけるコミュニケーションは，日本が目指す「ユビキタスネット社会」すなわち「いつでも・どこでも・何でも・誰でも」簡単にネットワークを利用し，人と人・物がつながる社会として重要視されている。

近年，インターネットを活用した情報収集やコミュニケーションが広く行われるようになった。インターネット上の掲示板やブログと呼ばれるサービスが普及し，すでに ICT を活用したコミュニケーションはわれわれの生活に密着したものになっている。また，ICT は一般市民同士のコミュニケーションだけではなく，公的機関に携わる人々と地域住民のコミュニケーションとしても活用されている。ホームページ上で「マルチメディア目安箱」などの名称により，簡単に県政や市政への意見を送信できる機能を設けている自治体は多い。行政職員と市民がインターネット上で直接的にコミュニケーションを図るため，電子会議室といったオープンな場が設置されている事例も存在する。これは，インターネットを利用した「新しい市民参加システムの構築」と「コミュニティ形成」を目指したサービスである[19]。

ICT は，幅広く市民参加・協働の場を形成することに特色がある。特に，誰もが自由に発言できる「参加の場」としての ICT は，今後の市民参加のあり方を考える上で重要になる。事業主体者である行政と NPO，住民などに判断材料を提供する観点，関係者間の情報共有と対話促進の観点から，今後，ICT が果たす役割は大きい。

**2) リモートセンシング**　リモートセンシング（remote sensing）とは直訳すると遠隔探査であるが，遠く離れた所から対象物に直接手を触れずに，対象物の大きさや形，性質を観測・分析する技術を指す。対象物からの情報収集には，対象物からの**反射**（reflection）または**放射**（radiation）される光など

の電磁波が主として用いられる（図6.7参照）。対象物から反射または放射される電磁波を受ける装置を**リモートセンサ**（remote sensor，**観測機器**）という。また，これらのセンサを搭載する移動体を**プラットフォーム**（platform）と呼び，航空機や人工衛星などが使われる。リモートセンシングという言葉は，1960年代にアメリカで造られた技術用語で，それ以前に用いられていた写真測量，写真判読，写真地質などを統合した形で提唱された。特に，1972年に最初の地球観測衛星Landsatが米国により打ち上げられてから急速に普及した[20]。

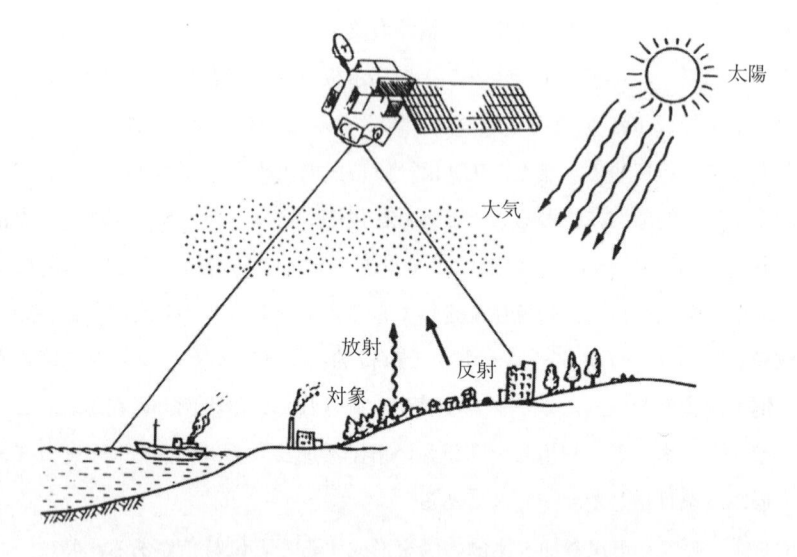

**図6.7** リモートセンシングによるデータ収集の概念図[20]

**電磁波**は，波長の短いほうから順にγ線，X線，紫外線（ultraviolet，略してUV），可視光線（visible），赤外線（infrared，略してIR），マイクロ波（microwave），ラジオ波（radiowave）と呼ばれている。現在，リモートセンシングに用いられている電磁波には，紫外線の一部および可視光線からマイクロ波までの波長領域（300 nm～1 m）がおもに利用されている（図6.8参照）。一般に，電磁波が物体に当たると，その物質によって反射・吸収・透過という作用を受ける。物質から反射，放射される電磁波の特性（分光特性また

6.2 計画案の効果と評価　175

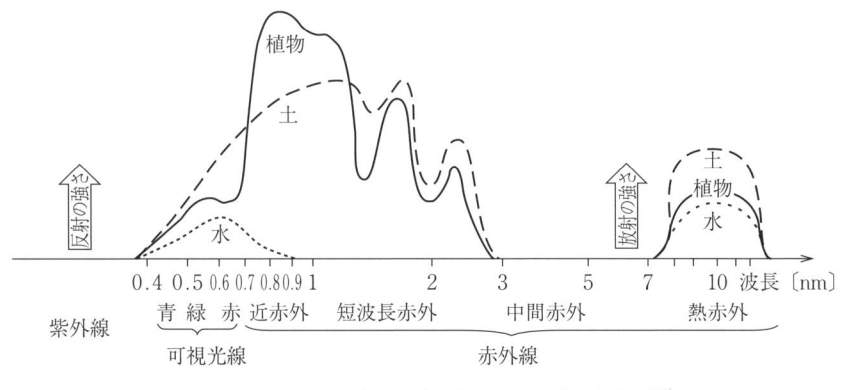

**図 6.8** 植物・土・水の分光反射および分光反射特性[21]

はスペクトル特性）は，物質の種類や状態によって異なる．すなわち，物質から反射，放射される電磁波のスペクトル特性を把握し，それらの特性とセンサで捉えた観測結果を照らし合わせることで，対象物の大きさ，形，性質を得ることが可能となる．

＜衛星リモートセンシングの特徴＞

① 広い地域をほぼ同時に観測できる（広域同時性）．
② 決まった周期で反復して観測できる（反復性）．
③ 可視光だけではなく，さまざまな波長帯で観測できる（多波長性）．

センサに入射した電磁エネルギーの強さはデジタルデータの値として記録される．記録されたデジタルデータの値を濃淡に置きかえ，センサが電磁波を観測した順序に並べると画像として表示できる（**図 6.9** 参照）．このとき，一つのデジタルデータに対応する画像の構成単位を**画素**（pixel，**ピクセル**）という．このようにデジタルで記録した画像を**デジタル画像**という[22]．**図 6.10** は羽田空港付近の衛星画像である．

**3） GIS**　GIS（geographic information system，**地理情報システム**）の定義は，文献によってさまざまであるが，国土交通省国土地理院では「地理的位置を手がかりに，位置に関する情報を持ったデータ（空間データ）を総合的に管理・加工・視覚的に表示し，高度な分析や迅速な判断を可能にする技術で

*176*　　6. 計画案の作成と評価

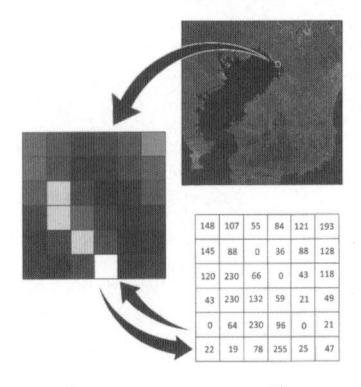

**図 6.9**　デジタル画像[22]

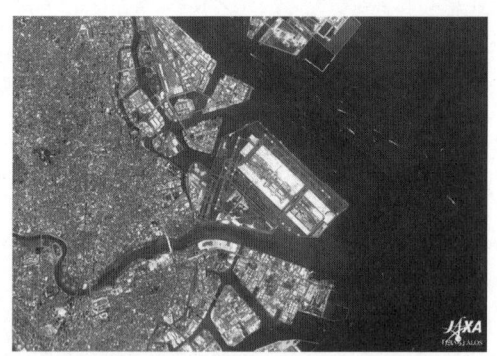

**図 6.10**　陸域観測技術衛星「だいち」ALOS 画像[23]
センサ名：AVNIR-2／観測日：2006 年 6 月 1 日
〔提供：JAXA〕

ある」としている。

　GIS データは，現実世界の地物群を理想的な状態に単純化・抽象化したものであり，空間データ（図形データ）と属性データで表現される（**図 6.11** 参照）。

　ベースとなるデータには，空中写真データ・植生や気象などを表す人工衛星データ・道路や河川などの台帳データ・都市計画図や土地利用図などの主題図（地図）データ・人口や農業などの統計データなど多様な種類がある。GIS データは，**図 6.12** のように 1 枚 1 枚が特定のデータを持ったレイヤであり，こうした複数のレイヤに対して位置情報をキーとして重ね合わせていくことで，情報の関連性が一目でわかる。

　**図 6.13** のように，モデル化（抽象化）されたデータはその空間のさまざまな側面すなわちデータに隠された傾向や関連性を可視化することができる。また，広域な情報や時系列の情報も作成・処理・表示することが可能であり，さまざまな時空間スケールの情報を GIS データとして扱うことができる。現在，オーバーレイやネットワーク解析などが行われ，空間解析や計画，対策の合意形成，意思決定支援に活用されている[21]。

　わが国では，1970 年代から国土数値情報の整備が始まり，それ以降コン

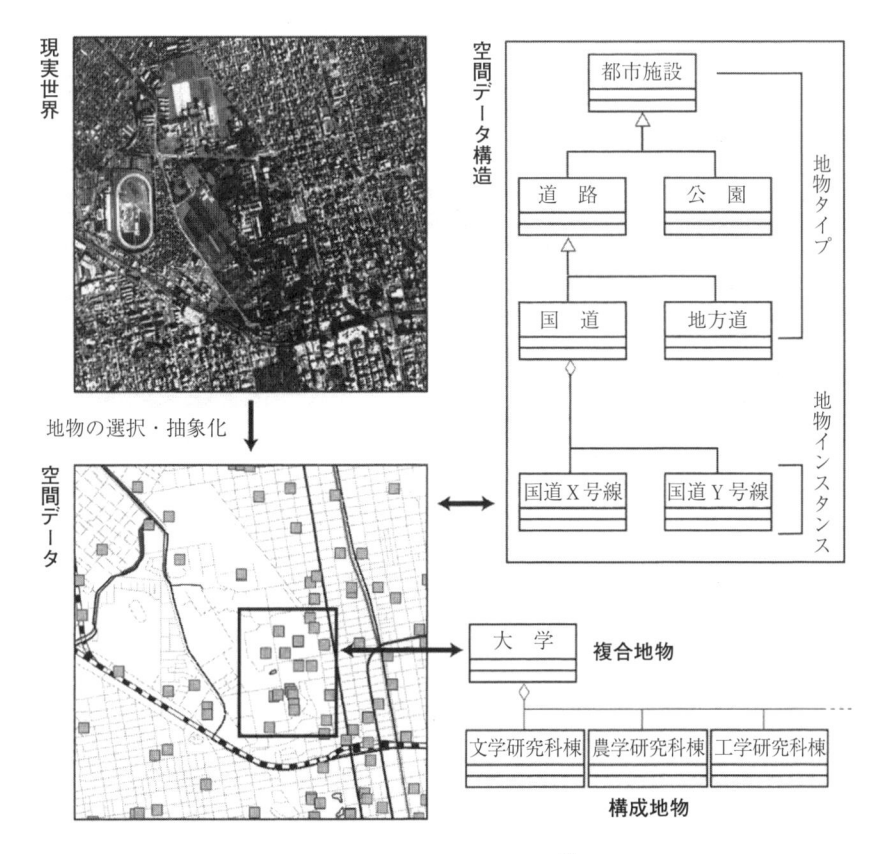

**図 6.11** GIS データのモデル[24]

ピュータ上で空間データが利用され始めたが，その利用は特定の大学や研究機関に限られていた．1990年代に入り，従来の大型コンピュータ中心からパソコン中心の利用に変化し，GIS は施設管理や都市計画分野で利用されてきた．しかし，1995年1月に発生した阪神・淡路大震災において，関係機関が保有していた情報を効果的に生かすシステムがなかったことへの反省などをきっかけに，デジタル地理情報の整備と利用に関して産学官の動きが活発になった．

また，デジタルマップである Google Maps も GIS の一種である．2010年9月に打ち上げられた準天頂衛星初号機「みちびき」は，米国の GPS 衛星によ

図 6.12 レイヤのモデル[24]　　図 6.13 GIS の仕組み（ESRI ジャパン GIS 入門より）

る測位を補完するものであり，携帯電話等の GPS 機能付き端末の測位精度もさらに向上した。Google Maps といった地図や航空写真を基盤として，国民が正確な位置と関連づけられた情報を容易に共有することができることから，今後，GIS におけるさらなるサービスの展開が期待されている。

〔2〕 まちづくりへの適用

**1） 住民参加とまちづくり**　　**住民参加**とは，広く社会的合意形成が必要とされる**まちづくり**の意思決定や実施に市民が参加することを指す。公共の福祉の向上を第一義とするまちづくりにおいて，行政が事業計画を策定し議会がチェックするという従来の代表（間接）民主主義では，民意を政策形成に十分反映していないという懸念があり，都市計画においても**縦覧**や**公聴会**などによって住民の意見を反映させようとしているが，これらの手続きも十分機能しているとは言い難い状況にある。多様化する地域社会の要望に応じた公的任務を行政のみで行うことは困難であるため，行政には事業の透明性や公正さの確保が求められる中，**ワークショップ**や **PI**（public involvement）などの手法が取り入れられている。阪神・淡路大震災におけるボランティア活動を契機として NPO という言葉が一般市民にも浸透し，官民協働によるまちづくりは日本各地で実施されており，現在，市民がまちづくりに参加する形態は，計画づくりから身近な公園の整備などさまざまなレベルとパターンが存在する。

**2） 管理委託制度から指定管理者制度へ**　　従来，公の施設の管理主体は，管理委託制度のもと自治体・自治体出資法人・公共的団体に限られていた。維持管理費の増大や多様化する住民ニーズを背景として，**指定管理者制度**は「多様化する住民ニーズに対して効果的・効率的に対応するため，公の施設の管理に民間の能力を活用しつつ，住民サービスの向上を図るとともに，経費の節減などを図ること」を目的として，2003年6月の地方自治法改正により創設された制度である。これにより，従来，公共的な団体等に限定されていた公の施設の管理運営を民間事業者も含めた幅広い団体に委ね，民間事業者など，広く「法人その他団体」が公の施設の管理・運営を担うことができるようになった。

効果・効率的なサービスを目的とした複数年度契約・性能発注方式による**包括的民間委託**の拡大に加え，管理運営を委任することができる指定管理者制度の普及により，多くの指定管理者が市民とともに取り組む管理運営を基本方針の一つとして掲げ，それに向けて GIS やインターネットなどの新技術を活用した新たな管理システムも開発されている。

**3）インターネットを活用した公園管理システムの事例**　　2010年8月にサービスが開始された **POSA**（park and open space association of Japan，**ポサ**）**システム**は，公園管理情報マネジメントシステムであり，日々の管理業務における意思決定支援ツールである。現場で日々重ねられていく補修・改築などの維持管理情報や，利用者からの意見に対応した処理などの運営管理情報，公園施設管理台帳の公園施設情報を一元化することで，公園管理に携わる人（行政職員や指定管理者，管理委託先，愛護会などの地域コミュニティなど）をつなぐ情報共有システムとなる。POSA システムは，WebGIS による公園施設の位置情報と公園施設の管理履歴がデータベース化され，管理場面で錯綜する公園台帳情報も一つの情報ファイルを更新することで一元管理される。また，インターネット経由で Web ブラウザにより誰でも・同時に・同一情報にアクセスできる情報共有システムであり，業務の一元化やサービスの向上に寄与する（図 **6.14** 参照）。

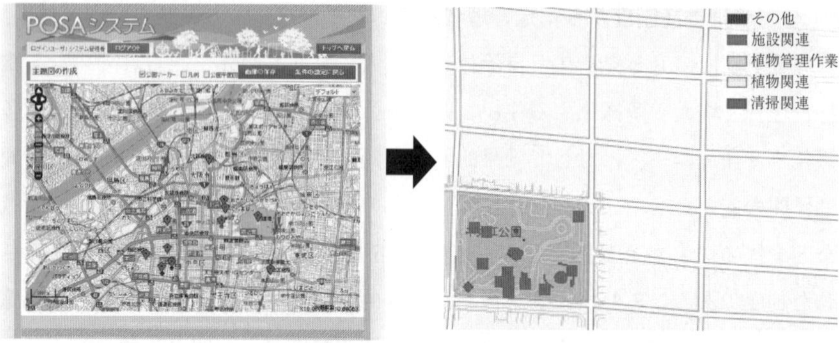

*180*　　6. 計画案の作成と評価

（*a*）　主題図の作成・各公園の色分け表示　　　（*b*）　公園平面図の拡大表示・詳細表示

図 *6.14*　POSA システム資料（財団法人日本公園緑地協会ホームページより）

〔3〕 災害における復旧・復興に関する情報収集とまちづくり

*1*）阪神・淡路大震災"わたしたちの復興"プロジェクト　　1995 年 1 月 17 日に発生した阪神・淡路大震災から約 10 年が経過し，2002 年 4 月に国の支援を受けて兵庫県が設置した人と防災未来センターは，震災の記憶を風化させず，そこで得た貴重な教訓を次世代に受け継ぐための試みとして，市民やさまざまな立場の関係者との協働作業により，震災の経験を整理・蓄積する震災データベースを WebGIS を用いて構築した。このプロジェクトは，五つのサブプロジェクトによって構成される。「防災 WebGIS サブプロジェクト」および「震災データベースサブプロジェクト」で GIS によるデータ登録，蓄積，公開に関する技術的検討を行い，「個人復興史サブプロジェクト」（図 *6.15* 参照）といった実証実験用の Web サイトを立ち上げ，阪神・淡路大震災における個人の震災体験・復興情報の収集・提供を行っている。

*2*）東日本大震災におけるリモートセンシング・GIS の活用事例　　2011 年 3 月 11 日，東北地方の太平洋沖で国内観測史上最大となるマグニチュード 9.0 と推定される地震が発生した。図 *6.16* の「sinsai.info 東日本大震災（みんなでつくる復興支援プラットフォーム）」は震災の復興を支援するため，地震発生から 4 時間後に開設された。**sinsai.info** とは，被災地の支援案内や道路状況，安否確認などみんなで共有すると役立つ情報について，ウェブサイトや

図 6.15　個人復興史サブプロジェクト[25]

メール，ツイッターからレポートとして収集したのち，情報がマップ上に公開されるものである．現場にいないとわからないことが sinsai.info に投稿されることにより，多くの人に有益な情報として伝達することができる．このサイトはボランティアの開発者やデータ管理者，Open Street Map Japan および Open Street Map Foundation Japan の有志により自発的に運営されている．

　災害時における道路交通情報については，特定非営利法人 ITSJapan が 3 月 19 日から 4 月 28 日まで「自動車・通行実績情報マップ」をインターネット上で公開した．これは，東日本大震災の被災地域で通行実績のある道路をプローブ情報を基に表示するものである．**プローブ情報**とは，車両を通じて収集される位置・時刻・路面状況などのデータであり，プローブ情報を集めることで通行した実績を把握することが可能となる．そのため，刻々と道路復旧状況が変化する被災地においても，その時点で目的地に行くことのできるルートがわかることから円滑な物流支援として活用された[26]．具体的に ITSJapan が提供し

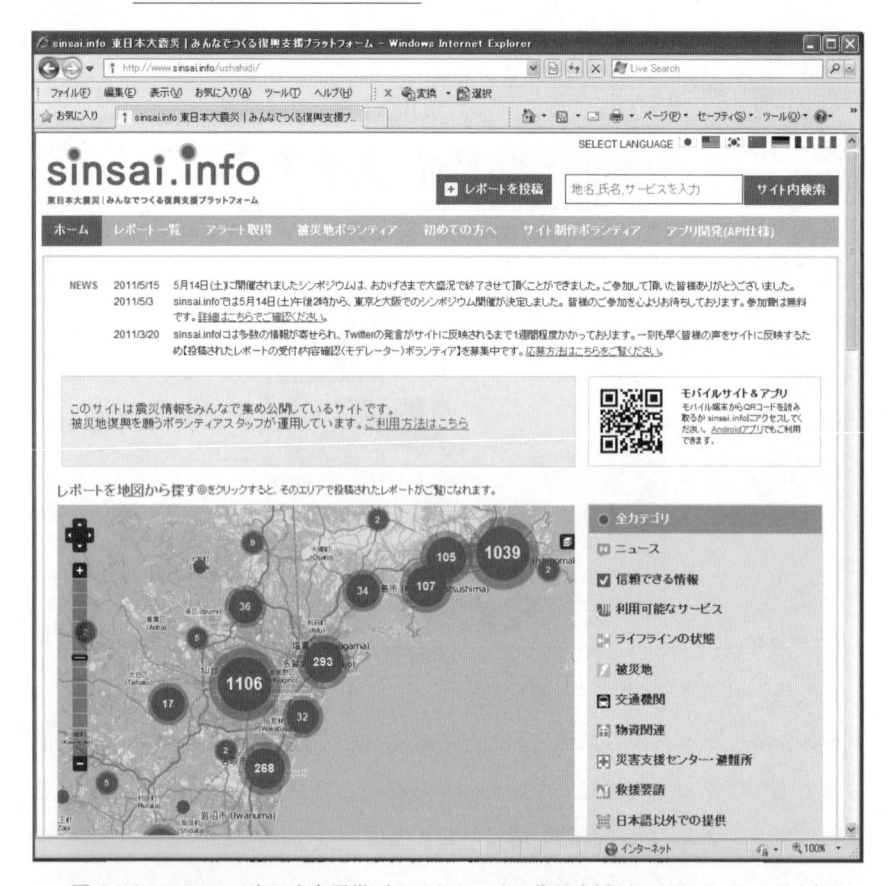

図 6.16 sinsai.info 東日本大震災（みんなでつくる復興支援プラットフォームより）

た情報は，被災地での「自動車・通行実績情報」および通行実績情報に通行止情報を追加した「自動車通行実績・通行止情報」（図 6.17 参照）の 2 種類であった．通行止情報は国土地理院が作成した情報（東北地方道路規制情報災害情報集約マップ）を基に ITSJapan が作成した．

　地震発生以降に宇宙航空研究開発機構（JAXA）では，陸域観測技術衛星「だいち」（ALOS）による現地の緊急観測や海外宇宙機関の協力により提供された衛星データの解析を実施している．図 6.18 は地震後の 2011 年 3 月 14 日および地震前の 2011 年 2 月 23 日に観測された画像から福島県相馬市小高区付

6.2 計画案の効果と評価　183

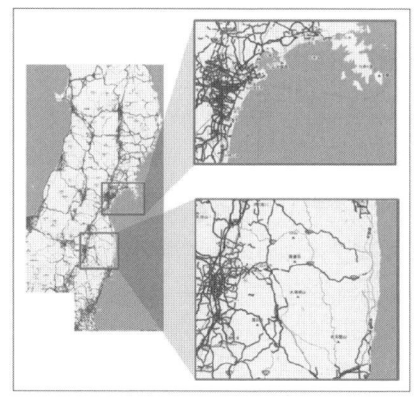

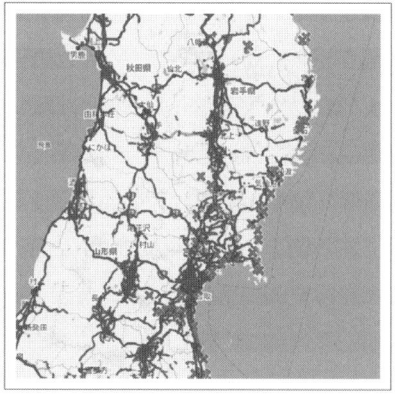

（a）　自動車・通行実績情報　　　（b）　自動車通行実績・通行止情報

図 6.17　自動車・通行実績情報マップ[26]

（a）　地震後（2011年3月14日）　　（b）　地震前（2011年2月23日）

図 6.18　福島県南相馬市小高区付近の冠水の様子（約 6 km×6 km のエリア）
（陸域観測技術衛星「だいち」（ALOS）による東日本大震災の緊急観測結果[27]）〔提供：JAXA〕

近を拡大したものであり，地表面の様子から，田畑が広域にわたり冠水している様子（災害後紺色に変化）がわかる。

また，この地震に伴う津波は太平洋の広い範囲に影響を及ぼしており，東北

*184*　6. 計画案の作成と評価

地域を中心に痕跡高が 10 m を超える地域が南北に約 530 km, 20 m を超える地域も約 200 km と非常に大きな痕跡高が広範囲に渡って記録されるとともに，局所的には，大船渡市綾里湾で最高 40.1 m の遡上高が記録されている。これは明治三陸津波の記録を上回る日本における最大値であり，土木学会海岸工学委員会・地球惑星連合等の関係者が現地調査を行っている。津波痕跡調査の結果である**図 6.19** は，東北地方太平洋沖地震津波合同調査グループによる津波の高さの定義を用いた浸水高・遡上高の速報値であり，広く一般公開されている。

**図 6.19** 津波痕跡調査の結果（東日本を太平洋側から見た場合）[28]

以上のほか，地震や津波，原子力などの東日本大震災に関連する GIS の利活用の状況は，国土交通省国土政策局のホームページで「東日本大震災地理空間情報関連リンク集」として整理されており，JAXA ホームページでは多くの衛星画像データとその解析事例が公開されている。

## 6.3 環境アセスメント

### 6.3.1 環境アセスメントの歴史

わが国の環境アセスメントの歴史は，戦後1950年代後半からの急速な工業の進展で，全国に公害をもたらしたことにさかのぼる。**四大公害**といわれる水俣病，新潟水俣病，イタイイタイ病，四日市ぜんそくが代表的な公害で，その防止が起源となっている。当時は住民の健康よりも社会経済の発展が優先され，全国で多くの公害が発生している。1967年には公害対策基本法が制定され，その後1970年には公害国会といわれる公害・環境関連の14法案が国会を通過している。

しかしながら，1971年に環境庁が発足したものの環境アセスメント法として成立せず，1972年には公共事業についてのアセスメントが閣議了解のかたちで留まった。

地方公共団体においては1976年に川崎市で全国初のアセス条例が制定され，その後1980年には神奈川県，東京都にも条例が制定されている。2012年1月現在，47都道府県・15政令指定都市（62団体）にアセス条例が制定・施行済みとなっている。1997年になり**環境影響評価法**（以下，**アセス法**という）が制定され，1999年に施行されている。アセス法の施行後10年が経過し，2010年に法の一部を改正する法律案が閣議決定されている。

一方，アメリカの環境アセスメン

**表6.5** 環境アセスメント関連年表[30]

| | |
|---|---|
| 1962 | レイチェル・カーソン「沈黙の春」出版 |
| 1967 | 公害対策基本法制定 |
| 1969 | NEPA制定（アメリカ） |
| 1970 | 公害国会（公害・環境関連の14法案が国会通過） |
| 1971 | 環境庁発足 |
| 1972 | アセスメント閣議了解<br>自然環境保全法制定 |
| 1976 | 川崎市全国初のアセス条例制定 |
| 1980 | 神奈川県・東京都アセス条例制定 |
| 1984 | 閣議決定に基づくアセス要綱 |
| 1993 | 環境基本法制定 |
| 1994 | 環境基本計画策定 |
| 1997 | 環境影響評価法制定 |
| 1999 | 環境影響評価法施行 |
| 2010 | 環境影響評価法の一部を改正する法律案閣議決定 |

トは，1962年にレイチェル・カーソンが Silent Spring（沈黙の春）[29]を出版し，アメリカにおける殺虫剤と農薬による環境汚染を指摘した。そのことは，大きな社会問題として取り上げられ，当時のケネディ大統領は特別委員会を設置し，その結果存在を認めている。その後1969年に国家環境政策法（National Environment Policy Act，略して NEPA）として制定されている。

表 6.5 に環境アセスメントの関連年表を示す。

### 6.3.2 環境影響評価法

〔1〕 **法律の目的** アセス法では，土地の形状の変更，工作物の新設などの事業を行う事業者がその事業の実施に当たり，その事業を進める過程でどのような環境変化が発生し，周辺の環境に影響を及ぼすのかを事前に環境影響評価を行い，環境悪化の未然防止や軽減により，持続可能な社会を構築していくために重要であるとの考えに基づいている。規模が大きく環境影響の程度が著しいものとなる恐れがある事業について，環境影響評価が適切かつ円滑に行うための手続を定め，環境影響評価の結果をその事業にかかわる環境の保全や環境悪化の低減，あるいは事業内容の決定に反映させるなど，適正な配慮がなされることを目的としている。

地方公共団体が定める条例は，アセス法と同じような考え方で構築され，さらに地域の特性に合わせた特色のある内容となっている。

〔2〕 **環境アセスメントの対象事業** アセス法で環境アセスメントの対象となる事業は，表 6.6 に示す道路，ダム，鉄道，空港，発電所などの13種類で，これらのうち，① 許認可が必要な事業，② 補助金が交付される事業，③ 独立行政法人が行う事業，④ 国が行う事業が対象となる。

規模が大きく環境に大きな影響を及ぼす恐れがある事業を**第1種事業**とし，環境アセスメントの手続きを必ず行うことになっている。第1種事業に準ずる規模の事業を**第2種事業**とし，環境アセスが必要かどうかを個別に判断する。第2種事業は，おおむね第1種事業規模の75％が目安とされ，第2種事業の規模を外れる事業はアセスの対象外となるが例外もある。

表 6.6 環境アセスメントの対象事業一覧[31]

| 対象事業 | 第1種事業<br>(必ず環境アセスメントを行う事業) | 第2種事業<br>(環境アセスメントが必要かどうかを個別に判断する事業) |
|---|---|---|
| **1. 道 路** | | |
| 高速自動車国道 | すべて | |
| 首都高速道路など | 4車線以上のもの | |
| 一般国道 | 4車線以上かつ10 km以上 | 4車線以上かつ7.5 km〜10 km |
| 山のみち地域づくり交付金により整備される林道 | 幅員6.5 m以上かつ20 km以上 | 幅員6.5 m以上かつ15 km〜20 km |
| **2. 河 川** | | |
| ダム,堰 | 湛水面積100 ha以上 | 湛水面積75 ha〜100 ha |
| 放水路,湖沼開発 | 土地改変面積100 ha以上 | 土地改変面積75 ha〜100 ha |
| **3. 鉄 道** | | |
| 新幹線鉄道 | すべて | |
| 鉄道,軌道 | 長さ10 km以上 | 長さ7.5 km〜10 km |
| **4. 飛行場** | 滑走路長2 500 m以上 | 滑走路長1 875 m〜2 500 m |
| **5. 発電所** | | |
| 水力発電所 | 出力3万kW以上 | 出力2.5万kW〜3万kW |
| 火力発電所 | 出力15万kW以上 | 出力11.5万kW〜15万kW |
| 地熱発電所 | 出力1万kW以上 | 出力7 500 kW〜1万kW |
| 原子力発電所 | すべて | |
| **6. 廃棄物最終処分場** | 面積30 ha以上 | 面積25 ha〜30 ha |
| **7. 埋立て,干拓** | 面積50 ha超 | 面積40 ha〜50 ha |
| **8. 土地区画整理事業** | 面積100 ha以上 | 面積75 ha〜100 ha |
| **9. 新住宅市街地開発事業** | 面積100 ha以上 | 面積75 ha〜100 ha |
| **10. 工業団地造成事業** | 面積100 ha以上 | 面積75 ha〜100 ha |
| **11. 新都市基盤整備事業** | 面積100 ha以上 | 面積75 ha〜100 ha |
| **12. 流通業務団地造成事業** | 面積100 ha以上 | 面積75 ha〜100 ha |
| **13. 宅地の造成の事業(*1)** | 面積100 ha以上 | 面積75 ha〜100 ha |
| ○港湾計画(*2) | 埋立て・掘り込み面積の合計300 ha以上 | |

(*1)「宅地」には,住宅以外にも工場用地なども含まれる.
(*2) 港湾計画については,港湾環境アセスメントの対象となる.

また，規模が大きい港湾計画も環境アセスメントの対象となっている。

〔3〕 **環境アセスメントの実施者**　環境アセスメントは，対象事業を実施しようとする事業者が行う。事業を民間が行うものであるならば民間事業者であるし，公共事業であるならば，事業を実施する国や地方公共団体がそれぞれの自己資金で行う。これは，環境に著しい影響を及ぼす恐れのある事業を行う者が，自己の責任で事業の実施（開発行為の開始から事業の完成・運営，あるいは事業の終了まで）に伴う環境への影響について配慮することや，開発行為に継続的な責任を持たせることによる。事業者が事業計画を作成する段階で，環境影響についての調査・予測・評価を行うことで，環境保全対策の検討についても一体として行うことができる。また，事業計画や施工時あるいは完成後の供用時まで，環境配慮などに反映しやすくするためでもある。

しかしながら，事業を実施しようとする者が，中立的立場で環境に配慮する事業計画を作成し，費用面（アセスの実施費用や環境対策費など）や時間的に拘束される中で環境保全対策を一体として反映できるのかといった懸念もある。

〔4〕 **環境アセスメントの手続き**　図 6.20 に環境アセスメントの手続きを示す。環境アセスメントを実施するに当たり当事者（関係者）となるのは，図の上段に示す国民，都道府県知事市町村長，事業者，国などである。

第1種事業についてはすべて環境アセスメントを実施することになるが，第2種事業は個別に環境アセスメントが必要か不要かを判定（スクリーニング）する。アセスの方法（**方法書**）の決定手続きに進む。決定手続きを**スコーピング**（対象範囲の絞込み）という。方法書では，事業に関係する調査項目の選定や予測モデル，内容などについて事前に決定する。その後，その方法書に従いアセスメントを実施し，アセスの結果について意見を聴く手続きや修正を行い，最終的にアセスの結果を事業に反映する流れになる。

第2種事業では，事業者が許認可権者に届け出た事業内容を環境大臣が示すガイドラインの判定基準に従って60日以内に判定し，アセスが必要であるのか，不要なのかを事業者に通知する。スクリーニングの手続きでは，国民が意

6.3 環境アセスメント

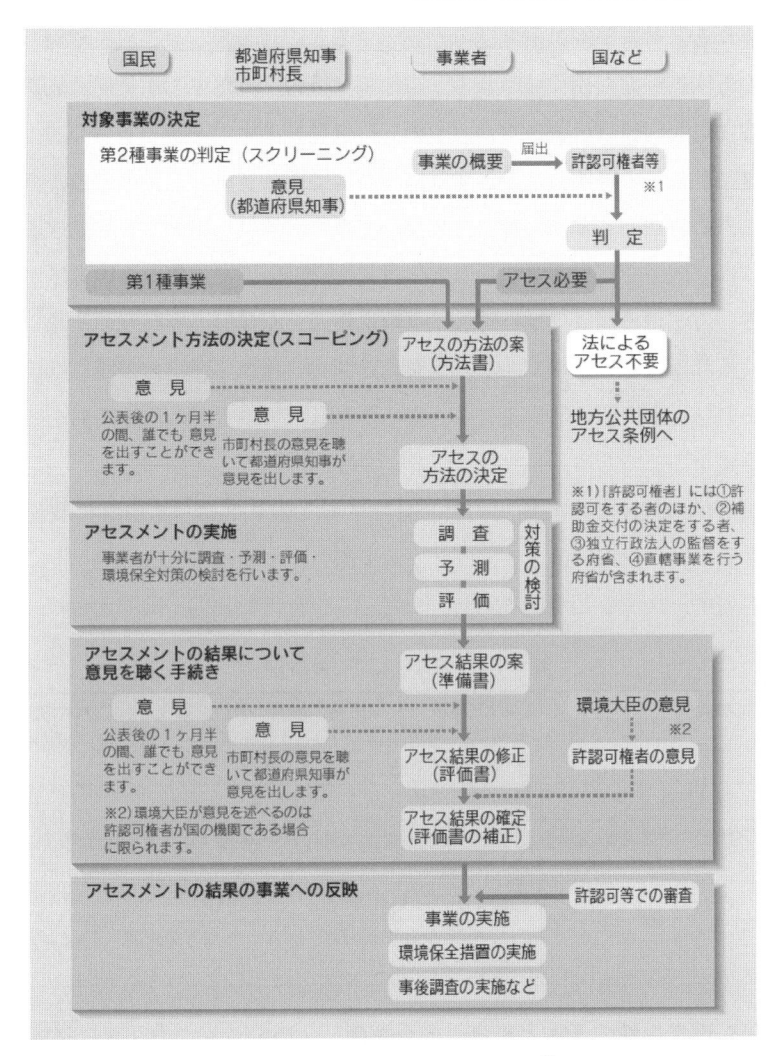

図 6.20 環境アセスメントの流れ[32]

見をいうなどの関与はできない。

　アセスを実施するにあたり，対象範囲を絞り込むスコーピングを行う．検討する代替案の範囲や環境への影響を評価するための項目，さらにそれらの評価項目の調査・予測・評価の方法までを対象とし，時間的，空間的範囲について

も含まれる。対象範囲の絞り込みが完了するとそれら内容や手順を整理したアセスの方法書（案）が作成される。方法書は公告・縦覧で1か月間公表され，その案に対し国民は公表後1か月半の間に意見を出すことができる。アセスの方法書についての説明会に参加すれば，会場で直接意見を伝えることができ，それ以外の方法として，文書（意見書）で誰もが意見を出すこともできる。最終的には，国民や都道府県知事などの意見を聞いた上で，アセスの方法が決定される。方法書の作成では，地域の事情に精通した住民，専門家の知識や意見を取り入れることも重要である。事業者と国民（地域住民）との間には，十分な意思の疎通や情報の共有・フィードバックも，当事者間の信頼関係を築く上でも重要なことである。

予測評価の対象となる環境項目を分類すると**表6.7**に示す内容に整理できる。評価項目の選定には，チェックリスト法，マトリックス法，ネットワーク法，アドホック法などがある。

**表6.7** 予測対象となる環境項目[30]

| 地球環境の物理的要素 | ○大気環境（大気汚染，騒音・振動，悪臭等）○水環境（水質汚濁，地下水汚染等）○土壌環境（土壌汚染，地形・地質等）○その他 |
|---|---|
| 生物の多様性や生態系 | ○植物　○動物　○自然生態系 |
| 人と自然との豊かな触れ合い | ○景観　○自然との触れ合いの場（レクリエーション，里山，里地） |
| 環境への負荷 | ○廃棄物　○地球温暖化　○その他 |
| その他 | ○低周波空気振動　○日照障害　○文化財　○地域分断　○電波障害　○安全など |

〔5〕 **環境影響の予測と評価，総合評価**　決定された方法書に従いアセスが実施され，各評価項目について調査・予測・評価を行う。個別評価はさらに関連させ，統合しながら事業の実施に対する総合評価（解釈）を行う。現在の状況を把握する評価項目の調査では，既存の資料があればそれを利用し，近隣の既存資料を用いる場合もある。そのときは，複写の誤りなどを避けるために原本に遡って調査をしなければならない。既存の資料で不十分な場合には現

地調査を実施する。年間の気温や動植物の調査では，最低1年間の期間が必要となる。評価項目の選定に誤りや漏れがあれば，新たな調査が必要で調査期間が延び，事業計画にも影響が及ぶことになる。

予測は，方法書に従ったモデルや方法で行う。事業計画の進捗状況に従ったきめ細かい予測や評価をすることで，信頼の高いアセスが得られる。

調査・予測・評価が完了すると，事業者は環境影響評価準備書（準備書）を作成し，都道府県知事，市町村長に送付する。準備書では，調査・予測・評価と環境に影響を及ぼす項目については環境保全対策の検討を加えた結果が示される。事業者にとっては，環境保全対策などを示すことで環境問題をクリアする意思表示になる。作成された準備書は公告し，地方公共団体や事業者の事務所などで1か月間縦覧する。事業者は，縦覧期間中に準備書の内容を説明する説明会を事業に関係する地域で開催する。準備書の内容が説明され，来場者との間で質疑応答も行われる。説明会では時間的な制約もあり，質疑応答ができない場合には，意見のある人は誰でも定められた期限内に準備書の内容について意見書を提出することができる。

事業者は，期限内に提出された意見について，その概要と意見に対する見解を関係する都道府県知事と市町村長に送付し，その後，都道府県知事は，市町村長や意見のある人から提出された意見を踏まえ事業者に意見を述べる。

事業者は準備書の内容に対して一般からの意見や都道府県知事からの意見を検討し，環境影響評価書を作成する。意見の内容によっては，追加調査を実施しなければならない場合もある。

その後，評価書は，事業者が事業の許認可権者と環境大臣に送付し，それに基づき環境保全の見地から審査が行われる。審査の結果，環境大臣は必要に応じて事業の許認可権者に対し，意見を述べ，許認可権者は環境大臣の意見を踏まえて事業者に意見を述べる。

事業者は意見の内容を検討し，必要に応じて評価書の内容を見直した上で，最終的に評価書を確定する。確定した評価書は都道府県知事，市町村長，事業の許認可権者に送付する。また，評価書を確定したことを公告し，地方公共団

体，事業者の事務所などで，1か月間縦覧する。

評価書については，国民は意見を述べることができず，評価書の確定が公告されるまでは，事業を実施することはできない。

評価書が確定し，公告・縦覧が終わると環境アセスメントの手続きは終了する。

### 6.3.3 地方公共団体の環境アセスメント制度

地方公共団体も地域の特性を考慮した独自の環境アセスメント制度を設けている。すべての都道府県・政令指定都市には，条例による制度がある。

地方公共団体の制度は，環境影響評価法では対象とならない小規模な事業や特徴のある事業，調査の種類を多くする，あるいはアセスの手続きの中に公聴会の開催を規定して住民の意見を聴く，第三者機関による審査の手続きを設けるなどの項目が含まれる場合もある。図 **6.20** に示した第2種事業の判定で法によるアセスが不要となった事業についても，地方公共団体のアセス条例に該当する場合には，条例によるアセスを実施しなければならない。表 **6.8** にいくつかの都道府県・政令市におけるアセス条例の対象事業一覧を示す。

### 6.3.4 戦略的環境アセスメント

〔**1**〕 **戦略的環境アセスメントとは** 当初のアセスは事業を行うことが決定した段階で行う事業アセスが主で，アセスを実施すれば事業手続きが進められる手続きアセスであった。その後，事業の計画段階でアセスを行う計画アセスが実施されるようになり，1990年頃からは世界的な新たな展開として，計画段階をさらに政策段階まで遡り実施する**戦略的環境アセスメント**（strategic environmental assessment，略して **SEA**）の流れに移行している（図 **6.21**）。

事業の実行段階の前には事業段階があり，その前には計画段階がある。さらに遡ると政策段階に至る。事業段階で行われるアセスは**事業アセス**，計画段階のアセスは**計画アセス**と呼ばれ，戦略的環境アセスメントは，事業段階よりも

## 6.3 環境アセスメント

**表6.8** 都道府県・政令市の環境影響評価制度対象事業一覧[33]

| 対象事業 | 北海道 | 秋田県 | 東京都 | 愛知県 | 大阪府 | 大分県 | 札幌市 | 仙台市 | 川崎市 | 名古屋市 | 大阪市 | 福岡市 |
|---|---|---|---|---|---|---|---|---|---|---|---|---|
| 道路：国道その他の道路 | ● | ● | ● | ● | ● | ● | ● | ● | ● | ● | ● | ● |
| 河川：ダム堰放水路等 | ● | ● | ● | ● | ● | — | ● | ● | ● | ● | ● | ● |
| 鉄道等 | ● | ● | ● | ● | ● | — | ● | ● | ● | ● | ● | ● |
| 飛行場 | ● | ● | ● | ● | ● | ● | ● | ● | ● | ● | ● | ● |
| 発電所 | ● | ● | ● | ● | ● | ● | ● | ● | ● | ● | ● | ● |
| 電気工作物 | — | — | ● | — | — | — | ● | — | ● | — | — | — |
| 廃棄物処分場 | ● | ● | ● | ● | ● | ● | ● | ● | ● | ● | ● | ● |
| 廃棄物処理施設 | ● | ● | ● | ● | ● | ● | ● | ● | ● | ● | ● | ● |
| 埋立て，開拓 | ● | ● | ● | — | — | — | ● | ● | — | ● | — | — |
| 土地区画整理事業（法） | ● | ● | ● | — | — | — | ● | — | — | ● | — | — |
| 新住宅市街地開発事業（法） | ● | — | ● | — | — | — | ● | — | — | ● | — | — |
| 工業団地造成事業 | ● | ● | ● | — | — | — | ● | ● | — | ● | — | ● |
| 新都市基盤整備事業（法） | — | — | ● | — | — | — | ● | — | — | ● | — | — |
| 流通業務団地造成事業（法） | — | ● | ● | — | — | — | ● | — | — | ● | — | — |
| 宅地の造成の事業 | — | — | — | — | — | — | — | — | — | — | — | — |
| 住宅地造成事業 | ● | ● | ● | ● | ● | — | ● | ● | ● | ● | — | ● |
| 農用地造成事業 | ● | — | ● | — | — | — | ● | — | — | ● | — | — |
| 畜産施設 | — | ● | — | — | — | — | ● | — | — | — | — | — |
| レクリエーション施設 | ● | ● | — | — | — | — | ● | — | — | ● | — | ● |
| 都計第2種工作物 | — | — | ● | ● | — | — | — | — | — | ● | — | — |
| 土石採取 | — | ● | ● | ● | ● | — | ● | — | ● | ● | — | — |
| 鉱物採掘 | — | ● | — | — | — | — | ● | — | — | — | — | — |
| 発生土砂処分場等 | — | ● | — | — | ● | — | ● | — | — | — | — | — |
| 下水終末処理場 | — | ● | — | ● | — | — | ● | ● | ● | ● | ● | ● |
| 浄水配水施設用地 | — | — | — | — | — | — | ● | ● | — | — | — | — |
| 建築物新設 | — | ● | ● | ● | ● | — | ● | — | — | ● | — | — |
| 工場事業場 | — | ● | ● | ● | ● | ● | ● | — | — | ● | — | — |
| ガス供給・熱供給 | — | — | ● | ● | — | — | ● | — | — | ● | — | — |
| 試験研究団地 | — | — | — | — | — | — | ● | — | — | — | — | — |
| 学校用地 | — | — | — | — | — | — | ● | — | — | — | — | — |
| 墓地・墓園 | — | — | — | — | — | — | ● | — | — | — | — | — |
| 公園 | — | — | — | ● | ● | — | — | — | — | — | — | — |
| 複合事業 | ● | — | — | ● | ● | — | ● | ● | — | — | ● | — |

*194*     6. 計画案の作成と評価

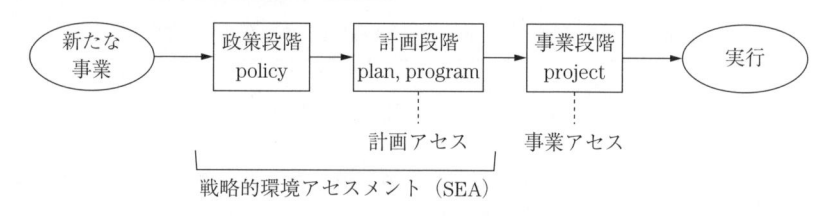

**図6.21** 政策・計画・事業とSEA[32]

上位段階の計画や政策の意思決定で行う環境アセスメントの総称である。

事業アセスの問題点として，①アセスが実施される段階ですでに事業を実施するためのさまざまな意思決定が行われており，アセスの結果に対し柔軟な対応が困難であること，②個別の事業が累積した形で環境に影響を及ぼすことに対する対応が困難であること，③経済全体の持続可能性確保といった新しい問題に十分な対応ができないことなどが指摘されている。それに対し，上位計画や地域の総合計画の段階でアセスを実施すれば事業アセスの問題点に対応することができる。

SEAは，環境影響評価法の第1種事業を中心とした規模が大きく環境への影響が著しいと予想される事業を対象としている。SEAは政策段階や計画段階で実施するため，事業の詳細まで決まっていない。したがって，計画策定者（実施場所や規模・構造などを決定する者）が行う。

SEAの導入ガイドラインによる戦略的環境アセスメントは

① 道路・鉄道のルート，ダム，飛行場・廃棄物最終処分場などの位置・規模などについて複数案を設定する。
② 複数案について環境影響の程度を比較評価する。
③ 環境面から見た各案の長所・短所，特に留意すべき環境の影響を整理する。

となっている。これら①～③を考慮した上で，評価結果を踏まえた環境への配慮した上で，ルートや立地などの決定を行い，重大な環境影響の回避・低減を図ることになる。

その後，環境影響評価法に基づく環境影響評価を実施する。

〔2〕 **戦略的環境アセスメントの評価方法**　SEA は，事業アセスのように事業や計画（実施場所や規模・構造など）が確定していない段階で実施されるため，詳細で定量的な調査・予測・評価が行われるわけではなく，大まかな内容になってしまう。また，SEA は事業の意思決定そのものではなく，情報を提供することが役割となり，最終的な意思決定は計画策定者が総合的に判断して行うことになる。

　SEA では，調査は既存資料の収集，整理を基に行われ，必要に応じて専門家の意見聴取や現地調査も行われる。国内外の事例を参考に，地域で対象となる個々の事業について，事業主体や事業内容の特性等を勘案し，位置，規模または施設の配置，構造などのさまざまな要素について複数案を検討する。複数案の設定では，ゼロオプション（何もしない案）を選択肢として設けることも考えられる。

　最終的な案の決定では，事業者が社会的側面，経済的側面，環境的側面などから評価結果を検討して判断する。

## 6.4　その他の計画手法

### 6.4.1　社会資本整備における新たな手法

　わが国の社会資本整備は，都市計画法の第 1 条に「国土の均衡ある発展と公共の福祉の増進」と記されているように，おもに公共事業によりなされてきた。公共事業は多額の国家予算を必要とする場合が多く，厳しい財政事情を反映しさまざまな形で公共事業の縮小や削減がなされてきた。

　こうした背景から，限られた予算を有効に使う方法として民間資金を活用した社会資本整備の新たなスキームとして 1990 年以降にイギリスやオーストラリアで BOT や PFI が登場した。一方で，指名競争入札や一般競争入札は価格競争となり，低価格での落札により品質の低下や事故などが頻発するようになった。2005 年 3 月には「公共工事の品質確保の促進に関する法律」が制定され，これまでの入札制度を改め，品質を確保しつつ適正な価格を維持すると

ともに，新たな技術開発を推奨する目的で VE を取り入れた総合評価方式などの新たな入札制度が導入された[34]。

2012年3月11日に発生した東日本大震災の発生でその重要性が認識された手法に**事業継続計画**（business continuity plan，略して **BCP**）がある。BCP は企業が何らかのリスクにより経営的に基盤が揺らぐことなく事業が継続できるような危機管理の対策をあらかじめ決めておくことである。すなわち，事業継続計画とは，経営的な危機，火災や事故などの災害，集中豪雨，地震，津波などの自然災害のように予期せぬ出来事の発生などにより，限られた経営資源で最低限の事業活動を継続，ないし目標復旧時間以内に再開できるようにするための行動計画である。われわれの生活を守る目的で整備される公共事業においても，事業継続計画が立てられており，想定外といわせない対応を行っている。今回の東日本大震災においても事前に立案された事業継続計画がその有用性を示したが，不十分な点も多く，国土交通省を中心に今回のような複合的な大災害発生時における社会資本整備での事業継続計画が見直されている[18]。

〔**1**〕 **BOT**　BOT（build operate transfer）とは，開発途上国などに民間企業が必要な資金を独自に調達し，建設（build）し，一定の期間これを運営（operate）し，運営により建設費などの投下資本を回収したのちに，その国の政府機関に譲渡（transfer）する方式である。この方式は独立採算型の事業となり，開発途上国のように経済が安定しない場合には，民間企業はリスクを負うことになる。

〔**2**〕 **PFI**　PFI（private finance initiative）**法**とは，「民間資金等の活用による公共施設等の整備等の促進に関する法律：1999年制定，2011年5月改訂」のことであり，この法律により公共事業や公共施設の建設，維持管理，運営などを民間企業に委ねることができるようになった。すなわち，PFI は，国や地方公共団体の公共施設の建設・運営に，民間の資金と運営の能力が活用できる公共事業の新たな方式[35]である。

PFI 事業では，施設建設期間中は PFI 事業者が資金調達し，国や地方公共団体などの事業主体は PFI 事業者に対し，建設費用などを運営期間にわたり割

賦払いするのが基本である。しかしながら，PFI 業者にすべての費用を負担させることのリスクを緩和するため，事業費の地方公共団体負担分を一般歳入や地方債等により事業主体自らが調達し，PFI 事業者に補助金と併せて一括で支払う例が多くなっている。

PFI による公共事業と従来の公共事業の比較を**図 6.22** に示す。従来の公共事業では施設の企画・計画，設計，施工，維持管理において事業主体が各段階で個別に仕様などを定めて発注していた。新たに導入された PFI 事業では，施設の企画・計画，設計，施工，維持管理までを特別目的会社に一括発注する方式で，地方公共団体の業務の簡素化と施設全体の効果的な工程管理がなされる。

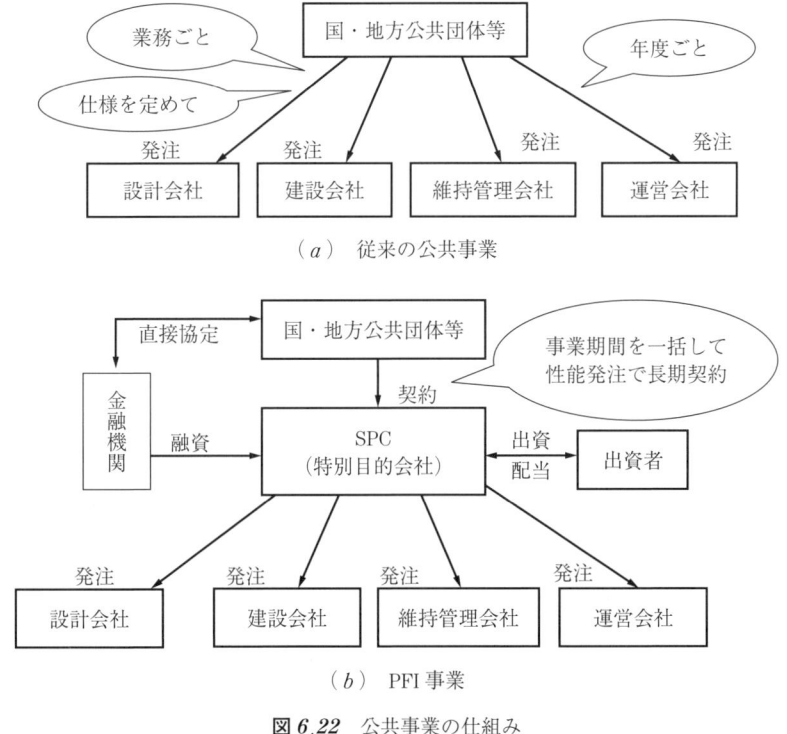

(a) 従来の公共事業

(b) PFI 事業

**図 6.22** 公共事業の仕組み

*198*　　6. 計画案の作成と評価

〔3〕 **VE**　　VE（value engineering）は，1947年に米国GE社のL. D. マイルズにより資材調達を効果的に行うために開発された手法で，開発当初は**バリューアナリシス**（value analysis，略して**VA**）と呼ばれ，その後この手法の有用性が明らかになり，**バリューエンジニアリング**（VE）となった[36]。

　社会資本整備におけるVEは，施設の企画・計画，設計，施工，維持管理のいずれの段階でも適用されるが，国土交通省では大きく分けて設計VE（設計段階），入札時VE（工事入札段階），契約後VE（施工段階）の3段階で適用している。建設コストや維持管理コストは施設の企画・計画，設計段階で決定されてしまう場合が少なくなく，一方で，詳細設計が出来上がったあとでの見直し（フィードバック）は大きな手戻りを伴うため，プロジェクトの早い段階でVEによる検討が効果的である。

〔4〕 **総合評価落札方式**　　**総合評価落札方式**は，従来の価格のみによる落札方式とは異なり，価格に加え，初期性能の維持，施工時の安全性や環境への影響といった価格以外の要素を技術提案として入札者が示し，価格と技術提案の内容を総合的に評価し落札者を決定する入札方式である。この方式は入札に参加する企業からの積極的な技術提案による技術面での競争を促進するとともに，価格のみならず総合的な価値による競争を促進することで，公共工事の品質の向上と効率的かつ効果的な社会資本の整備を行うことができる利点を持っている。

　**図** *6.23* は，国土交通省の公共工事における総合評価方式活用ガイドラインから引用したもので，高度な技術力を必要とする公共工事では学識経験者を含めた評価委員会を設置し，規模，技術的な工夫の余地などを審査して受注者を決定する。したがって，受注する建設業者には高度な技術力と経験を有する技術者の確保が求められている。

〔5〕 **事業継続計画**　　企業における**事業継続計画**（business continuity plan，略して**BCP**）の策定[37), 38)]では，企業が対応すべきさまざまな施策に対してまずビジネスインパクト分析を行い，業務プロセスが抱えるリスクと影響（損害）を抽出する。そのうえで優先的に復旧すべき業務とそれに必要な設備

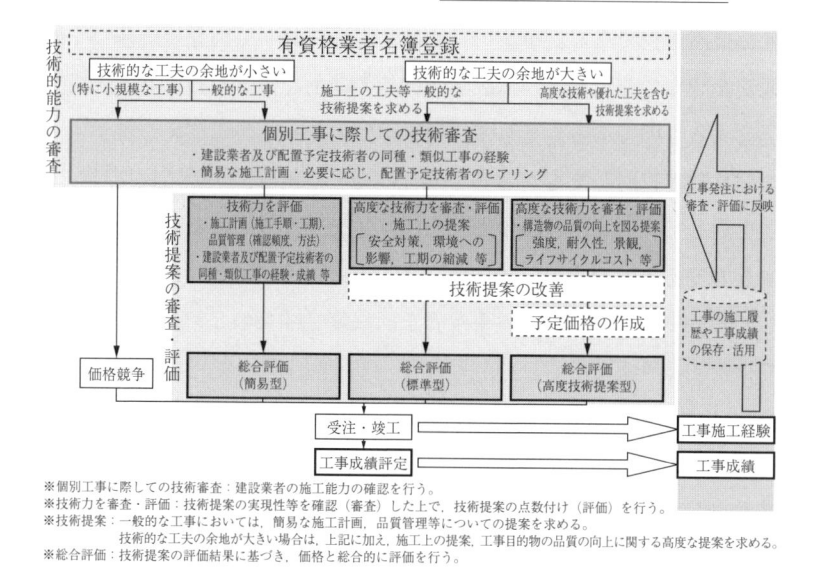

図 6.23　公共工事における技術力の評価

やシステムを明らかにし，目標復旧時間の設定や復旧手順を計画しておき，つねに社会情況を見きわめて事業継続計画を定期的に見直すものとしている。

　内閣府の事業継続ガイドラインにおいては，事業継続計画は「緊急時の経営や意思決定，管理などのマネジメント手法の一つに位置付けられ，指揮命令系統の維持，情報の発信・共有，災害時の経営判断の重要性など，危機管理や緊急時対応の要素を含んでいる」とされており，国や地方公共団体などが行う公共事業ではこのガイドラインによるものとされている。

### 6.4.2　PFI事業の適用例

　愛知県豊田市では老朽化した交通公園を建て替え，交通事故死傷者数を削減するための交通安全教育の機能強化・充実を図ることを目的に，公共施設としての交通安全教育施設をPFI事業として2007年6月に公募した。

　事業名称は「(仮称) 豊田市交通安全教育施設整備・運営事業」とし，対象となる公共施設等の種類として「交通安全教育施設」とした。公共施設などの

管理者は豊田市長である。事業の目的は，交通事故の原因分析に基づく効果的な交通安全教育の充実および体験学習機能の向上を図るために，本施設を整備し，運営するものである。そして，従来の幼児や小学生に加え，中学生，高校生および高齢者に対しても交通安全教育の場を提供し，一般市民に対しても仮想体験を通して交通安全意識の向上を図り，交通事故による死傷者数の減少を目指すものである。施設の位置付けでは，地方自治法第244条第1項の公の施設として設置するものであり，事業者を同法第244条の2第3項の指定管理者として指定する予定である。

事業方式は，事業者がPFI法に基づき，自らの資金で本施設を設計・建設したのち，豊田市に所有権を移転し，事業期間中において施設の維持管理及び運営業務を実施する方式（BOT）である。事業者の事業範囲はPFI法に基づき，事業者が本施設の設計および建設を行うとともに，設備，特殊機器，什器・備品などを調達したのち，豊田市に所有権を移転し，事業期間終了時までの施設の維持管理および運営業務を行うこととしている。

> 参考：地方自治法
> （公の施設）
> 第二百四十四条　普通地方公共団体は，住民の福祉を増進する目的をもってその利用に供するための施設（これを公の施設という。）を設けるものとする。
> （公の施設の設置，管理及び廃止）
> 第二百四十四条の二　普通地方公共団体は，法律又はこれに基づく政令に特別の定めがあるものを除くほか，公の施設の設置及びその管理に関する事項は，条例でこれを定めなければならない。
> 3　普通地方公共団体は，公の施設の設置の目的を効果的に達成するため必要があると認めるときは，条例の定めるところにより，法人その他の団体にあつては，当該普通地方公共団体が指定するもの（以下本条及び第二百四十四条の四において「指定管理者」という。）に，当該公の施設の管理を行わせることができる。

### 6.4.3　PFI事業の留意点

「(仮称) 豊田市交通安全教育施設整備・運営事業」では施設の所有権が行政側にあるBOTで，特に，所有権にかかわる固定資産税などが優遇される。このような方式を**コンセッション方式**と呼び，事業関連資産の所有権を公共側が

持つことで，民間企業の税制の優遇はもとより，設備の老朽化や陳腐化などのリスクが軽減される利点があり，改正PFI法により旧前の欠点が改善された。

しかしながら，BOTによる公共事業の民間移譲の大きな問題点は，事業が運営者の独立採算にあることで，運用形態が利用者の増減に大きく左右され，利用者減が事業の継続を困難とし，経営破綻が生じる場合がある。したがって，事業の基本的内容が大きなカギを握ることとなり，「施設整備・維持管理要求水準書」の策定には財政，交通工学，会計および行政の専門家で構成される審査委員会で十分な検討を行った。

特に，PFI事業のカギを握る財政面では，各企業の財務状況と支援銀行による財務諸表を入念に審査した。「(仮称)豊田市交通安全教育施設整備・運営事業」は2010年4月に「豊田市交通安全学習センター」として新たに設立された豊田交通教育株式会社により運用が開始され，当初の利用者を年間50 000人としていたが，2010年度の利用者は131 497人と当初の予想を大幅に上回った。

## 演習問題

【1】 問表 6.1 に示す産業連関表の投入係数行列 $A$，誘導方程式 $X=[I-A]^{-1}F$ を求めよ．また，この産業連関表において，部門1の最終需要を3億円から13億円に変更した場合の効果（変更後の産業連関表）を示せ．

問表 6.1 演習問題の産業連関表〔単位：億円〕

| 投入 | 産出 | 中間需要 | | | 最終需要 | 生産額 |
|---|---|---|---|---|---|---|
| | | 部門1 | 部門2 | 部門3 | | |
| 中間投入 | 部門1 | 6 | 5 | 6 | 3 | 20 |
| | 部門2 | 5 | 9 | 6 | 10 | 30 |
| | 部門3 | 4 | 6 | 8 | 12 | 30 |
| 付加価値 | | 5 | 10 | 10 | | |
| 支出額 | | 20 | 30 | 30 | | 80 |

【2】 例題 6.2 の6年のプロジェクトライフにおいて，建設途中で環境対策が必要となり，建設工事が2年遅れて8年のプロジェクトになった（プロジェクト

ライフ8年，事業の遅れあり)。このときの各期の費用と便益を**問表6.2**に示す。プロジェクトが8年になった場合のプロジェクトの望ましさを検討せよ。この問においても，割引率5％で一定とする。

**問表6.2** プロジェクトライフの費用と便益(遅れあり)〔単位:万円〕

| 期間 | 1年目 | 2年目 | 3年目 | 4年目 | 5年目 | 6年目 | 7年目 | 8年目 |
|---|---|---|---|---|---|---|---|---|
| 費用 | 2 000 | 1 600 | 400 | 300 | 200 | 100 | 100 | 100 |
| 便益 | 0 | 0 | 0 | 0 | 600 | 1 800 | 1 800 | 1 800 |

【3】あなたの住む地域で，環境アセスメント対象の第1種に該当する道路事業が計画されると仮定した場合，アセスの対象として重要な調査項目には何があるか。その理由も示せ。

【4】あなたの住む都道府県のアセス条例の特徴が何か調べよ。

【5】公共事業の実施にあたって市民の声をどのように反映させるかについて
 1) 市民の意見の聴取方法
 2) 得られた意見の整理方法
 3) 事業計画の代替案の立案
 4) 市民の合意が得られる事業計画案の提示
それぞれの手法を挙げ，その特徴と方法について記述せよ。

【6】市民の豊かな生活基盤を確保するために，国や地方公共団体は市民生活に直結するプロジェクトの推進を行ってきた。しかしながら，財政的な問題が新たに浮上し，事業を断念せざるを得ない状況も多くある。こうした状況から新たな事業の仕組みとして，BOTやPFIが有望視されてきた。あなたの身近な公共事業を想定し，PFI事業の可能性を検討せよ。

# 付　　　録

**付表 1**　正規分布

この表は，標準正規分布の値 $\chi$ から確率 $\varepsilon$ を求める表である。

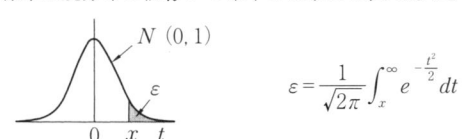

$$\varepsilon = \frac{1}{\sqrt{2\pi}} \int_{x}^{\infty} e^{-\frac{t^2}{2}} dt$$

| $\chi$ | 0 | 1 | 2 | 3 | 4 | 5 | 6 | 7 | 8 | 9 |
|---|---|---|---|---|---|---|---|---|---|---|
| 0.0 | 0.500 0 | 0.496 0 | 0.492 0 | 0.488 0 | 0.484 0 | 0.480 1 | 0.476 1 | 0.472 1 | 0.468 1 | 0.464 1 |
| 0.1 | 0.460 2 | 0.456 2 | 0.452 2 | 0.448 3 | 0.444 3 | 0.440 4 | 0.436 4 | 0.432 5 | 0.428 6 | 0.424 7 |
| 0.2 | 0.420 7 | 0.416 8 | 0.412 9 | 0.409 0 | 0.405 2 | 0.401 3 | 0.397 4 | 0.393 6 | 0.389 7 | 0.385 9 |
| 0.3 | 0.382 1 | 0.378 3 | 0.374 5 | 0.370 7 | 0.366 9 | 0.363 2 | 0.359 4 | 0.355 7 | 0.352 0 | 0.348 3 |
| 0.4 | 0.344 6 | 0.340 9 | 0.337 2 | 0.333 6 | 0.330 0 | 0.326 4 | 0.322 8 | 0.319 2 | 0.315 6 | 0.312 1 |
| 0.5 | 0.308 5 | 0.305 0 | 0.301 5 | 0.298 1 | 0.294 6 | 0.291 2 | 0.287 7 | 0.284 3 | 0.281 0 | 0.277 6 |
| 0.6 | 0.274 3 | 0.270 9 | 0.267 6 | 0.264 3 | 0.261 1 | 0.257 8 | 0.254 6 | 0.251 4 | 0.248 3 | 0.245 1 |
| 0.7 | 0.242 0 | 0.238 9 | 0.235 8 | 0.232 7 | 0.229 6 | 0.226 6 | 0.223 6 | 0.220 6 | 0.217 7 | 0.214 8 |
| 0.8 | 0.211 9 | 0.209 0 | 0.206 1 | 0.203 3 | 0.200 5 | 0.197 7 | 0.194 9 | 0.192 2 | 0.189 4 | 0.186 7 |
| 0.9 | 0.184 1 | 0.181 4 | 0.178 8 | 0.176 2 | 0.173 6 | 0.171 1 | 0.168 5 | 0.166 0 | 0.163 5 | 0.161 1 |
| 1.0 | 0.158 7 | 0.156 2 | 0.153 9 | 0.151 5 | 0.149 2 | 0.146 9 | 0.144 6 | 0.142 3 | 0.140 1 | 0.137 9 |
| 1.1 | 0.135 7 | 0.133 5 | 0.131 4 | 0.129 2 | 0.127 1 | 0.125 1 | 0.123 0 | 0.121 0 | 0.119 0 | 0.117 0 |
| 1.2 | 0.115 1 | 0.113 1 | 0.111 2 | 0.109 3 | 0.107 5 | 0.105 6 | 0.103 8 | 0.102 0 | 0.100 3 | 0.098 5 |
| 1.3 | 0.096 8 | 0.095 1 | 0.093 4 | 0.091 8 | 0.090 1 | 0.088 5 | 0.086 9 | 0.085 3 | 0.083 8 | 0.082 3 |
| 1.4 | 0.080 8 | 0.079 3 | 0.077 8 | 0.076 4 | 0.074 9 | 0.073 5 | 0.072 1 | 0.070 8 | 0.069 4 | 0.068 1 |
| 1.5 | 0.066 8 | 0.065 5 | 0.064 3 | 0.063 0 | 0.061 8 | 0.060 6 | 0.059 4 | 0.058 2 | 0.057 1 | 0.055 9 |
| 1.6 | 0.054 8 | 0.053 7 | 0.052 6 | 0.051 6 | 0.050 5 | 0.049 5 | 0.048 5 | 0.047 5 | 0.046 5 | 0.045 5 |
| 1.7 | 0.044 6 | 0.043 6 | 0.042 7 | 0.041 8 | 0.040 9 | 0.040 1 | 0.039 2 | 0.038 4 | 0.037 5 | 0.036 7 |
| 1.8 | 0.035 9 | 0.035 1 | 0.034 4 | 0.033 6 | 0.032 9 | 0.032 2 | 0.031 4 | 0.030 7 | 0.030 1 | 0.029 4 |
| 1.9 | 0.028 7 | 0.028 1 | 0.027 4 | 0.026 8 | 0.026 2 | 0.025 6 | 0.025 0 | 0.024 4 | 0.023 9 | 0.023 3 |
| 2.0 | 0.022 8 | 0.022 2 | 0.021 7 | 0.021 2 | 0.020 7 | 0.020 2 | 0.019 7 | 0.019 2 | 0.018 8 | 0.018 3 |
| 2.1 | 0.017 9 | 0.017 4 | 0.017 0 | 0.016 6 | 0.016 2 | 0.015 8 | 0.015 4 | 0.015 0 | 0.014 6 | 0.014 3 |
| 2.2 | 0.013 9 | 0.013 6 | 0.013 2 | 0.012 9 | 0.012 5 | 0.012 2 | 0.011 9 | 0.011 6 | 0.011 3 | 0.011 0 |
| 2.3 | 0.010 7 | 0.010 4 | 0.010 2 | 0.009 9 | 0.009 6 | 0.009 4 | 0.009 1 | 0.008 9 | 0.008 7 | 0.008 4 |
| 2.4 | 0.008 2 | 0.008 0 | 0.007 8 | 0.007 5 | 0.007 3 | 0.007 1 | 0.006 9 | 0.006 8 | 0.006 6 | 0.006 4 |
| 2.5 | 0.006 2 | 0.006 0 | 0.005 9 | 0.005 7 | 0.005 5 | 0.005 4 | 0.005 2 | 0.005 1 | 0.004 9 | 0.004 8 |
| 2.6 | 0.004 7 | 0.004 5 | 0.004 4 | 0.004 3 | 0.004 1 | 0.004 0 | 0.003 9 | 0.003 8 | 0.003 7 | 0.003 6 |
| 2.7 | 0.003 5 | 0.003 4 | 0.003 3 | 0.003 2 | 0.003 1 | 0.003 0 | 0.002 9 | 0.002 8 | 0.002 7 | 0.002 6 |
| 2.8 | 0.002 6 | 0.002 5 | 0.002 4 | 0.002 3 | 0.002 3 | 0.002 2 | 0.002 1 | 0.002 1 | 0.002 0 | 0.001 9 |
| 2.9 | 0.001 9 | 0.001 8 | 0.001 8 | 0.001 7 | 0.001 6 | 0.001 6 | 0.001 5 | 0.001 5 | 0.001 4 | 0.001 4 |
| 3.0 | 0.001 3 | 0.001 3 | 0.001 3 | 0.001 2 | 0.001 2 | 0.001 1 | 0.001 1 | 0.001 1 | 0.001 0 | 0.001 0 |

## 付表2  $t$ 分布

この表は，両側の確率 $P$ と自由度 $\varphi$ とから $t_0$ の値を求める表である。

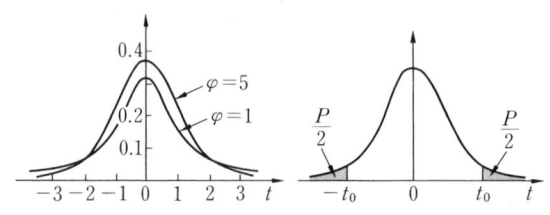

| $P$ \ $\varphi$ | 0.50 | 0.40 | 0.30 | 0.20 | 0.10 | **0.05** | 0.02 | **0.01** | 0.001 |
|---|---|---|---|---|---|---|---|---|---|
| 1 | 1.000 | 1.376 | 1.963 | 3.078 | 6.314 | **12.706** | 31.821 | **63.657** | 636.619 |
| 2 | 0.816 | 1.061 | 1.386 | 1.886 | 2.920 | **4.303** | 6.965 | **9.925** | 31.598 |
| 3 | 0.756 | 0.978 | 1.250 | 1.638 | 2.353 | **3.182** | 4.541 | **5.841** | 12.941 |
| 4 | 0.741 | 0.941 | 1.190 | 1.533 | 2.132 | **2.776** | 3.747 | **4.604** | 8.610 |
| 5 | 0.727 | 0.920 | 1.156 | 1.476 | 2.015 | **2.571** | 3.365 | **4.032** | 6.859 |
| 6 | 0.718 | 0.906 | 1.134 | 1.440 | 1.943 | **2.447** | 3.143 | **3.707** | 5.959 |
| 7 | 0.711 | 0.896 | 1.119 | 1.415 | 1.895 | **2.365** | 2.998 | **3.499** | 5.405 |
| 8 | 0.706 | 0.889 | 1.108 | 1.397 | 1.860 | **2.306** | 2.896 | **3.355** | 5.041 |
| 9 | 0.703 | 0.883 | 1.100 | 1.383 | 1.833 | **2.262** | 2.821 | **3.250** | 4.781 |
| 10 | 0.700 | 0.879 | 1.093 | 1.372 | 1.812 | **2.228** | 2.764 | **3.169** | 4.587 |
| 11 | 0.697 | 0.876 | 1.088 | 1.363 | 1.796 | **2.201** | 2.718 | **3.106** | 4.437 |
| 12 | 0.695 | 0.873 | 1.083 | 1.356 | 1.782 | **2.179** | 2.681 | **3.055** | 4.318 |
| 13 | 0.694 | 0.870 | 1.079 | 1.350 | 1.771 | **2.160** | 2.650 | **3.012** | 4.221 |
| 14 | 0.692 | 0.868 | 1.076 | 1.345 | 1.761 | **2.145** | 2.624 | **2.977** | 4.140 |
| 15 | 0.691 | 0.866 | 1.074 | 1.341 | 1.753 | **2.131** | 2.602 | **2.947** | 4.073 |
| 16 | 0.690 | 0.865 | 1.071 | 1.337 | 1.746 | **2.120** | 2.583 | **2.921** | 4.015 |
| 17 | 0.689 | 0.863 | 1.069 | 1.333 | 1.740 | **2.110** | 2.567 | **2.898** | 3.965 |
| 18 | 0.688 | 0.862 | 1.067 | 1.330 | 1.735 | **2.101** | 2.552 | **2.878** | 3.922 |
| 19 | 0.688 | 0.861 | 1.066 | 1.328 | 1.729 | **2.093** | 2.539 | **2.861** | 3.883 |
| 20 | 0.687 | 0.860 | 1.064 | 1.325 | 1.725 | **2.086** | 2.528 | **2.845** | 3.850 |
| 21 | 0.686 | 0.859 | 1.063 | 1.323 | 1.721 | **2.080** | 2.518 | **2.831** | 3.819 |
| 22 | 0.686 | 0.858 | 1.061 | 1.321 | 1.717 | **2.074** | 2.508 | **2.819** | 3.792 |
| 23 | 0.685 | 0.858 | 1.060 | 1.319 | 1.714 | **2.069** | 2.500 | **2.807** | 3.767 |
| 24 | 0.685 | 0.857 | 1.059 | 1.318 | 1.711 | **2.064** | 2.492 | **2.797** | 3.745 |
| 25 | 0.684 | 0.856 | 1.058 | 1.316 | 1.708 | **2.060** | 2.485 | **2.787** | 3.725 |
| 26 | 0.684 | 0.856 | 1.058 | 1.315 | 1.706 | **2.056** | 2.479 | **2.779** | 3.707 |
| 27 | 0.684 | 0.855 | 1.057 | 1.314 | 1.703 | **2.052** | 2.473 | **2.771** | 3.690 |
| 28 | 0.683 | 0.855 | 1.056 | 1.313 | 1.701 | **2.048** | 2.467 | **2.763** | 3.674 |
| 29 | 0.683 | 0.854 | 1.055 | 1.311 | 1.699 | **2.045** | 2.462 | **2.756** | 3.659 |
| 30 | 0.683 | 0.854 | 1.055 | 1.310 | 1.697 | **2.042** | 2.457 | **2.750** | 3.646 |
| 40 | 0.681 | 0.851 | 1.050 | 1.303 | 1.684 | **2.021** | 2.423 | **2.704** | 3.551 |
| 60 | 0.679 | 0.848 | 1.046 | 1.296 | 1.671 | **2.000** | 2.390 | **2.660** | 3.460 |
| 120 | 0.677 | 0.845 | 1.041 | 1.289 | 1.658 | **1.980** | 2.358 | **2.617** | 3.373 |
| ∞ | 0.674 | 0.842 | 1.036 | 1.282 | 1.645 | **1.960** | 2.326 | **2.576** | 3.291 |

## 付表3 $\chi^2$ 分布

この表は，$\chi^2$ 分布の上側の確率 $P$ と自由度 $\varphi$ とから $\chi^2$ の値を求める表である。

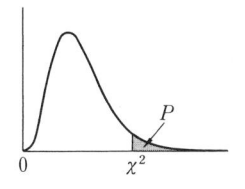

| $P$ \\ $\varphi$ | 0.995 | 0.99 | 0.975 | 0.95 | 0.90 | 0.75 | 0.50 | 0.25 | 0.10 | 0.05 | 0.025 | 0.01 | 0.005 |
|---|---|---|---|---|---|---|---|---|---|---|---|---|---|
| 1 | 0.0⁴39 3 | 0.0³15 7 | 0.0³98 2 | 0.0²3 | 0.015 8 | 0.102 | 0.455 | 1.323 | 2.71 | 3.84 | 5.02 | 6.63 | 7.88 |
| 2 | 0.010 0 | 0.0201 | 0.050 6 | 0.103 | 0.211 | 0.575 | 1.386 | 2.77 | 4.61 | 5.99 | 7.38 | 9.21 | 10.60 |
| 3 | 0.0717 | 0.115 | 0.216 | 0.352 | 0.584 | 1.213 | 2.37 | 4.11 | 6.25 | 7.81 | 9.35 | 11.34 | 12.84 |
| 4 | 0.207 | 0.297 | 0.484 | 0.711 | 1.064 | 1.923 | 3.36 | 5.39 | 7.78 | 9.49 | 11.14 | 13.28 | 14.86 |
| 5 | 0.412 | 0.554 | 0.831 | 1.145 | 1.610 | 2.67 | 4.35 | 6.63 | 9.24 | 11.07 | 12.83 | 15.09 | 16.75 |
| 6 | 0.676 | 0.872 | 1.237 | 1.635 | 2.20 | 3.45 | 5.35 | 7.84 | 10.64 | 12.59 | 14.45 | 16.81 | 18.55 |
| 7 | 0.989 | 1.239 | 1.690 | 2.17 | 2.83 | 4.25 | 6.35 | 9.04 | 12.02 | 14.07 | 16.01 | 18.48 | 20.3 |
| 8 | 1.344 | 1.646 | 2.18 | 2.73 | 3.49 | 5.07 | 7.34 | 10.22 | 13.36 | 15.51 | 17.53 | 20.1 | 22.0 |
| 9 | 1.735 | 2.09 | 2.70 | 3.33 | 4.17 | 5.90 | 8.34 | 11.39 | 14.68 | 16.92 | 19.02 | 21.7 | 23.6 |
| 10 | 2.16 | 2.56 | 3.25 | 3.94 | 4.87 | 6.74 | 9.34 | 12.55 | 15.99 | 18.31 | 20.5 | 23.2 | 25.2 |
| 11 | 2.60 | 3.05 | 3.82 | 4.57 | 5.58 | 7.58 | 10.34 | 13.70 | 17.28 | 19.68 | 21.9 | 24.7 | 26.8 |
| 12 | 3.07 | 3.57 | 4.40 | 5.23 | 6.30 | 8.44 | 11.34 | 14.85 | 18.55 | 21.0 | 23.3 | 26.2 | 28.3 |
| 13 | 3.57 | 4.11 | 5.01 | 5.89 | 7.04 | 9.30 | 12.34 | 15.98 | 19.81 | 22.4 | 24.7 | 27.7 | 29.8 |
| 14 | 4.07 | 4.66 | 5.63 | 6.57 | 7.79 | 10.17 | 13.34 | 17.12 | 21.1 | 23.7 | 26.1 | 29.1 | 31.3 |
| 15 | 4.60 | 5.23 | 6.26 | 7.26 | 8.55 | 11.04 | 14.34 | 18.25 | 22.3 | 25.0 | 27.5 | 30.6 | 32.8 |
| 16 | 5.14 | 5.81 | 6.91 | 7.96 | 9.31 | 11.91 | 15.34 | 19.37 | 23.5 | 26.3 | 28.8 | 32.0 | 34.3 |
| 17 | 5.70 | 6.41 | 7.56 | 8.67 | 10.09 | 12.79 | 16.34 | 20.5 | 24.8 | 27.6 | 30.2 | 33.4 | 35.7 |
| 18 | 6.26 | 7.01 | 8.23 | 9.39 | 10.86 | 13.68 | 17.34 | 21.6 | 26.0 | 28.9 | 31.5 | 34.8 | 37.2 |
| 19 | 6.84 | 7.63 | 8.91 | 10.12 | 11.65 | 14.56 | 18.34 | 22.7 | 27.2 | 30.1 | 32.9 | 36.2 | 38.6 |
| 20 | 7.43 | 8.26 | 9.59 | 10.85 | 12.44 | 15.45 | 19.34 | 23.8 | 28.4 | 31.4 | 34.2 | 37.6 | 40.0 |
| 21 | 8.03 | 8.90 | 10.28 | 11.59 | 13.24 | 16.34 | 20.3 | 24.9 | 29.6 | 32.7 | 35.5 | 38.9 | 41.4 |
| 22 | 8.64 | 9.54 | 10.98 | 12.34 | 14.04 | 17.24 | 21.3 | 26.0 | 30.8 | 33.9 | 36.8 | 40.3 | 42.8 |
| 23 | 9.26 | 10.20 | 11.69 | 13.09 | 14.85 | 18.14 | 22.3 | 27.1 | 32.0 | 35.2 | 38.1 | 41.6 | 44.2 |
| 24 | 9.89 | 10.86 | 12.40 | 13.85 | 15.66 | 19.04 | 23.3 | 28.2 | 33.2 | 36.4 | 39.4 | 43.0 | 45.6 |
| 25 | 10.52 | 11.52 | 13.12 | 14.61 | 16.47 | 19.94 | 24.3 | 29.3 | 34.4 | 37.7 | 40.6 | 44.3 | 46.9 |
| 26 | 11.16 | 12.20 | 13.84 | 15.38 | 17.29 | 20.8 | 25.3 | 30.4 | 35.6 | 38.9 | 41.9 | 45.6 | 48.3 |
| 27 | 11.81 | 12.88 | 14.57 | 16.15 | 18.11 | 21.7 | 26.3 | 31.5 | 36.7 | 40.1 | 43.2 | 47.0 | 49.6 |
| 28 | 12.46 | 13.56 | 15.31 | 16.93 | 18.94 | 22.7 | 27.3 | 32.6 | 37.9 | 41.3 | 44.5 | 48.3 | 51.0 |
| 29 | 13.12 | 14.26 | 16.05 | 17.71 | 19.77 | 23.6 | 28.3 | 33.7 | 39.1 | 42.6 | 45.7 | 49.6 | 52.3 |
| 30 | 13.79 | 14.95 | 16.79 | 18.49 | 20.6 | 24.5 | 29.3 | 34.8 | 40.3 | 43.8 | 47.0 | 50.9 | 53.7 |
| 40 | 20.7 | 22.2 | 24.4 | 26.5 | 29.1 | 33.7 | 39.3 | 45.6 | 51.8 | 55.8 | 59.3 | 63.7 | 66.8 |
| 50 | 28.0 | 29.7 | 32.4 | 34.8 | 37.7 | 42.9 | 49.3 | 56.3 | 63.2 | 67.5 | 71.4 | 76.2 | 79.5 |
| 60 | 35.5 | 37.5 | 40.5 | 43.2 | 46.5 | 52.3 | 59.3 | 67.0 | 74.4 | 79.1 | 83.3 | 88.4 | 92.0 |
| 70 | 43.3 | 45.4 | 48.8 | 51.7 | 55.3 | 61.7 | 69.3 | 77.6 | 85.5 | 90.5 | 95.0 | 100.4 | 104.2 |
| 80 | 51.2 | 53.5 | 57.2 | 60.4 | 64.3 | 71.1 | 79.3 | 88.1 | 96.6 | 101.9 | 106.6 | 112.3 | 116.3 |
| 90 | 59.2 | 61.8 | 65.6 | 69.1 | 73.3 | 80.6 | 89.3 | 98.6 | 107.6 | 113.1 | 118.1 | 124.1 | 128.3 |
| 100 | 67.3 | 70.1 | 74.2 | 77.9 | 82.4 | 90.1 | 99.3 | 109.1 | 118.5 | 124.3 | 129.6 | 135.8 | 140.2 |

**付表 4.1** $F$ 分布 $(\alpha = 0.01)$

この表は，自由度 $\varphi_1$, $\varphi_2$ から $F$ 分布の上側の確率 $\alpha = 0.01$ に対する $F$ の値を求める表である。

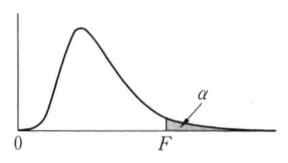

| $\varphi_2$ \ $\varphi_1$ | 1 | 2 | 3 | 4 | 5 | 6 | 7 | 8 | 9 | 10 | 15 | 20 | 30 | 40 | 60 | 120 | ∞ |
|---|---|---|---|---|---|---|---|---|---|---|---|---|---|---|---|---|---|
| 1 | 4052. | 5000. | 5403. | 5625. | 5764. | 5859. | 5928. | 5982. | 6022. | 6056. | 6157. | 6209. | 6261. | 6287. | 6313. | 6339. | 6366. |
| 2 | 98.5 | 99.0 | 99.2 | 99.2 | 99.3 | 99.3 | 99.4 | 99.4 | 99.4 | 99.4 | 99.4 | 99.4 | 99.5 | 99.5 | 99.5 | 99.5 | 99.5 |
| 3 | 34.1 | 30.8 | 29.5 | 28.7 | 28.2 | 27.9 | 27.7 | 27.5 | 27.3 | 27.2 | 26.9 | 26.7 | 26.5 | 26.4 | 26.3 | 26.2 | 26.1 |
| 4 | 21.2 | 18.0 | 16.7 | 16.0 | 15.5 | 15.2 | 15.0 | 14.8 | 14.7 | 14.5 | 14.2 | 14.0 | 13.8 | 13.7 | 13.7 | 13.6 | 13.5 |
| 5 | 16.3 | 13.3 | 12.1 | 11.4 | 11.0 | 10.7 | 10.5 | 10.3 | 10.2 | 10.1 | 9.72 | 9.55 | 9.38 | 9.29 | 9.20 | 9.11 | 9.02 |
| 6 | 13.7 | 10.9 | 9.78 | 9.15 | 8.75 | 8.47 | 8.26 | 8.10 | 7.98 | 7.87 | 7.56 | 7.40 | 7.23 | 7.14 | 7.06 | 6.97 | 6.88 |
| 7 | 12.2 | 9.55 | 8.45 | 7.85 | 7.46 | 7.19 | 6.99 | 6.84 | 6.72 | 6.62 | 6.31 | 6.16 | 5.99 | 5.91 | 5.82 | 5.74 | 5.65 |
| 8 | 11.3 | 8.65 | 7.59 | 7.01 | 6.63 | 6.37 | 6.18 | 6.03 | 5.91 | 5.81 | 5.52 | 5.36 | 5.20 | 5.12 | 5.03 | 4.95 | 4.86 |
| 9 | 10.6 | 8.02 | 6.99 | 6.42 | 6.06 | 5.80 | 5.61 | 5.47 | 5.35 | 5.26 | 4.96 | 4.81 | 4.65 | 4.57 | 4.48 | 4.40 | 4.31 |
| 10 | 10.0 | 7.56 | 6.55 | 5.99 | 5.64 | 5.39 | 5.20 | 5.06 | 4.94 | 4.85 | 4.56 | 4.41 | 4.25 | 4.17 | 4.08 | 4.00 | 3.91 |
| 11 | 9.65 | 7.21 | 6.22 | 5.67 | 5.32 | 5.07 | 4.89 | 4.74 | 4.63 | 4.54 | 4.25 | 4.10 | 3.94 | 3.86 | 3.78 | 3.69 | 3.60 |
| 12 | 9.33 | 6.93 | 5.95 | 5.41 | 5.06 | 4.82 | 4.64 | 4.50 | 4.39 | 4.30 | 4.01 | 3.86 | 3.70 | 3.62 | 3.54 | 3.45 | 3.36 |
| 13 | 9.07 | 6.70 | 5.74 | 5.21 | 4.86 | 4.62 | 4.44 | 4.30 | 4.19 | 4.10 | 3.82 | 3.66 | 3.51 | 3.43 | 3.34 | 3.25 | 3.17 |
| 14 | 8.86 | 6.51 | 5.56 | 5.04 | 4.70 | 4.46 | 4.28 | 4.14 | 4.03 | 3.94 | 3.66 | 3.51 | 3.35 | 3.27 | 3.18 | 3.09 | 3.00 |
| 15 | 8.68 | 6.36 | 5.42 | 4.89 | 4.56 | 4.32 | 4.14 | 4.00 | 3.89 | 3.80 | 3.52 | 3.37 | 3.21 | 3.13 | 3.05 | 2.96 | 2.87 |
| 16 | 8.53 | 6.23 | 5.29 | 4.77 | 4.44 | 4.20 | 4.03 | 3.89 | 3.78 | 3.69 | 3.41 | 3.26 | 3.10 | 3.02 | 2.93 | 2.84 | 2.75 |
| 17 | 8.40 | 6.11 | 5.18 | 4.67 | 4.34 | 4.10 | 3.93 | 3.79 | 3.68 | 3.59 | 3.31 | 3.16 | 3.00 | 2.92 | 2.83 | 2.75 | 2.65 |
| 18 | 8.29 | 6.01 | 5.09 | 4.58 | 4.25 | 4.01 | 3.84 | 3.71 | 3.60 | 3.51 | 3.23 | 3.08 | 2.92 | 2.84 | 2.75 | 2.66 | 2.57 |
| 19 | 8.18 | 5.93 | 5.01 | 4.50 | 4.17 | 3.94 | 3.77 | 3.63 | 3.52 | 3.43 | 3.15 | 3.00 | 2.84 | 2.76 | 2.67 | 2.58 | 2.49 |
| 20 | 8.10 | 5.85 | 4.94 | 4.43 | 4.10 | 3.87 | 3.70 | 3.56 | 3.46 | 3.37 | 3.09 | 2.94 | 2.78 | 2.69 | 2.61 | 2.52 | 2.42 |
| 21 | 8.02 | 5.78 | 4.87 | 4.37 | 4.04 | 3.81 | 3.64 | 3.51 | 3.40 | 3.31 | 3.03 | 2.88 | 2.72 | 2.64 | 2.55 | 2.46 | 2.36 |
| 23 | 7.88 | 5.66 | 4.76 | 4.26 | 3.94 | 3.71 | 3.54 | 3.41 | 3.30 | 3.21 | 2.93 | 2.78 | 2.62 | 2.54 | 2.45 | 2.35 | 2.26 |
| 25 | 7.77 | 5.57 | 4.68 | 4.18 | 3.86 | 3.63 | 3.46 | 3.32 | 3.22 | 3.13 | 2.85 | 2.70 | 2.54 | 2.45 | 2.36 | 2.27 | 2.17 |
| 30 | 7.56 | 5.39 | 4.51 | 4.02 | 3.70 | 3.47 | 3.30 | 3.17 | 3.07 | 2.98 | 2.70 | 2.55 | 2.39 | 2.30 | 2.21 | 2.11 | 2.01 |
| 40 | 7.31 | 5.18 | 4.31 | 3.83 | 3.51 | 3.29 | 3.12 | 2.99 | 2.89 | 2.80 | 2.52 | 2.37 | 2.20 | 2.11 | 2.02 | 1.92 | 1.80 |
| 60 | 7.08 | 4.98 | 4.13 | 3.65 | 3.34 | 3.12 | 2.95 | 2.82 | 2.72 | 2.63 | 2.35 | 2.20 | 2.03 | 1.94 | 1.84 | 1.73 | 1.60 |
| 120 | 6.85 | 4.79 | 3.95 | 3.48 | 3.17 | 2.96 | 2.79 | 2.66 | 2.56 | 2.47 | 2.19 | 2.03 | 1.86 | 1.76 | 1.66 | 1.53 | 1.38 |
| ∞ | 6.63 | 4.61 | 3.78 | 3.32 | 3.02 | 2.80 | 2.64 | 2.51 | 2.41 | 2.32 | 2.04 | 1.88 | 1.70 | 1.59 | 1.47 | 1.32 | 1.00 |

**付表 4.2** $F$ 分布 $(\alpha = 0.05)$

この表は，自由度 $\varphi_1$, $\varphi_2$ から $F$ 分布の上側の確率 $\alpha = 0.05$ に対する $F$ の値を求める表である。

| $\varphi_2$ \ $\varphi_1$ | 1 | 2 | 3 | 4 | 5 | 6 | 7 | 8 | 9 | 10 | 15 | 20 | 30 | 40 | 60 | 120 | ∞ |
|---|---|---|---|---|---|---|---|---|---|---|---|---|---|---|---|---|---|
| 1 | 161. | 200. | 216. | 225. | 230. | 234. | 237. | 239. | 241. | 242. | 246. | 248. | 250. | 251. | 252. | 253. | 254. |
| 2 | 18.5 | 19.0 | 19.2 | 19.2 | 19.3 | 19.3 | 19.4 | 19.4 | 19.4 | 19.4 | 19.4 | 19.4 | 19.5 | 19.5 | 19.5 | 19.5 | 19.5 |
| 3 | 10.1 | 9.55 | 9.28 | 9.12 | 9.01 | 8.94 | 8.89 | 8.85 | 8.81 | 8.79 | 8.70 | 8.66 | 8.62 | 8.59 | 8.57 | 8.55 | 8.53 |
| 4 | 7.71 | 6.94 | 6.59 | 6.39 | 6.26 | 6.16 | 6.09 | 6.04 | 6.00 | 5.96 | 5.86 | 5.80 | 5.75 | 5.72 | 5.69 | 5.66 | 5.63 |
| 5 | 6.61 | 5.79 | 5.41 | 5.19 | 5.05 | 4.95 | 4.88 | 4.82 | 4.77 | 4.74 | 4.62 | 4.56 | 4.50 | 4.46 | 4.43 | 4.40 | 4.36 |
| 6 | 5.99 | 5.14 | 4.76 | 4.53 | 4.39 | 4.28 | 4.21 | 4.15 | 4.10 | 4.06 | 3.94 | 3.87 | 3.81 | 3.77 | 3.74 | 3.70 | 3.67 |
| 7 | 5.59 | 4.74 | 4.35 | 4.12 | 3.97 | 3.87 | 3.79 | 3.73 | 3.68 | 3.64 | 3.51 | 3.44 | 3.38 | 3.34 | 3.30 | 3.27 | 3.23 |
| 8 | 5.32 | 4.46 | 4.07 | 3.84 | 3.69 | 3.58 | 3.50 | 3.44 | 3.39 | 3.35 | 3.22 | 3.15 | 3.08 | 3.04 | 3.01 | 2.97 | 2.93 |
| 9 | 5.12 | 4.26 | 3.86 | 3.63 | 3.48 | 3.37 | 3.29 | 3.23 | 3.18 | 3.14 | 3.01 | 2.94 | 2.86 | 2.83 | 2.79 | 2.75 | 2.71 |
| 10 | 4.96 | 4.10 | 3.71 | 3.48 | 3.33 | 3.22 | 3.14 | 3.07 | 3.02 | 2.98 | 2.84 | 2.77 | 2.70 | 2.66 | 2.62 | 2.58 | 2.54 |
| 11 | 4.84 | 3.98 | 3.59 | 3.36 | 3.20 | 3.09 | 3.01 | 2.95 | 2.90 | 2.85 | 2.72 | 2.65 | 2.57 | 2.53 | 2.49 | 2.45 | 2.40 |
| 12 | 4.75 | 3.89 | 3.49 | 3.26 | 3.11 | 3.00 | 2.91 | 2.85 | 2.80 | 2.75 | 2.62 | 2.54 | 2.47 | 2.43 | 2.38 | 2.34 | 2.30 |
| 13 | 4.67 | 3.81 | 3.41 | 3.18 | 3.03 | 3.92 | 2.83 | 2.77 | 2.71 | 2.67 | 2.53 | 2.46 | 2.38 | 2.34 | 2.30 | 2.25 | 2.21 |
| 14 | 4.60 | 3.74 | 3.34 | 3.11 | 2.96 | 2.85 | 2.76 | 2.70 | 2.65 | 2.60 | 2.46 | 2.39 | 2.31 | 2.27 | 2.22 | 2.18 | 2.13 |
| 15 | 4.54 | 3.68 | 3.29 | 3.06 | 2.90 | 2.79 | 2.71 | 2.64 | 2.59 | 2.54 | 2.40 | 2.33 | 2.25 | 2.20 | 2.16 | 2.11 | 2.07 |
| 16 | 4.49 | 3.63 | 3.24 | 3.01 | 2.85 | 2.74 | 2.66 | 2.59 | 2.54 | 2.49 | 2.35 | 2.28 | 2.19 | 2.15 | 2.11 | 2.06 | 2.01 |
| 17 | 4.45 | 3.59 | 3.20 | 2.96 | 2.81 | 2.70 | 2.61 | 2.55 | 2.49 | 2.45 | 2.31 | 2.23 | 2.15 | 2.10 | 2.06 | 2.01 | 1.96 |
| 18 | 4.41 | 3.55 | 3.16 | 2.93 | 2.77 | 2.66 | 2.58 | 2.51 | 2.46 | 2.41 | 2.27 | 2.19 | 2.11 | 2.06 | 2.02 | 1.97 | 1.92 |
| 19 | 4.38 | 3.52 | 3.13 | 2.90 | 2.74 | 2.63 | 2.54 | 2.48 | 2.42 | 2.38 | 2.23 | 2.16 | 2.07 | 2.03 | 1.98 | 1.93 | 1.88 |
| 20 | 4.35 | 3.49 | 3.10 | 2.87 | 2.71 | 2.60 | 2.51 | 2.45 | 2.39 | 2.35 | 2.20 | 2.12 | 2.04 | 1.99 | 1.95 | 1.90 | 1.84 |
| 21 | 4.32 | 3.47 | 3.07 | 2.84 | 2.68 | 2.57 | 2.49 | 2.42 | 2.37 | 2.32 | 2.18 | 2.10 | 2.01 | 1.96 | 1.92 | 1.87 | 1.81 |
| 23 | 4.28 | 3.42 | 3.03 | 2.89 | 2.64 | 2.53 | 2.44 | 2.37 | 2.32 | 2.27 | 2.13 | 2.05 | 1.96 | 1.91 | 1.86 | 1.81 | 1.76 |
| 25 | 4.24 | 3.39 | 2.99 | 2.76 | 2.60 | 2.49 | 2.40 | 2.34 | 2.28 | 2.24 | 2.09 | 2.01 | 1.92 | 1.87 | 1.82 | 1.77 | 1.71 |
| 30 | 4.17 | 3.32 | 2.92 | 2.69 | 2.53 | 2.42 | 2.33 | 2.27 | 2.21 | 2.16 | 2.01 | 1.93 | 1.84 | 1.79 | 1.74 | 1.68 | 1.62 |
| 40 | 4.08 | 3.23 | 2.84 | 2.61 | 2.45 | 2.34 | 2.25 | 2.18 | 2.12 | 2.08 | 1.92 | 1.84 | 1.74 | 1.69 | 1.64 | 1.58 | 1.51 |
| 60 | 4.00 | 3.15 | 2.76 | 2.53 | 2.37 | 2.25 | 2.17 | 2.10 | 2.04 | 1.99 | 1.84 | 1.75 | 1.65 | 1.59 | 1.53 | 1.47 | 1.39 |
| 120 | 3.92 | 3.07 | 2.68 | 2.45 | 2.29 | 2.18 | 2.09 | 2.02 | 1.96 | 1.91 | 1.75 | 1.66 | 1.55 | 1.50 | 1.43 | 1.35 | 1.25 |
| ∞ | 3.84 | 3.00 | 2.60 | 2.37 | 2.21 | 2.10 | 2.01 | 1.94 | 1.88 | 1.83 | 1.67 | 1.57 | 1.46 | 1.39 | 1.32 | 1.22 | 1.00 |

# 引用・参考文献

## *1* 章

1) 土木学会 編：土木計画学の成立と背景，技報堂出版（1978）
2) 長尾義三：土木計画序論，共立出版（1973）
3) 土木学会 編：土木計画学の領域と構成，技報堂出版（1976）
4) 西村 昂，本多義明 編著：新編土木計画学，国民科学社（2007）

## *2* 章

1) 土木学会東日本大震災特別委員会：震災特集，土木学会誌，Vol.97, No.2（2012）
2) 久谷與四郎：事故と災害の歴史館，中央労働災害防止協会（2008）
3) 長尾義三：土木計画序論，共立出版（1973）
4) 吉川和広：最新土木計画学，森北出版（1975）
5) 川喜多 二郎：発想法，中央公論社（1960）
6) 木下栄蔵：わかりやすい意思決定論入門，啓学出版（1992）
7) 吉川和広 編著：土木計画学演習，森北出版（1985）
8) 小島紀男：ブール代数と組合せ回路，現代工学社（1997）

## *3* 章

1) 樗木 武：基礎土木工学シリーズ 21 土木計画学，森北出版（2001）
2) 西村 昂，本多義明 編著：新編土木計画学，国民科学社（1999）
3) 五十嵐日出夫 編著：土木計画数理，朝倉書店（1976）
4) A.H.S.Ang, and W.H.Tang：Probability concepts in engineering planning and design, John Wiley & Sons, Inc.（1975）
5) 加藤 晃，竹内伝史：土木計画学のためのデータ解析法，共立出版（1981）
6) 石井一郎ほか：計画数理——土木計画のための統計解析入門——，森北出版（2000）
7) 伊藤 學ほか訳：改訂土木・建築のための確率・統計の基礎，丸善（2007）
8) 日本規格協会 編：2008 年度版 JIS ハンドブック 57 品質管理，日本規格協会（2008）

## 4章

1) 岸根卓郎：理論応用統計学，養賢堂（1981）
2) 安田三郎，海野道郎：社会統計学，丸善（1982）
3) 近藤良夫，舟阪 渡：技術者のための統計的方法，共立出版（1974）
4) 武藤時宗：実験計画法テキスト，新技術社（1986）
5) 石井一郎ほか：計画数理――土木計画のための統計解析入門――，森北出版（2000）
6) 秋山孝正，上田孝行：すぐわかる計画数学，コロナ社（1998）
7) 圓川隆夫：多変量のデータ解析，朝倉書店（1988）
8) 大橋健一，青山吉隆：土木計画への数量化理論Ⅱ類適用の信頼度に関する実験的研究，土木学会論文集 No.353（1985）

## 5章

1) 小堀 憲：大数学者，筑摩書房（2010）
2) サイモン・シン，青木 薫 訳：フェルマーの最終定理，新潮社版（2008）
3) 志村史夫：自然現象はなぜ数式で記述できるのか，PHP研究所（2010）
4) 本間鶴千代：待ち行列の理論，理工学社（1966）
5) 木下栄蔵：計画数学入門，啓学出版（1984）
6) 西田俊夫：待ち行列の理論と応用，朝倉書店（1971）
7) 小山昭雄，森田道也：現代数学レクチャーズ，培風館（1980）
8) 坂和正敏：非線形システムの最適化，森北出版（1986）
9) 山下信雄，福島雅夫：数理計画法，コロナ社（2008）
10) 佐々木 綱，飯田恭敬：交通工学，国民科学社（1985）
11) 榛沢芳雄：オペレーションズ・リサーチ――その技法と実例，コロナ社（1994）
12) R.J.ウィルソン：グラフ理論，近代科学社（2000）

## 6章

1) 吉川和広：最新土木計画学，森北出版（1975）
2) 近藤次郎：意思決定の方法，日本放送協会（1982）
3) 佐治信男，白根礼吉，横井 満，大前義次：オペレーションズ・リサーチ／理論と実際，培風館（1972）
4) 内田一郎：土木計画学序説，森北出版（1979）
5) 木下栄蔵：わかりやすい意思決定論入門，啓学出版（1992）
6) 近藤次郎：オペレーションズ・リサーチ入門，日本放送協会（1981）
7) 茨木俊秀：組合せ最適化，産業図書（1983）

8) 日経コンストラクション 編：東日本大震災の教訓土木編「インフラ被害の全貌」，日経 BP 社（2011）
9) 山口茂ほか：特集「社会基盤設備における地震防災上の課題と展望」，土木学会誌，Vol.96, No.11（2011）
10) The institution of civil engineers：Civil engineering procedure 5th edition, Thomas Telford（1996）
11) 国土交通省：公共事業評価の費用便益分析に関する技術指針（共通編），公共事業評価手法研究委員会（2009）
12) 青山吉隆 編：図説都市地域計画第 2 版，丸善（2001）
13) 大野栄治 編著：環境経済評価の実務，勁草書房（2000）
14) 大橋健一，青山吉隆，近藤光男：地方都市圏における線引き効果の計量に関する研究，都市計画学会学術研究論文集，No.22，日本都市計画学会（1987）
15) 肥田野 登：環境と社会資本の経済評価——ヘドニックアプローチの理論と実際，勁草書房（1997）
16) 栗山浩一：公共事業と環境の価値—— CVM ガイドブック——，築地書館（1997）
17) 肥田野 登 編著：環境と行政の経済評価—— CVM マニュアル——，勁草書房（1999）
18) 国土交通省：震災等を踏まえた今後の事業評価のあり方について，社会資本整備審議会道路分科会第 3 回事業評価部会配布資料（2011）
19) 原科幸彦 編著：市民参加と合意形成 都市と環境の計画づくり，学芸出版社（2008）
20) 日本リモートセンシング研究会：改訂版図解リモートセンシング，日本測量協会（2004）
21) 長澤良太，原 慶太郎，金子正美：自然環境解析のためのリモートセンシング・GIS ハンドブック，古今書院（2007）
22) 日本リモートセンシング学会：基礎からわかるリモートセンシング，理工図書（2011）
23) 陸域観測技術衛星「だいち」ALOS 画像ライブラリ：宇宙航空研究開発機構（JAXA）
http://www.eorc.jaxa.jp/hatoyama/alos/alos_gallery.html（2011 年 8 月現在）
24) 橋本雄一：地理空間情報の基本と活用，古今書院（2009）
25) GIS 利用定着化事業事務局：GIS と市民参加，古今書院（2007）
26) 産学官連携ジャーナル 2011 年 5 月号：東日本大震災 高度道路交通システム（ITS）技術を活用した被災地物流支援，http://sangakukan.jp/journal/journal_

contents/2011/05/articles/1105-02-1/1105-02-1_article.html（2011 年 8 月現在）
27) JAXA 宇宙航空研究開発機構：陸域観測技術衛星「だいち」（ALOS）による東日本大震災の緊急観測結果（7）
http://www.eorc.jaxa.jp/ALOS/img_up/jdis_opt_tohokueq_110314-3.htm（2011 年 8 月現在）
28) 東北地方太平洋沖地震津波合同調査グループによる速報値
http://www.coastal.jp/ttjt/（2012 年 5 月現在）
29) レイチェル・カーソン：沈黙の春（62 刷改版），新潮社（2004）
30) 原科幸彦：環境アセスメント，放送大学教育振興会（2001）
31) 環境省 HP http://www.env.go.jp/policy/assess/1-1guide/1-4.html（2012 年 5 月現在）
32) 環境省総合環境政策局環境影響評価課：環境アセスメント制度のあらまし，環境省（2009）
33) 環境省 HP http://www.env.go.jp/policy/assess/2-3selfgov/2-3system/1:st2.html（2012 年 11 月現在）
34) 土木学会建設マネージメント委員会：公共調達制度を考える，丸善（2008）
35) 福田隆之，赤羽 貴，黒石匡昭：改正 PFI 法解説，東洋経済新報社（2011）
36) 日本バリュー・エンジニアリング協会：VE リーダー認定試験問題集，産業能率大学（2004）
37) 江嶋哲也：防災・事業継続計画作成のすすめ，税務研究会税研情報センター（2011）
38) 昆 正和：実践 BCP 策定マニュアル，オーム社（2009）

# 演習問題解答

## *1*章

【1】 自然現象や社会現象のいろいろな局面において多くの事例が考えられ，これらの事例を列挙するとよい。

例えば，「自然への働きかけ」は，自然豊かな原野や山林などを農地や宅地に開発する工事や，道路・河川・海岸などの建設工事がある。「自然からの働きかけ」は，構造物や施設に作用する土圧・水圧・波圧・風力などがある。時として人間社会に猛威を及ぼすことがあり，これら自然からの働きかけを考慮して構造物を設計しなければならない。

「人間社会への働きかけ」は，社会資本整備による利便性や安全性とか，市街化区域と調整区域の線引きによる都市開発の可否などがあり，このような都市空間の違いは都市活動の制約を強める。一方，「人間社会からの働きかけ」は，社会資本の利用度合などが相当する。便利な施設を供給すれば利用が増え，不便であれば利用は少なくなる。社会資本の整備は，短期的な効果だけでなく，将来の都市の誘導発展にも大きく寄与する可能性を秘めている。

【2】 電気・ガス・水道などのライフラインや，鉄道やバスなどの交通サービスがある。これらのサービスを効率的に供給するためには，特定の企業に限定して地域独占させることが多い。供給独占である。また，これらの施設は都市的な生活を送る上での必要不可欠なサービスを提供しており，価格が高くても需要者はこれらのサービスを受けないわけにはいかない。すなわち，需要者はこれらのサービス市場に対して参入退出の自由がない。

【3】 市場メカニズムによって資源の有効配分が行われるが，市場メカニズムが機能するためには条件が必要となる。しかし，社会資本などは，その特性から，供給独占や市場への参入退出の自由が保障されないため，市場メカニズムでは適正な供給ができない。社会資本の供給量に過不足があれば都市活動に支障をきたすことになり，公的機関により計画的に供給せざるを得ない。

【4】 進路決定などを例に，今後の卒業までの学生生活において，各自の目的や，選択可能な手段とその影響，実現のためのスケジュールなどを検討するとよい。

*2章*の演習問題については，自由研究とされたい．

## 3章

**【1】** 1) $\dfrac{\left(\dfrac{1}{12}\times 6\right)^0}{0!}\exp\left(-\dfrac{1}{12}\times 6\right)+\dfrac{\left(\dfrac{1}{12}\times 6\right)^1}{1!}\exp\left(-\dfrac{1}{12}\times 6\right)=0.91$

2) $\dfrac{\left(\dfrac{1}{12}\times 12\right)^0}{0!}\exp\left(-\dfrac{1}{12}\times 12\right)=0.37$

3) $1-{}_5C_0(0.37)^0(1-0.37)^5=0.90$

**【2】** 1) **解表 3.1** に示す．

2) 平均値 $100.5\,\mu\mathrm{m}$，標準偏差 $12.52\,\mu\mathrm{m}$

解表 3.1

| データ区間 | 頻度 |
|---|---|
| 71 ～ 80 | 1 |
| 81 ～ 90 | 2 |
| 91 ～ 100 | 4 |
| 101 ～ 110 | 5 |
| 111 ～ 120 | 2 |
| 121 ～ 130 | 1 |

3) $P(X\geq 120)=1-F(120)=1-\varPhi\left(\dfrac{120-100.5}{12.52}\right)=0.059$

4) $P(90\leq X\leq 120)=F(120)-F(90)=\varPhi\left(\dfrac{120-100.5}{12.52}\right)-\varPhi\left(\dfrac{90-100.5}{12.52}\right)=0.739$

**【3】** 1) $0.9^3=0.729$

2) A, B, C すべて破壊，A と B が破壊，B と C が破壊，C と A が破壊

3) A, B, C すべて破壊 $=0.1^3=0.001$，A と B が破壊 $=0.1\times 0.1\times 0.9=0.009$，B と C が破壊 $=0.009$，C と A が破壊 $=0.009$

4) $1-(0.001+3\times 0.009)=0.972$

**【4】** 採択域と棄却域の境界を $u$ と置くと

$$\dfrac{u-\mu_0}{\sigma/\sqrt{n}}=-z_{0.05}$$

与えられた値を代入すると

$$\dfrac{u-600}{\sqrt{400}/\sqrt{10}}=-1.65$$

これより，$u=589.56$

一方，$\mu_1=582$，$\sigma^2=400$ の正規分布からみて，$u=589.65$ を上回る確率が第二種の過誤の確率となるので

$$\dfrac{589.56-582}{\sqrt{400}/\sqrt{10}}=1.195$$

標準正規分布表より

$1-\Phi(1.195)=1-0.8840=0.116$ （11.6 %）

【5】 正規分布の密度関数は

$$f(x)=\frac{1}{\sqrt{2\pi}\,\sigma}\exp\left\{-\frac{(x-\mu)^2}{2\sigma^2}\right\}$$

これより，対数尤度 $\ln L$ は

$$\ln L=\sum_{i=1}^{n}\ln\left[\frac{1}{\sqrt{2\pi}\,\sigma}\exp\left\{-\frac{(x_i-\mu)^2}{2\sigma^2}\right\}\right]$$

$$=-\frac{n}{2}\ln\sigma^2-\frac{n}{2}\ln 2\pi-\frac{1}{2\sigma^2}\sum_{i=1}^{n}(x_i-\mu)^2$$

となる。この式を，$\mu$ と $\sigma^2$ で偏微分した式をそれぞれ 0 とおいて得られた二つの式から $\mu$ と $\sigma^2$ を求めると

$$\hat{\mu}=\frac{1}{n}\sum_{i=1}^{n}x_i,\quad \hat{\sigma}^2=\frac{1}{n}\sum_{i=1}^{n}(x_i-\mu)^2$$

【6】 まずデータの平均を求める。

$$\bar{x}=\frac{1}{10}(35+\cdots+36)=35.0$$

母分散が既知の場合の信頼度 $1-\alpha$ の平均値の区間推定は

$$\bar{x}\pm z_{\alpha/2}\frac{\sigma}{\sqrt{n}}$$

で求められる。いま，$1-\alpha=95\,\%$，$\sigma^2=16$，$n=10$，$z_{0.025}=1.96$ を代入すると

$$35.0\pm 1.96\frac{\sqrt{16}}{\sqrt{10}}=35.0\pm 2.48\quad [\mathrm{N/mm^2}]$$

【7】 推定区間幅は

$$\pm z_{\alpha/2}\frac{\sigma}{\sqrt{n}}$$

で表される。また，$\sigma=3.5\,\mathrm{km/h}$ で既知である。$1-\alpha=95\,\%$ の場合 $z_{0.025}=1.96$ より

$$1\geqq 1.96\frac{3.5}{\sqrt{n}}$$

を $n$ について解くと，$n\geqq 47.06$ より，$n$ は約 47 台（信頼度 95 %）必要であることがわかる。

$1-\alpha=90\,\%$ の場合は，$z_{0.05}=1.65$ より

$$n\geqq 33.35$$

したがって，$n$ は約 34 台（信頼度 90 %）必要であることがわかる。

【8】 母平均 $\mu$ が既知なので

$$S^2 = \frac{1}{10}\{(35-37)^2 + \cdots + (36-37)^2\} = 21.2$$

データ数 $n=10$, 信頼度 $1-\alpha = 99\%$

$\chi^2$ 分布表より $\chi^2_{10}(0.995) = 2.16$, $\chi^2_{10}(0.005) = 25.2$

これらの値より, 推定区間は

$$\left[\frac{10 \times 21.2}{25.2}, \frac{10 \times 21.2}{2.16}\right] = [8.41, 98.15] \quad (\mathrm{N/mm^2})^2$$

## 4章

【1】 従業者数と発生交通量の相関係数 $r=0.841$ で, $t_0 = 4.915$, $t(0.05, \phi=10) = 2.228$, $t(0.01, \phi=10) = 3.169$ となり, 高度に有意な関係がある。

【2】 水準平均が, $\overline{X}_1 = 6.7$, $\overline{X}_2 = 5.2$, $\overline{X}_3 = 3.9$, 全平均が $\overline{\overline{X}} = 5.4$ で, 全変動 $S_T = 59.62$, 水準間平均 $S_B = 23.40$ となり, 相関比 $\eta = 0.626$ となる。

【3】 単純集計, クロス集計, 独立の場合の期待度数を**解表4.1～4.4**に示す。

**解表4.1** 単純集計1

| 年齢 | 1 若者 | 2 中年 | 3 老人 | 合計 |
|---|---|---|---|---|
| 度数 | 16 | 10 | 10 | 36 |

**解表4.2** 単純集計2

| 好きな観光地 | 1 京都 | 2 TDL | 3 富士山 | 4 原宿 | 合計 |
|---|---|---|---|---|---|
| 度数 | 12 | 12 | 6 | 6 | 36 |

**解表4.3** クロス集計 $n_{ij}$

| | | 好きな観光地 | | | | 合計 |
|---|---|---|---|---|---|---|
| | | 1 京都 | 2 TDL | 3 富士山 | 4 原宿 | |
| 年齢 | 1 若者 | 1 | 9 | 1 | 5 | 16 |
| | 2 中年 | 4 | 2 | 4 | 0 | 10 |
| | 3 老人 | 7 | 1 | 1 | 1 | 10 |
| | 合計 | 12 | 12 | 6 | 6 | 36 |

**解表4.4** 無相関の独立な場合の期待度数 $f_{ij}$

| | | 好きな観光地 | | | | 合計 |
|---|---|---|---|---|---|---|
| | | 1 京都 | 2 TDL | 3 富士山 | 4 原宿 | |
| 年齢 | 1 若者 | 5.32 | 5.32 | 2.67 | 2.67 | 16.0 |
| | 2 中年 | 3.33 | 3.33 | 1.67 | 1.67 | 10.0 |
| | 3 老人 | 3.33 | 3.33 | 1.67 | 1.67 | 10.0 |
| | 合計 | 12.0 | 12.0 | 6.0 | 6.0 | 36.0 |

属性相関の指標：$\chi^2 = 20.93$, $\phi = 0.762$, $Cr = 0.291$, $V = 0.539$

【4】 解表 4.5 の分散分析表に示すように，土地利用の用途と家庭から出る生ごみの量には，有意な関係がある．

　　　分散比 $F_0 > F_{0.05}(2, 17) = 3.59$, 分散比 $F_0 < F_{0.01}(2, 17) = 6.11$

**解表 4.5**　一元配置の分散分析表

| 要因 | 変動 | 自由度 | 分散 | 分散比 |
|---|---|---|---|---|
| 要因効果 | $S_B = 23.40$ | $m-1 = 2$ | $V_B = 11.7$ | $F_0 = 5.49^*$ |
| 誤差 | $S_E = 36.22$ | $N-m = 17$ | $V_E = 2.13$ | |
| 全体 | $S_T = 59.62$ | $N-1 = 19$ | … | … |

【5】 2 水準の要因を 7 個とその交互作用の要因 2 個であり，$L_{16}(2^{15})$ の直交表を用いる．同じ直交表を用いても，要因の割り付けにはいろいろな組合せが考えられる．直交表の基本表示に従って，割り付けた例を**解表 4.6** に示す．誤差項の自由度として 5 程度としていたが，$L_{16}(2^{15})$ の直交表を用いたため，誤差の自由度は 6 となった．

**解表 4.6**　直交表 $L_{16}(2^{15})$ と要因の割り付け

| 列 | 1 | 2 | 3 | 4 | 5 | 6 | 7 | 8 | 9 | 10 | 11 | 12 | 13 | 14 | 15 |
|---|---|---|---|---|---|---|---|---|---|---|---|---|---|---|---|
| 基本表示 | a | b | ab | c | ac | bc | abc | d | ad | bd | cd | acd | bcd | abcd | |
| 割り付ける要因 | A | B | AB | C | なし | G | なし | D | E | BD | F | なし | なし | なし | なし |

【6】 **解表 4.6** の割り付けに基づいて，実験値の変動から分散分析表（**解表 4.7**）を算定する．分散分析表の分散比より，要因 D，E，A×D の 3 要因が高度に有意，要因 D×E の要因が有意となる結果が得られている．

　　　$F_{0.05}(1, 6) = 5.99$, $F_{0.01}(1, 6) = 13.74$

【7】 変換後の直交表は**解表 4.8** のようになり，各列を組み合わせた内積や相関係数はゼロとなる．

【8】 例えば，中国四国地方（9 県）の場合，求める重回帰式は

　　　$y = 0.4685 + 0.0135\, x_1 + 0.0969\, x_2$

自由度調整済み決定係数は，$\tilde{R}^2 = 0.2232$ となり，あまり当てはまりのよくない回帰式となっている．また，**解表 4.9** の分散分析表から回帰式の検定統計量は $F_0 = 2.1493$ となっており，有意水準 0.05 の $F$ 値 $F_{0.05}(2, 6) = 5.14$ と比較しても，小さい値となっていることから回帰式は有意であるとはいえない．

**解表 4.7** 多元配置の分散分析表

| 要因 | 変動 $S$ | 自由度 | 分散 $V$ | 分散比 $F_0$ |
|---|---|---|---|---|
| 要因 A | $S_A = 2.25$ | $2-1=1$ | $V_A = 2.25$ | 0.33 |
| 要因 B | $S_B = 15.60$ | $2-1=1$ | $V_B = 15.60$ | 2.26 |
| 要因 C | $S_C = 9.30$ | $2-1=1$ | $V_C = 9.30$ | 1.35 |
| **要因 D** | $S_D = 309.76$ | $2-1=1$ | $V_D = 309.76$ | 44.93** |
| 要因 A×D | $S_{A \times D} = 0.81$ | $2-1=1$ | $V_{A \times D} = 0.81$ | 0.12 |
| 要因 F | $S_F = 0.42$ | $2-1=1$ | $V_F = 0.42$ | 0.06 |
| **要因 E** | $S_E = 127.69$ | $2-1=1$ | $V_E = 127.69$ | 18.52** |
| **要因 A×E** | $S_{A \times E} = 104.04$ | $2-1=1$ | $V_{A \times E} = 104.04$ | 15.09** |
| **要因 D×E** | $S_{D \times E} = 70.56$ | $2-1=1$ | $V_{D \times E} = 70.56$ | 10.23* |
| 誤差 | $S_E = 41.37$ | $15-9=6$ | $V_E = 6.90$ | … |
| 全体 | $S_T = 681.80$ | $16-1=15$ | … | … |

**解表 4.8** 変換後の直交表

(a) $L_8(2^7)$

| 列 | 1 | 2 | 3 | 4 | 5 | 6 | 7 |
|---|---|---|---|---|---|---|---|
| 基本表示 | a | b | ab | c | ac | bc | abc |
| 1 | $-1$ | $-1$ | $-1$ | $-1$ | $-1$ | $-1$ | $-1$ |
| 2 | $-1$ | $-1$ | $-1$ | 1 | 1 | 1 | 1 |
| 3 | $-1$ | 1 | 1 | $-1$ | $-1$ | 1 | 1 |
| 4 | $-1$ | 1 | 1 | 1 | 1 | $-1$ | $-1$ |
| 5 | 1 | $-1$ | 1 | $-1$ | 1 | $-1$ | 1 |
| 6 | 1 | $-1$ | 1 | 1 | $-1$ | 1 | $-1$ |
| 7 | 1 | 1 | $-1$ | $-1$ | 1 | 1 | $-1$ |
| 8 | 1 | 1 | $-1$ | 1 | $-1$ | $-1$ | 1 |

(b) $L_9(3^4)$

| 列 | 1 | 2 | 3 | 4 |
|---|---|---|---|---|
| 基本表示 | a | b | ab | $ab^2$ |
| 1 | $-1$ | $-1$ | $-1$ | $-1$ |
| 2 | $-1$ | 0 | 0 | 0 |
| 3 | $-1$ | 1 | 1 | 1 |
| 4 | 0 | $-1$ | 0 | 1 |
| 5 | 0 | 0 | 1 | $-1$ |
| 6 | 0 | 1 | $-1$ | 0 |
| 7 | 1 | $-1$ | 1 | 0 |
| 8 | 1 | 0 | $-1$ | 1 |
| 9 | 1 | 1 | 0 | $-1$ |

**解表 4.9** 重回帰式の有意性検定

| 要因 | 平方和 | 自由度 | 分散 | 分散比 |
|---|---|---|---|---|
| 回 帰 | 0.063 5 | 2 | 0.031 8 | 2.149 3 |
| 残 差 | 0.088 7 | 6 | 0.014 8 | |
| 合 計 | 0.152 2 | 8 | | |

回帰係数の検定については，回帰係数，$\hat{\beta}_0$，$\hat{\beta}_1$，$\hat{\beta}_2$，の $t$ 値がそれぞれ 1.090 0，1.446 8，1.741 0 となり，有意水準 0.05 の $t$ 値が $t(\alpha=0.05, \varphi=6)$ = 2.447 であることから，いずれも有意とはいえず，説明変数の変更を含めた再検討が必要である．

【9】 例えば，九州地方の6都市のデータに基づいて，相関係数行列に基づく固有値を求めると**解表4.10〜4.12**のとおりとなる。第1主成分および第2主成分により全体の90.7％の変動が説明される。

**解表4.10** 各主成分の寄与率

|  | 第1主成分 | 第2主成分 | 第3主成分 | 第4主成分 | 第5主成分 | 計 |
|---|---|---|---|---|---|---|
| 固有値 | 3.297 | 1.239 | 0.412 | 0.052 | 0.000 | 5.000 |
| 寄与率 | 0.659 | 0.248 | 0.082 | 0.010 | 0.000 | |
| 累積寄与率 | 0.659 | 0.907 | 0.990 | 1.000 | 1.000 | |

**解表4.11** 主成分の重み係数

|  | 第1主成分 | 第2主成分 |
|---|---|---|
| 徒　歩 | 0.536 | −0.127 |
| 二　輪 | −0.067 | 0.885 |
| バ　ス | 0.474 | −0.213 |
| 鉄　道 | 0.487 | 0.074 |
| 自動車 | −0.496 | −0.388 |

**解表4.12** 主成分得点

|  | 第1主成分 | 第2主成分 |
|---|---|---|
| 福　岡 | 3.202 | 0.205 |
| 佐　賀 | −1.637 | −0.834 |
| 鹿　島 | −1.663 | −0.677 |
| 熊　本 | 0.408 | 0.085 |
| 宮　崎 | −1.546 | −0.365 |
| 鹿児島 | 1.236 | 1.585 |

第1主成分は公共交通への依存度（プラスであるほど依存度が高い）を，第2主成分は二輪車への依存度（プラスであるほど依存度が高い）を表す軸

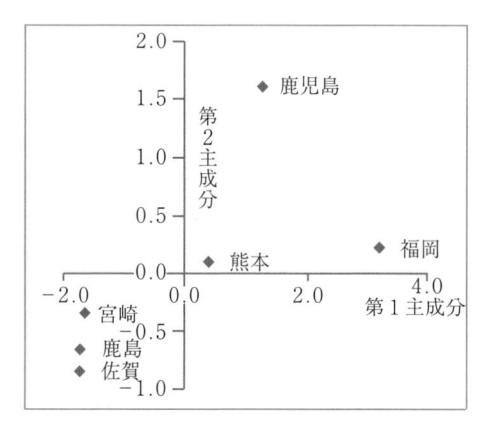

**解図4.1** 主成分得点の散布図

と解釈され，例えば鹿児島市は公共交通，二輪車ともに依存度が高い都市であるといった特徴を見いだすことができる（**解図 4.1**）。

## 5章

【1】 6秒間車がこなければ安全であることから，式 (5.10) において $\lambda = 1\,200/3\,600$，$n=0$，$t=6$ を代入すればよい。

$$P_n(t) = \frac{(\lambda t)^n}{n!} \exp(-\lambda t)$$

より

$$P_0(t=6) = \frac{\left(\frac{1\,200}{3\,600} \times 6\right)^0}{0!} \exp\left(-\frac{1\,200}{3\,600} \times 6\right) = 0.135\,3 \, (\fallingdotseq 13.5\,\%)$$

【2】 システムの中にいる平均客数 $L$ は式 (5.32) より

$$L = \frac{\rho}{1-\rho}$$

となり，トラフィック密度 $\rho$ は単位時間に到着する平均客数 $\lambda$ と処理できる平均客数 $\mu$ の比であり，$\rho < 1$ の条件は処理が到着を上回り行列長は収束する。一方，$\rho = 1$ と $\rho > 1$ でこのシステムでの処理より到着が等しいかそれ以上であり，システムは不安定となる。

【3】 式 (5.24) の誘導を参照

【4】 M/M/1(∞) はケンダルが待ち行列をわかりやすく表示するために定義した記述方式で，一般形は A/B/C(N) であり，A は到着分布の型，B はサービス分布の型，C は窓口の数，(N) は待ち行列の長さを示す。また，分布の型として，D は規則型（一様分布），E は中間型（アーラン分布），M はランダム型（指数分布，マルコフ分布），G は一般型である。

【5】 ETC レーンに 2 台以上が団子となって到着する確率は ETC レーンでサービスを受けている 1 台と後ろに団子になった 2 台以上が到着した場合で，システムに 3 台以上となる状況の確率を求めることになる。したがって，システムにそれぞれ 0 台，1 台，2 台の場合の確率を 1.0 から差し引けばよい。

$\lambda = 600/3\,600$，$\mu = 1/3$，$\rho = 1/2$ より

$$P = \sum_{n=3}^{\infty} P_n = 1 - \sum_{n=0}^{2} P_n$$

$P_0 = \rho^0(1-\rho) = 0.5$，　$P_1 = \rho^1(1-\rho) = 0.25$，　$P_2 = \rho^2(1-\rho) = 0.125$

よって，$P = 0.125$ となる。

演 習 問 題 解 答　　*219*

【6】 1) の解答　　$\lambda = 2/60$, $\mu = 4/60$, $\rho = 1/2$ で, $P = \sum_{n=0}^{4} P_n$ より

$P_0 = \rho^0(1-\rho) = 0.5$, $P_1 = \rho^1(1-\rho) = 0.25$, $P_2 = \rho^2(1-\rho) = 0.125$,
$P_3 = \rho^3(1-\rho) = 0.0625$, $P_4 = \rho^4(1-\rho) = 0.03125$

よって, $P = \sum_{n=0}^{4} P_n$ より　$P = 0.96875$

2) の解答　　システムの中に 5 台以上となる確率を 0.1 以下とするには, 次式で $P = 0.1$ 以下であればよい。

$P = \sum_{n=5}^{\infty} P_n = 1 - \sum_{n=0}^{4} P_n$ より $\sum_{n=0}^{4} P_n \leqq 0.9$

$\sum_{n=0}^{4} P_n = \rho^0 - \rho^5$ より

$\rho^5 = 1.0 - 0.9 = 0.1$

よって, $\sqrt[5]{\rho} = 0.1$, $\rho = 0.631$　となり, サービス率は $\mu = 3.17$ である。したがって, 1 分間に 3.17 台 (4 台程度) 以上のサービス体制が必要である。

【7】・線形計画問題〔3〕の「制約条件に等式が含まれる場合」(127 ページ) において, シンプレックス法で最適解を求めた略解 (**解表 5.1** 参照)。

**解表 5.1**　制約条件に等式が含まれる場合のシンプレックス表

| サイクル | 基底変数 | 基底変数値 | 変数 | | | | | $\theta$ | 基底変換 |
|---|---|---|---|---|---|---|---|---|---|
| | | | $x_1$ | $x_2$ | $x_3$ | $\nu$ | $\lambda$ | | |
| 0 | $\nu$ | 10 | 1 | 4 | $-1$ | 1 | 0 | | ① |
| | $\lambda$ | 20 | 3 | 2 | 0 | 0 | 1 | | ② |
| | $z$ | 0 | $-3$ | 6 | $-1$ | $M$ | 0 | | ③ |
| 1 | $\nu$ | 10 | 1 | 4 | $-1$ | 1 | 0 | 2.5 | ④ = ① |
| | $\lambda$ | 20 | 3 | 2 | 0 | 0 | 1 | 10 | ⑤ = ② |
| | $z$ | $-10M$ | $-3-M$ | $6-4M$ | $-1+M$ | 0 | 0 | | ⑥ = ③ − $M$×① |
| 2 | $x_2$ | 2.5 | 0.25 | 1 | $-0.25$ | 0.25 | 0 | 10 | ⑦ = ④/4 |
| | $\lambda$ | 15 | 2.5 | 0 | 0.5 | $-0.5$ | 1 | 6 | ⑧ = ⑤ − 2×⑦ |
| | $z$ | $-15$ | $-4.5$ | 0 | 0.5 | $M-1.5$ | 0 | | ⑨ = ⑥ − (6−4$M$)×⑦ |
| 3 | $x_2$ | 1 | 0 | 1 | $-0.3$ | 0.3 | $-0.1$ | | ⑩ = ⑦ − 0.25×⑪ |
| | $x_1$ | 6 | 1 | 0 | 0.2 | $-0.2$ | 0.4 | | ⑪ = ⑧/2.5 |
| | $z$ | 12 | 0 | 0 | 1.4 | $M-2.4$ | 1.8 | | ⑫ = ⑨ − (−4.5)×⑪ |

$x_1 = 6$, $x_2 = 1$, $x_3 = 0$, $\lambda = 0$, $\nu = 0$, $z_{\max} = 12$

・線形計画問題〔4〕の「非負条件のない変数が含まれる場合」(128 ページ)

において，シンプレックス法で最適解を求めた略解（**解表5.2**参照）

**解表5.2** 非負条件のない変数が含まれる場合のシンプレックス表

| サイクル | 基底変数 | 基底変数値 | $x_1'$ | $x_0$ | $x_2$ | $\lambda_1$ | $\lambda_2$ | $\lambda_3$ | $\theta$ | 基底変換 |
|---|---|---|---|---|---|---|---|---|---|---|
| 1 | $\lambda_1$ | 5 | −1 | 1 | 1 | 1 | 0 | 0 | 5 | ① |
|  | $\lambda_2$ | 3 | 1 | −1 | 0 | 0 | 1 | 0 | ∞ | ② |
|  | $\lambda_3$ | 8 | 1 | −1 | 5 | 0 | 0 | 1 | 1.6 | ③ |
|  | $z$ | 0 | 1 | −1 | −6 | 0 | 0 | 0 |  | ④ |
| 2 | $\lambda_1$ | 3.4 | −1.2 | 1.2 | 0 | 1 | 0 | −0.2 | 17/6 | ⑤=①−1×⑦ |
|  | $\lambda_2$ | 3 | 1 | −1 | 0 | 0 | 1 | 0 | ∞ | ⑥=② |
|  | $x_2$ | 1.6 | 0.2 | −0.2 | 1 | 0 | 0 | 0.2 | ∞ | ⑦=③/5 |
|  | $z$ | 9.6 | 2.2 | −2.2 | 0 | 0 | 0 | 1.2 |  | ⑧=④−(−6)×⑦ |
| 3 | $x_0$ | 17/6 | −1 | 1 | 0 | 5/6 | 0 | −1/6 |  | ⑨=⑤/1.2 |
|  | $\lambda_2$ | 35/6 | 0 | 0 | 0 | 5/6 | 1 | −1/6 |  | ⑩=⑥−(−1)×⑨ |
|  | $x_2$ | 13/6 | 0 | 0 | 1 | 1/6 | 0 | 1/6 |  | ⑪=⑦−(−0.2)×⑨ |
|  | $z$ | 95/6 | 0 | 0 | 0 | 11/6 | 0 | 5/6 |  | ⑫=⑧−(−2.2)×⑨ |

$x_1 = -17/6$ （$x_1'=0$, $x_0=17/6$）, $x_2=13/6$, $x_3=0$, $\lambda_2=11/6$, $\lambda_1=\lambda_3=0$, $z_{\max}=95/6$

【8】制約付き効用最大化問題であり，以下のように定式化できる．

$$\underset{G_l, T_l, G_m, T_m}{\text{Max}} \quad U(G_l, T_l, G_m, T_m)$$

$$G_l + G_m \leq I$$

$$T_l + T_m \leq T$$

$$G_l > 0, \quad G_m > 0, \quad T_l > 0, \quad T_m > 0$$

定式化した制約条件付き最適化問題を解くために，ラグランジュ関数を示すと以下のとおりとなる．

$$L = U(G_l, T_l, G_m, T_m) + \lambda_I(I - G_l - G_m) + \mu_T(T - T_l - T_m) + \lambda_l G_l + \lambda_m G_m$$
$$+ \mu_l T_l + \mu_m T_m$$

なお，$\lambda_I$, $\lambda_l$, $\lambda_m$, $\mu_T$, $\mu_l$, $\mu_m$ はラグランジュ未定乗数である．最適解の満足する必要十分条件を求めるため，キューン・タッカーの定理を適用する．必要十分条件は，以下のとおりである．

$$G_l > 0, \quad \frac{\partial L}{\partial G_l} = \frac{\partial U(G_l, T_l, G_m, T_m)}{\partial G_l} - \lambda_I + \lambda_l = 0 \tag{1}$$

$$T_l > 0, \quad \frac{\partial L}{\partial T_l} = \frac{\partial U(G_l, T_l, G_m, T_m)}{\partial T_l} - \mu_T + \mu_l = 0 \tag{2}$$

$$G_m > 0, \quad \frac{\partial L}{\partial G_m} = \frac{\partial U(G_l, T_l, G_m, T_m)}{\partial G_m} - \lambda_I + \lambda_m = 0 \tag{3}$$

$$T_m > 0, \quad \frac{\partial L}{\partial T_m} = \frac{\partial U(G_l, T_l, G_m, T_m)}{\partial T_m} - \mu_T + \mu_m = 0 \tag{4}$$

$$\frac{\partial L}{\partial \lambda_I} = I - G_l - G_m \text{ であり, } \begin{cases} \lambda_I > 0, \quad I - G_l - G_m = 0 & (5) \\ \lambda_I = 0, \quad I - G_l - G_m > 0 & (6) \end{cases}$$

$$\frac{\partial L}{\partial \mu_T} = T - T_l - T_m \text{ であり, } \begin{cases} \mu_T > 0, \quad T - T_l - T_m = 0 & (7) \\ \mu_T = 0, \quad T - T_l - T_m > 0 & (8) \end{cases}$$

$$\frac{\partial L}{\partial \lambda_l} = G_l > 0 \text{ であるため, } \lambda_l = 0 \tag{9}$$

$$\frac{\partial L}{\partial \lambda_m} = G_m > 0 \text{ であるため, } \lambda_m = 0 \tag{10}$$

$$\frac{\partial L}{\partial \mu_l} = T_l > 0 \text{ であるため, } \mu_l = 0 \tag{11}$$

$$\frac{\partial L}{\partial \mu_m} = T_m > 0 \text{ であるため, } \mu_m = 0 \tag{12}$$

式 (1)〜(4) は, 式 (9)〜(12) を代入して以下のようにまとめられる.

$$\frac{\partial U(G_l, T_l, G_m, T_m)}{\partial G_l} = \frac{\partial U(G_l, T_l, G_m, T_m)}{\partial G_m} = \lambda_I$$

$$\frac{\partial U(G_l, T_l, G_m, T_m)}{\partial T_l} = \frac{\partial U(G_l, T_l, G_m, T_m)}{\partial T_m} = \mu_T$$

【9】 解図 *5.1* の各イベントに記載されている □ の上段が最早結合点日程, 下段が最遅結合点日程で, 太矢印がクリティカルパスである.

作業 3,6 の各作業日程は以下のとおりである.

$\text{ES}_{36} = t_3^{\text{E}} = 8, \quad \text{EF}_{36} = \text{ES}_{36} + \text{D}_{36} = t_3^{\text{E}} + D_{36} = 8 + 10 = 18, \quad \text{LF}_{36} = t_6^{\text{L}} = 22$

$\text{LS}_{36} = \text{LF}_{36} - D_{36} = t_6^{\text{L}} - D_{36} = 22 - 10 = 12$

$\text{TF}_{36} = \text{LF}_{36} - \text{EF}_{36} = 22 - 18 = 4, \quad \text{FF}_{36} = t_6^{\text{E}} - \text{EF}_{36} = 19 - 18 = 1$

$\text{DF}_{36} = \text{TF}_{36} - \text{FF}_{36} = t_6^{\text{L}} - t_6^{\text{E}} = 22 - 19 = 3$

$\text{IF}_{36} = \max\{(t_6^{\text{E}} - t_3^{\text{L}}) - D_{36}, \ 0\} = \max\{(19 - 8) - 10, \ 0\} = 1$

【10】 <u>短縮作業探索ステップ1</u>: 問図 *5.1* に示すように, 標準作業日数に基づく作業

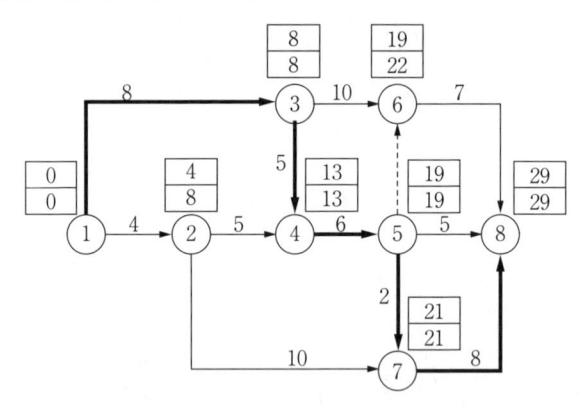

**解図 5.1** 作業ダイアグラムと結合点時刻

ネットワークのクリティカルパスは①→②→③→⑤である．それぞれの作業の費用勾配は

作業①→② 10万円/日
作業②→③ 15万円/日
作業③→⑤ 12万円/日

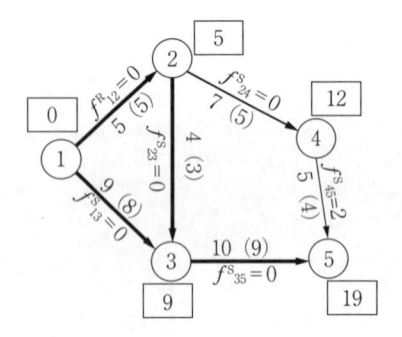

**解図 5.2** 短縮作業ステップ1

であるため，費用勾配が最も小さい作業①→②を短縮することになる．作業①→②は，5日まで縮めることができる．作業①→③のフロート $f^S_{13}$ は1日，④→⑤のフロート $f^S_{45}$ は2日であるため，①→②を1日短縮することで，工期を1日短縮することができる．よって，短縮に伴って生じるコストは10万円で $f^R_{12}$ はゼロとなる．このときの作業ネットワークを**解図 5.2** に示す．

<u>短縮作業探索ステップ2</u>：前ステップの結果，クリティカルパスは①→②→③→⑤と①→③→⑤の二つあることがわかった．二つのクリティカルパスでフリーフロートを生じさせないためにも，①→②→③と①→③によるイベント③の最早結合点日程は等しくする必要がある．作業①→②は前ステップですでに短縮したのでこれ以上は短縮できない．そこで，作業②→③と①→③は同時に短縮する必要がある．以上より作業の短縮による費用勾配は

作業②→③と①→③　15+5=20万円/日
作業③→⑤　　　　　12万円/日

であるため，費用勾配が最も小さい作業③→⑤を短縮することになる。この場合，作業③→⑤は，1日縮めることが可能である。作業④→⑤のフロート$f^S_{45}$は2日であるため，③→⑤を1日短縮することで，工期を1日短縮することができる。よって，短縮に伴い生じるコストは12万円で$f^R_{35}$はゼロとなる。このときの作業ネットワークを**解図5.3**に示す。

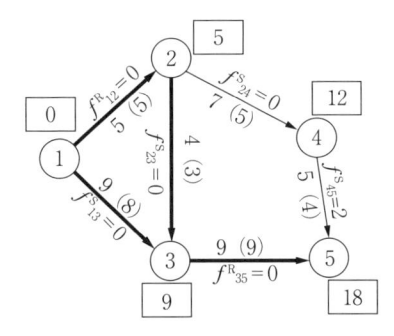

**解図5.3**　短縮作業ステップ2

## 6章

【1】 産業連関分析

投入係数行列　$A = \begin{bmatrix} 0.3 & 0.17 & 0.20 \\ 0.25 & 0.30 & 0.20 \\ 0.20 & 0.20 & 0.27 \end{bmatrix}$

レオンチェフ行列の逆行列（誘導方程式の係数行列）

$[I-A]^{-1} = \begin{bmatrix} 1.86 & 0.65 & 0.69 \\ 0.88 & 1.86 & 0.75 \\ 0.75 & 0.69 & 1.76 \end{bmatrix}$

誘導方程式 $X = [I-A]^{-1}F$ は

$X_1 = 1.86F_1 + 0.65F_2 + 0.69F_3$
$X_2 = 0.88F_1 + 1.86F_2 + 0.75F_3$
$X_3 = 0.75F_1 + 0.69F_2 + 1.76F_3$

変更後の最終需要　$F = \begin{bmatrix} 13 \\ 10 \\ 12 \end{bmatrix}$

とすると，**解表6.1**が得られる。

部門1の最終需要を10億円増したときの生産額の合計は115.4億円となり，115.4-80-10=25.4億円の波及効果となる。

**解表 6.1** 産業連関表の解

| 投入\産出 | | 中間需要 | | | 最終需要 | 生産額 |
|---|---|---|---|---|---|---|
| | | 部門1 | 部門2 | 部門3 | | |
| 中間投入 | 部門1 | 11.6 | 6.6 | 7.5 | 13 | 38.8 |
| | 部門2 | 9.7 | 11.7 | 7.5 | 10 | 38.9 |
| | 部門3 | 7.8 | 7.8 | 10.2 | 12 | 37.7 |
| 付加価値 | | 9.7 | 12.8 | 12.5 | | |
| 支出額 | | 38.8 | 38.9 | 37.7 | | 115.4 |

【2】費用便益分析

問表 6.2 のプロジェクトライフの各期に発生する費用と便益を計画元年に割り引くと

$$C = \frac{2\,000}{1.05} + \frac{1\,600}{1.05^2} + \frac{400}{1.05^3} + \frac{3\,200}{1.05^4} + \cdots = 4\,318.4 \text{ 百万円}$$

$$B = \frac{600}{1.05^5} + \frac{1\,800}{1.05^6} + \frac{1\,800}{1.05^7} + \frac{1\,800}{1.05^8} = 4\,310.8 \text{ 百万円}$$

$$\frac{B}{C} = 0.998$$

B/C が1をより小さい。事業の遅れによって効率性が損なわれており，事業の採算が取れなくなっている。便益の発生構造が同一であっても，遅れなしの場合と比較して便益は4億円余り減少している。このような事業の遅れは，プランニングライフ前半の費用を増加させるとともに，割引度合の増大から便益を大きく減少させることになる。

【3】～【6】の演習問題については，自由研究とされたい。

# 索引

## 【あ行】

| | |
|---|---|
| アイテム | 101 |
| アクティビティ | 137 |
| アセス法 | 185 |
| アドホック法 | 190 |
| アメダス | 26 |
| 一元配置法 | 78 |
| 一様分布 | 39 |
| 一対比較 | 18 |
| 一般競争入札 | 195 |
| イベント | 137 |
| 因子負荷量 | 99 |
| インパクト | 160 |
| 受入補償額 | 171 |
| 有無比較法 | 160 |
| オペレーションズリサーチ | 9, 152 |

## 【か行】

| | |
|---|---|
| 回帰直線 | 87 |
| 回帰分析 | 87 |
| 改正PFI法 | 201 |
| 外的基準 | 69 |
| 外部経済性 | 5 |
| 外部効果 | 159 |
| 外部不経済 | 7 |
| ガウス・ジョルダンの消去法 | 120 |
| ガウス分布 | 39 |
| 確率 | 34 |
| 確率分布 | 36 |
| 確率変数 | 36 |
| 確率密度関数 | 36 |
| 画素 | 175 |
| 仮想評価法 | 171 |
| 片側検定 | 49 |
| 可達行列 | 19 |
| 可達集合 | 19 |
| 合併集合 | 32 |
| カテゴリー | 101 |
| カテゴリースコア | 101 |
| 環境アセスメント | 185 |
| 環境影響評価法 | 185, 186 |
| 管理委託制度 | 179 |
| 管理限界線 | 64 |
| 棄却域 | 50 |
| 技巧変数 | 126, 127 |
| 記述統計 | 27 |
| 気象データ | 26 |
| 期待値 | 43 |
| 基底形式 | 120 |
| 基底変数 | 120 |
| 帰無仮説 | 49 |
| キャピタリゼーション仮説 | 170 |
| キューン・タッカーの定理 | 133 |
| 共通集合 | 32 |
| 業務統計 | 26 |
| 供用期間 | 165 |
| 局所最小点 | 129 |
| 局所最適解 | 129 |
| 寄与率 | 89, 99 |
| 空集合 | 31 |
| 区間推定 | 56 |
| クラマーのV係数 | 77 |
| クラマーのコンティジェンシィー係数 Cr | 76 |
| クリティカルな作業 | 139 |
| クロス集計 | 75 |
| クロスセクションデータ | 69 |
| 計画アセス | 193 |
| 計画期間 | 165 |
| 計画の五要素 | 7 |
| 計数値 | 25 |
| 計量値 | 25 |
| 結合点日程 | 138 |
| 結合法則 | 33 |
| 決定係数 | 89 |
| 元 | 31 |
| ケンダールの記述方式 | 113 |
| 合意形成 | 172 |
| 公共財 | 5 |
| 交互作用 | 81 |
| 構造模型 | 78 |
| 公聴会 | 178 |
| 誤差 | 87 |
| 個体 | 68 |
| コンセッション方式 | 200 |

## 【さ行】

| | |
|---|---|
| 最小二乗法 | 87 |
| 最早開始時刻 | 141 |
| 最早結合点日程 | 138 |
| 最早終了時刻 | 141 |
| 採択域 | 50 |
| 最遅開始時刻 | 141 |
| 最遅結合点日程 | 139 |
| 最遅終了時刻 | 141 |
| 最適解 | 129 |
| 最適化の問題 | 155 |
| 最適基準 | 156 |
| 最頻値 | 44 |
| 最尤法 | 57 |
| サービス分布 | 113 |
| 産業連関表 | 160 |
| 産業連関分析 | 160 |
| 視覚情報データ | 26 |
| 事業アセス | 192 |
| 事業継続計画 | 196, 198 |
| 事業効果 | 159 |
| 時系列データ | 25, 69 |
| 時系列分析 | 30 |

| 索引 | | | | | |
|---|---|---|---|---|---|
| 事象 | 34 | スラック変数 | 120 | 定常確率 | 115 |
| 市場メカニズム | 4 | 正規分布 | 39, 203 | 定性データ | 24 |
| 市場メカニズムが機能する | | 積集合 | 32 | 定量データ | 24 |
| ための条件 | 4 | 積率法 | 57 | デジタル画像 | 175 |
| 指数分布 | 42 | 絶対確率 | 34 | デルファイ法 | 14, 152 |
| システムズアナリシス | | セールスマン問題 | 155 | 電磁波 | 174 |
| | 12, 151 | 全域最小点 | 129 | 点推定 | 56 |
| 実験計画 | 81 | 全域最適解 | 129 | 統計的仮説検定 | 48 |
| 実行可能解 | 129 | 線形計画 | 119 | 統計的推定 | 27, 56 |
| 実行可能領域 | 129 | 線形計画法 | 118 | 統計量 | 27 |
| 質的データ | 24 | 先行集合 | 19 | 到着分布 | 113 |
| 指定管理者制度 | 179 | 前後比較法 | 160 | 投入係数 | 160 |
| 支払意思額 | 171 | 全体集合 | 32 | 独立 | 35 |
| シビルミニマム | 7 | 全変動 | 84 | 独立フロート | 142 |
| 資本形成効果 | 159 | 戦略的環境アセスメント | 192 | 度数分布 | 27 |
| 市民参加 | 172 | 素 | 32 | トータル使用可能時間 | 139 |
| 指名競争入札 | 195 | 相関係数 | 69, 70 | トータルフロート | 141 |
| 社会基盤 | 10 | 相関比 | 69, 72, 103 | 凸関数 | 130 |
| 社会資本 | 5 | 総合評価方式 | 196 | 特急費用 | 145 |
| ──の特質 | 5 | 総合評価落札方式 | 198 | 凸集合 | 130 |
| 社会的費用 | 170 | 想定外 | 10 | トラフィック密度 | 116 |
| 重回帰分析 | 91 | 属性相関 | 69, 75 | トレードオフ | 7 |
| 集合 | 31 | | | | |
| ──の演算 | 32 | 【た行】 | | 【な行】 | |
| 従属フロート | 141 | 第1種事業 | 186 | 内部効果 | 159 |
| 住民参加 | 178 | 第一種の過誤 | 51 | ナップサック問題 | 155 |
| 縦覧 | 178 | 対数正規分布 | 41 | 二元配置法 | 81 |
| 主成分 | 97 | 代替案 | 154 | 2項分布 | 37 |
| 主成分得点 | 99 | 第2種事業 | 186 | 入札制度 | 196 |
| 主成分分析 | 97 | 第二種の過誤 | 51 | ネットワーク法 | 190 |
| 条件付き確率 | 34 | 代表値 | 44 | | |
| 冗長システム | 46 | 耐用年数 | 165 | 【は行】 | |
| 消費者余剰 | 169 | 対立仮説 | 49 | 排反 | 35 |
| シンプレックス基準 | 121 | 多元配置法 | 81 | 破壊確率 | 45 |
| シンプレックス法 | 120 | 多変量解析 | 29, 69, 86 | 罰金 | 126 |
| 信頼度 | 45, 56 | 単回帰分析 | 87 | 罰金法 | 125 |
| 推移包 | 19 | 単純集計 | 75 | パネルデータ | 69 |
| 水準間変動 | 84 | 地域比較法 | 160 | バリューアナリシス | 198 |
| 数値シミュレーション | 111 | チェックリスト法 | 190 | バリューエンジニアリング | |
| 数量化理論 | 69, 101, 152 | 中央値 | 44 | | 198 |
| 数量化理論Ⅰ類 | 101 | 中心極限定理 | 64 | 範囲 | 44 |
| 数量化理論Ⅱ類 | 102 | 中点値 | 44 | 反射 | 173 |
| 数量化理論Ⅲ類 | 104 | 超幾何分布 | 37 | 判別関数 | 95 |
| スクリーニング | 188 | 直列システム | 45 | 判別分析 | 95 |
| スコーピング | 188, 189 | 直交表 | 69, 81, 82 | ピアソンの積率相関係数 | 70 |
| ストック効果 | 159 | 地理情報システム | 26, 175 | 非基底変数 | 120 |

| | | | | | | |
|---|---|---|---|---|---|---|
| ピクセル | 175 | 分布関数 | 36 | 山積み | 142 |
| 非線形計画法 | 128 | 平均値 | 43 | 有意水準 | 49 |
| 評価基準 | 151 | 並列システム | 46 | 有限集合 | 31 |
| 費用勾配 | 145 | ヘドニックアプローチ | 170 | 尤　度 | 57 |
| 標　識 | 68 | 便　益 | 159 | 予　測 | 23 |
| 標準正規分布 | 39 | 便益や不便益の帰属 | 159 | 余裕時間 | 141 |
| 標準値 | 63 | 偏差平方和 | 44 | 四大公害 | 185 |
| 標準費用 | 145 | ベン図 | 32 | | |
| 標準偏差 | 43 | 変　動 | 44 | **【ら行】** | |
| 費用負担 | 160, 172 | 変動係数 | 43 | ラグランジュ乗数 | 132 |
| 費用便益分析 | 164 | ポアソン分布 | 38, 114 | 離散的確率変数 | 36 |
| 標本平均 | 48 | 包括的民間委託 | 179 | 離散データ | 25 |
| 費用や便益の帰属 | 172 | 放　射 | 173 | リモートセンサ | 174 |
| 費用有効度分析 | 164 | ポ　サ | 179 | リモートセンシング | 173 |
| 品質管理 | 63 | 補集合 | 32 | 量的データ | 24 |
| 負の遺産 | 4 | 母集団 | 47 | 利用率 | 116 |
| 部分集合 | 31 | 補　償 | 160, 172 | 旅行費用法 | 170 |
| 不便益 | 159 | 母　数 | 48 | 隣接行列 | 19 |
| プラス効果 | 159 | 母平均 | 48 | 累積KJ法 | 16 |
| プラットフォーム | 174 | | | 累積寄与率 | 99 |
| プラン | 12 | **【ま行】** | | レオンチェフ行列 | 162 |
| プランニング | 12 | マイナス効果 | 159 | レンジ | 101 |
| フリーフロート | 141 | 待ち行列 | 10, 112 | 連続的確率変数 | 36 |
| ブレーンストーミング法 | 14, 152 | 待ち行列システム | 115, 116 | 連続データ | 25 |
| | | まちづくり | 178 | | |
| フロー効果 | 159 | マトリックス法 | 190 | **【わ行】** | |
| プロジェクトライフ | 165 | 無限集合 | 31 | ワークショップ | 13, 178 |
| プローブ情報 | 181 | ものの価値 | 167 | 和集合 | 32 |
| 分　散 | 43 | | | 割引率 | 166 |
| 分散分析 | 69, 78 | **【や行】** | | | |
| 分配法則 | 33 | 山崩し | 143 | | |

| | | | | | | |
|---|---|---|---|---|---|---|
| AHP法 | 152 | KJ法 | 14, 152 | SEA | 192 |
| AMeDAS | 26 | $M/M/1(\infty)$ | 112, 116 | sinsai.info | 180 |
| B/C | 168 | OR | 9, 152 | $t$ 分布 | 206 |
| BCP | 196, 198 | PDCAサイクル | 154 | VA | 198 |
| BOT | 195, 196 | PERT | 137 | VE | 198 |
| CPM | 137 | PFI | 195 | WTA | 171 |
| CVM | 171 | PFI事業 | 199 | WTP | 171 |
| $F$ 分布 | 206 | PFI法 | 196 | $\overline{X}$-$R$ 管理図 | 63 |
| GIS | 26, 175 | PI | 178 | $\overline{X}$ 管理図 | 63 |
| ICT | 173 | POSAシステム | 179 | $\phi$ 係数 | 76 |
| ISM法 | 17 | QC | 63 | $\chi^2$ 値 | 76 |
| IT | 173 | $R$ 管理図 | 63 | $\chi^2$ 分布 | 205 |

―― 著者略歴 ――

**大橋　健一**（おおはし　けんいち）
1972 年　愛媛大学工学部土木工学科卒業
1974 年　愛媛大学大学院工学研究科修士課程
　　　　　修了（土木工学専攻）
1974 年　明石工業高等専門学校助手
1977 年　明石工業高等専門学校講師
1984 年　明石工業高等専門学校助教授
1995 年　英国レディング大学客員研究員
1996 年　博士（工学）（徳島大学）
1996 年　明石工業高等専門学校教授
　　　　　現在に至る

**荻野　弘**（おぎの　ひろし）
1969 年　名古屋工業大学工学部土木工学科卒業
1971 年　名古屋工業大学工学研究科修士課程
　　　　　修了（土木工学専攻）
1971 年　豊田工業高等専門学校助手
1973 年　豊田工業高等専門学校講師
1977 年　豊田工業高等専門学校助教授
1985 年　工学博士（名古屋大学）
1988 年　豊田工業高等専門学校教授
2008 年　豊田工業高等専門学校名誉教授
　　　　　株式会社キクテック技術顧問
　　　　　現在に至る

**西澤　辰男**（にしざわ　たつお）
1979 年　金沢大学工学部土木工学科卒業
1981 年　金沢大学工学院工学研究科修士課程
　　　　　修了（土木工学専攻）
1981 年　金沢大学助手
1985 年　石川工業高等専門学校助手
1989 年　石川工業高等専門学校講師
1989 年　工学博士（東北大学）
1991 年　石川工業高等専門学校助教授
2005 年　石川工業高等専門学校教授
　　　　　現在に至る

**栁澤　吉保**（やなぎさわ　よしやす）
1984 年　信州大学工学部土木工学科卒業
1986 年　信州大学大学院工学研究科修士課程
　　　　　修了（土木工学専攻）
1986 年　長野工業高等専門学校助手
1994 年　長野工業高等専門学校講師
1997 年　博士（工学）（京都大学）
1998 年　長野工業高等専門学校助教授
2007 年　長野工業高等専門学校教授
　　　　　現在に至る

**鈴木　正人**（すずき　まさと）
1986 年　名古屋工業大学工学部土木工学科卒業
1988 年　名古屋工業大学大学院博士前期課程
　　　　　修了（社会開発工学専攻）
1991 年　名古屋工業大学大学院博士後期課程
　　　　　修了（社会開発工学専攻）
　　　　　工学博士（名古屋工業大学）
1991 年　岐阜工業高等専門学校助手
1993 年　岐阜工業高等専門学校講師
1996 年　岐阜工業高等専門学校助教授
2007 年　岐阜工業高等専門学校准教授
2009 年　岐阜工業高等専門学校教授
　　　　　現在に至る

**伊藤　雅**（いとう　ただし）
1990 年　筑波大学第三学群社会工学類卒業
1995 年　筑波大学大学院社会工学研究科博士
　　　　　課程中退（都市・地域計画学専攻）
1995 年　京都大学助手
1997 年　博士（都市・地域計画）（筑波大学）
1998 年　和歌山工業高等専門学校助手
2002 年　和歌山工業高等専門学校助教授
2007 年　和歌山工業高等専門学校准教授
2010 年　広島工業大学准教授
　　　　　現在に至る

**野田　宏治**（のだ　こうじ）
1979 年　中部工業大学土木工学科卒業
1979 年　豊田工業高等専門学校助手
1989 年　豊田工業高等専門学校講師
1993 年　豊田工業高等専門学校助教授
1997 年　博士（工学）（名古屋工業大学）
2004 年　豊田工業高等専門学校教授
　　　　　現在に至る

**石内　鉄平**（いしうち　てっぺい）
2001 年　茨城大学工学部都市システム工学科卒業
2003 年　茨城大学大学院理工学研究科博士前期
　　　　　課程修了（都市システム工学専攻）
2008 年　茨城大学大学院理工学研究科博士後期
　　　　　課程修了（環境機能科学専攻）
　　　　　博士（工学）（茨城大学）
2008 年　茨城大学産学官連携イノベーション創
　　　　　成機構研究員
2010 年　明石工業高等専門学校助教
　　　　　現在に至る

## 建設システム計画
Planning of Construction System
  © Ohashi, Ogino, Nishizawa, Yanagisawa, Suzuki, Itoh, Noda, Ishiuchi 2013

2013 年 3 月 6 日　初版第 1 刷発行

| | | | |
|---|---|---|---|
| 検印省略 | 著　者 | 大　橋　健　一 | |
| | | 荻　野　　　弘 | |
| | | 西　澤　辰　男 | |
| | | 柳　澤　吉　保 | |
| | | 鈴　木　正　人 | |
| | | 伊　藤　　　雅 | |
| | | 野　田　宏　治 | |
| | | 石　内　鉄　平 | |
| | 発行者 | 株式会社　コロナ社 | |
| | | 代表者　牛来真也 | |
| | 印刷所 | 新日本印刷株式会社 | |

112-0011　東京都文京区千石 4-46-10
**発行所**　株式会社 **コロナ社**
CORONA PUBLISHING CO., LTD.
Tokyo　Japan
振替 00140-8-14844・電話 (03) 3941-3131 (代)
ホームページ http://www.coronasha.co.jp

ISBN 978-4-339-05519-1　（新井）　（製本：愛千製本所）
Printed in Japan

本書のコピー，スキャン，デジタル化等の無断複製・転載は著作権法上での例外を除き禁じられております。購入者以外の第三者による本書の電子データ化及び電子書籍化は，いかなる場合も認めておりません。

落丁・乱丁本はお取替えいたします

# 環境・都市システム系教科書シリーズ

(各巻A5判, 14.のみB5判)

■編集委員長　澤　孝平
■幹　　　事　角田　忍
■編集委員　　荻野　弘・奥村充司・川合　茂
　　　　　　　嵯峨　晃・西澤辰男

| 配本順 | | | 著者 | 頁 | 定価 |
|---|---|---|---|---|---|
| 1. | (16回) | シビルエンジニアリングの第一歩 | 澤 孝平・嵯峨 晃／川合 茂・角田 忍／荻野 弘・奥村充司／西澤辰男 共著 | 176 | 2415円 |
| 2. | (1回) | コンクリート構造 | 角田 忍／竹村和夫 共著 | 186 | 2310円 |
| 3. | (2回) | 土質工学 | 赤木知之・吉村優治／上 俊二・小堀慈久共著／伊東 孝 | 238 | 2940円 |
| 4. | (3回) | 構造力学Ⅰ | 嵯峨 晃・武田八郎／原 隆・勇 秀憲 共著 | 244 | 3150円 |
| 5. | (7回) | 構造力学Ⅱ | 嵯峨 晃・武田八郎／原 隆・勇 秀憲 共著 | 192 | 2415円 |
| 6. | (4回) | 河川工学 | 川合 茂・和田 清／神田佳一・鈴木正人 共著 | 208 | 2625円 |
| 7. | (5回) | 水理学 | 日下部重幸・檀 和秀／湯城豊勝 共著 | 200 | 2730円 |
| 8. | (6回) | 建設材料 | 中嶋清実・角田 忍／菅原 隆 共著 | 190 | 2415円 |
| 9. | (8回) | 海岸工学 | 平山秀夫・辻本剛三／島田富美男・本田尚正 共著 | 204 | 2625円 |
| 10. | (9回) | 施工管理学 | 友久誠司／竹下治之 共著 | 240 | 3045円 |
| 11. | (10回) | 測量学Ⅰ | 堤 隆 著 | 182 | 2415円 |
| 12. | (12回) | 測量学Ⅱ | 岡林 巧・堤 隆／山田貴浩 共著 | 214 | 2940円 |
| 13. | (11回) | 景観デザイン—総合的な空間のデザインをめざして— | 市坪 誠・小川総一郎／谷平 考・砂本文彦／溝上裕二 共著 | 222 | 3045円 |
| 14. | (13回) | 情報処理入門 | 西澤辰男・長岡健一／廣瀬康之・豊田 剛 共著 | 168 | 2730円 |
| 15. | (14回) | 鋼構造学 | 原 隆・山口隆司／北原武嗣・和多田康男 共著 | 224 | 2940円 |
| 16. | (15回) | 都市計画 | 平田登基男・亀野辰三／宮腰和弘・武井幸久 共著／内田一平 | 204 | 2625円 |
| 17. | (17回) | 環境衛生工学 | 奥村充司／大久保孝樹 共著 | 238 | 3150円 |
| 18. | (18回) | 交通システム工学 | 大橋健一・栁澤吉保／髙岸節夫・佐々木恵一／日野 智・折田仁典／宮腰和弘・西澤辰男 共著 | 224 | 2940円 |
| 19. | (19回) | 建設システム計画 | 大橋健一・荻野 弘／西澤辰男・栁澤吉保／鈴木正人・伊藤 雅／野田宏治・石内鉄平 共著 | 240 | 3150円 |

以下続刊

防災工学　溝田・塩野・檀／疋田・吉村 共著　　環境保全工学　和田・奥村共著

定価は本体価格+税5％です。
定価は変更されることがありますのでご了承下さい。

図書目録進呈◆